«rororo vieweg» wird vom Rowohlt Taschenbuch Verlag in Zusammenarbeit mit dem Verlag Vieweg herausgegeben. Das Programm umfaßt die Gebiete Mathematik, Physik, Chemie und Biologie und wird abgerundet durch die Bände «Basiswissen», in denen fachübergreifende Themen und wissenschaftstheoretische Grundlagen behandelt werden. Die Studienkomplexe der einzelnen Fächer gliedern sich in Grundkurse, Aufbaukurse und begleitende Kompendien, in denen der Stoff «griffbereit» dargestellt ist.

«rororo vieweg» wendet sich vor allem an den Studenten der mathematischen, naturwissenschaftlichen und technischen Fächer, aber auch an den Schüler der Sekundarstufe II, der sich auf sein Studium vorbereiten will. Darüber hinaus möchte «rororo vieweg» auch dem Mathematiker, Naturwissenschaftler und Ingenieur in Lehre und Praxis die Möglichkeit bieten, sein Wissen anhand einer organisch aufgebauten Arbeitsbibliothek ständig zu ergänzen und es über das eigene Spezialgebiet hinaus auf dem neuesten Stand zu halten.

Günter Tembrock

Biokommunikation

Informationsübertragung
im biologischen Bereich

Mit 59 Abbildungen

Biologie
Aufbaukurs

rororo vieweg

Dr. Günter Tembrock ist Professor für Zoologie
an der Humboldt-Universität, Berlin

(Günter Tembrock veröffentlichte 1974 in dieser Reihe
die «Grundlagen der Tierpsychologie»)

Die Zeichnungen wurden von
Holger Dathe und Wolfgang Hornuff angefertigt

Redaktion: Verlag Vieweg, Braunschweig

Veröffentlicht im Rowohlt Taschenbuch Verlag GmbH,
Reinbek bei Hamburg, Januar 1975

Lizenzausgabe der Friedr. Vieweg & Sohn Verlagsgesellschaft mbH,
Braunschweig, mit Genehmigung des Akademie-Verlages
Umschlagentwurf Werner Rebhuhn
Druck Clausen & Bosse, Leck/Schleswig
Printed in Germany
ISBN 3 499 27015 3

Inhaltsverzeichnis

1. Einleitung

In den letzten zehn Jahren hat sich die Erforschung der Tier-Kommunikation zu einem eigenen Forschungszweig der Verhaltenswissenschaften entwickelt. Der weitaus größte Teil aller neueren Arbeiten über tierisches Verhalten befaßt sich mit Fragen der Signalübertragung. Die fast unübersehbar erscheinende Vielfalt der Bewegungen, Formen, Farben und Laute, mit denen uns die Tiere beeindrucken, erweist sich immer mehr als ein kompliziertes System von Signalen. Sie schaffen die Grundlage jener Ordnung in Raum und Zeit, die unter natürlichen Lebensbedingungen verhindert, daß trotz der unzähligen Arten und Individuen, die alle erdenklichen Lebensräume bevölkern, kein Chaos auftritt, wenn nicht das Gleichgewicht gestört wird und Entartungen entstehen, wie übermäßige Zunahme einzelner Arten, so, wie „bösartige“ Geschwülste die Ordnung in Raum und Zeit innerhalb eines Organismus aufheben. Und das auch hier — wie heute wohl mit Sicherheit angenommen werden darf —, weil irgendwo Mechanismen des Informationsflusses gestört worden sind.

Kommunikation, fast ist es ein Zauberwort geworden, bei dem sich so vieles denken läßt. Aber wir müssen wissen, um denken zu können. Wir wollen nicht mehr danach streben, zu erfahren, in wie vielen Erscheinungsformen uns das Verhalten entgegen tritt, wir wollen vielmehr ergründen, warum es diese Erscheinungsformen gibt, und was wir aus ihnen für uns selbst lernen können. Auch unsere Existenz beruht zu einem entscheidenden Teil auf Kommunikation. Und wie schwer ist es oft schon in einer kleinen Gemeinschaft, die Nachrichten so fließen zu lassen, daß sich alle wirklich „verstehen". Immer mehr wächst uns eine neue Umwelt zu, die unser Geist geschaffen hat, und die Leistungen noch kaum zu ahnender Auswirkungen vollbringen kann. Wir müssen neue Zeichensprachen lernen, um mit den Geräten umgehen zu können, die unser Leben bestimmen. Die Natur hat über Jahrmillionen Modelle in einer Vollendung geliefert, die noch immer unerreicht erscheint. Es ist nicht Liebhaberei verträumter Biologen, zu erfahren, wie die Tiere sich „verständigen". Wir können und müssen von ihnen noch sehr viel lernen, damit wir uns selbst verstehen, denn auch in unseren Nervennetzen und Sinnesorganen wirken dieselben Gesetze, die den lebendigen Kosmos auf diesem kleinen Planeten geschaffen haben, für den auch die Astronautik noch kein Gegenstück finden konnte. Es liegt an uns, ihn und uns zu erhalten. Und dazu müssen wir lernen, diese Gesetze zu verstehen, die auch die Vielfalt umspannen.

Die Kommunikations-Forschung steht noch am Anfang. Sie wird ein Rüstzeug brauchen, das nur die moderne Technik liefern kann. Die Grundlagen ihrer Leistungen sind fast unüberschaubar komplex, und ihre Ergebnisse werden gewiß nicht mehr „anschaulich" sein. Entscheidend ist es, die Fragestellungen zu finden, die das Verständnis für die Zusammenhänge fördern. Wir können aus einem uns unbekannten elektronischen Gerät einen Transistor herausnehmen und in allen Einzelheiten beschreiben. Für das Verständnis des Gerätes haben wir nichts dabei gewonnen, denn aus der Beschreibung wäre ja noch nicht einmal ersichtlich, ob er etwa in Kollektor- oder Basisschaltung im System saß. Erst müssen wir wissen, was die Teile in einem Funktionssystem leisten, dann können wir sie untersuchen, um zu prüfen, wie sie das vollbringen. Leider haben die Biologen das keineswegs immer befolgt. Gerade aber die biologische Kommunikationsforschung ist geeignet, dieser Form der Forschung Wege zu weisen. Gewiß, alle die Modelle, die diese beiden Bände anbieten, sind Arbeitsmodelle, sie fügen erkannte

Zusammenhänge zu einem System zusammen und gestatten damit, Schritt für Schritt den spezielleren Systemeigenschaften auf die Spur zu kommen. Wir haben ja die Natur, an der wir jeden Forschungsschritt kontrollieren können.

Dieser Band ist ein Zwischenbericht. Alles ist noch im Fluß, und was hier geboten wird, kann nur fragmentarisch sein. Es will aber immer den Blick auf das Ganze erhalten, um sichtbar zu machen, wo wir die nächsten Fragen ansetzen müssen.

Information ist ein Schlagwort unserer Zeit geworden. Vielleicht vergleichbar der „Evolution“ im vorigen Jahrhundert. Es liegt an uns, daraus ebenso fruchtbare Wissenschaft werden zu lassen wie die Abstammungslehre. Fruchtbar heißt auch, dem Menschen im Guten zu dienen. Und dazu können uns die Lebewesen in ihrer so beglückenden Vielfalt noch immer die besten Lehrer sein.

2. Zur Forschungsgeschichte

Das Problem der Nachrichtenübertragung von Tier zu Tier hat die aufmerksamen Naturbeobachter und Naturforscher immer wieder beschäftigt. Schon bei Aristoteles finden sich interessante Beobachtungen und Deutungsversuche. Er schrieb nur den „rotblütigen“ Tieren „alle fünf Sinne“ zu. Auf Angaben von Fischern sich berufend, vermutete er unter den anderen Tieren bei den Fischen das schärfste Gehör, obwohl sie seiner Ansicht nach mit wenigen Ausnahmen stumm seien. Im übrigen gäben die Tiere jedoch Laute oder etwas „in dieser Art“ von sich „im Umgang mit ihresgleichen, besonders zur Fortpflanzung“. Nach Aristoteles lernen Vögel anders als ihre Eltern singen, wenn sie von diesen entfernt werden, Nachtigallen sollen ihre Jungen zum Singen anleiten. Er berichtet auch, daß Tiere von ihresgleichen und besonders auch vom Menschen lernen könnten. Das sei speziell bei den Tieren der Fall, die hören könnten und nicht nur Töne überhaupt, sondern auch die einzelnen Zeichen verstehen könnten. „Nun ist der Mensch unter allen tierischen Wesen allein im Besitz der Sprache, während die Stimme, das Organ für Äußerungen von Lust und Unlust, auch den Tieren eigen ist. Denn soweit ist ihre Natur gelangt, daß sie Lust- und Unlustempfindungen haben und dies einander mitteilen können" (Übers. BALSS 1943). Hier wie auch lange Zeit in der weiteren Entwicklung des Naturstudiums überwiegt die Vorstellung, daß vor allem Laute der „Verständigung" dienen, gelegentlich werden auch „Gesten" erwähnt. Im übrigen hält ARISTOTELES den Tastsinn für den ursprünglichsten. Über die Laute sagte er: „Was das Hervorbringen von Tönen betrifft, so machen manche Tiere Geräusche, andere sind stumm, noch andere mit Stimme begabt; die letzteren haben entweder artikulierte Laute oder nicht. Manche sind geschwätzig, andere schweigsam, einige zum Gesang geschickt, andere nicht. Allen aber ist eine Eigentümlichkeit gemeinsam, nämlich — hauptsächlich um die Zeit der Paarung — zu singen und ihre Stimme hören zu lassen" (ibid.).

Bei VIRGIL findet sich der interessante Satz, daß die Pferdeherde vor dem Geräusch der auffliegenden Bremsen flüchtet. PLINIUS hat in seinen siebenunddreißig Büchern eine Vielfalt von Beobachtungen und Berichten zusammengetragen. So erwähnt er auch, daß Hunde Menschen an ihren Stimmen unterscheiden könnten, freilich berichtet er auch von einem Hund, der „sprechen" konnte!

In der europäischen Geistesgeschichte bringt erst das 18. Jahrhundert (von wenigen Vorläufern abgesehen) wirklich neue Studien der Natur und das Bemühen, über diese zu Einsichten über das „Seelenleben" der Tiere zu gelangen.

Zu gründlichem Beobachten des Verhaltens waren vor allem die Jäger und Vogelfänger gezwungen; in ihren

Schriften finden sich viele interessante Angaben, hier vor allem auch ohne das Bestreben, sie vorgegebenen philosophischen oder religiösen Weltbildern einzufügen. Ein Beispiel hierzu sei das „Jagd- und Weydbüchlein", das von JOHANNES INGEBRANDT 1681 herausgebracht wurde und sich mit dem „Vogelstellen" beschäftigt. Hier heißt es beispielsweise auf Seite 14 über die Rebhühner: „... kommen sie darinnen von einander / so schreyen sie sich bald wiederumb zusammen/ etzliche thun solches bald/ etzliche langsamb/ dann sie seyend nicht einerley Natur. Abends und Morgens schreyen sie sich ehe zusammen/ alß am Tage."

THOMASIUS (1713) erörterte die Frage der Sprache der Tiere, um aus dieser Fähigkeit abzuleiten, „daß die Tiere keine Maschinen seien". Er zieht sprechende Papageien heran, erwähnt auch eine Elster. Teilweise beruft er sich dabei auf DRECHSLER („historisch-physische Abhandlung von der Sprache der Tiere").

In seinem „Versuch eines neuen Lehrgebäudes von den Seelen der Thiere" (1749) setzt sich G. F. MEIER mit DESCARTES auseinander, sucht nach Übereinstimmungen zwischen Tieren und Menschen und unterteilt die Tiere in drei Gruppen („ohne Verstand" — „mit Verstand" und „mit Vernunft"). Zur „Sprache" sagt er:

„Ob gleich die Thiere keine der Sprachen reden, die von den Menschen erfunden worden: so können sie andere Sprachen haben." „Die Thiere können durch ihre Töne, durch ihre Minen, die wir nicht gewahr werden können, durch die Bewegung ihrer Flügel und Füsse miteinander reden." „Wenn eine Glucke junge Hüner führt, und sie wird einen Stoßvogel gewahr: so macht sie ein Geschrei; worauf sich alle ihre Kinder verstecken." „Daß die Ameisen miteinander reden, habe ich schon gezeigt; und ich will gut dafür seyn, daß sobald jemand sich die Mühe nehmen will, die Handlungen der Thiere genau zu beobachten, er gewahr werden wird, daß sie miteinander reden." Und dann sagt er auch: „Es kommt bei einer Sprache nicht auf die Menge der Zeichen an."

Natürlich hat im besonderen Maße immer wieder die Vielfalt der Lautäußerungen der Vögel zu Studien und Spekulationen angeregt; zu den frühen Zeugnissen auf diesem Gebiet gehört der „Anhang“: „Von der Sprache der Vögel“ von G. Reyger (Historie der Vögel 1760). Dort wird Klein (Vögelhistorie) mit folgendem Satz zitiert: „Ein Tauber rufet so gar, stönet, locket, bezeiget sich auch in die Länge der Liebe halber zu seiner Gattinn ungeduldig, und beyde geben ihre Geneigtheit gegeneinander mit sonderlich reizenden annehmlich äußerlichen Anzüglichkeiten, und mit außerordentlichen Bewegungen des Kopfes und der Flügel, ja mit Küssen und Schnäbeln, anbey mit einer kurzsylbigen Sprache zu vernehmen; und das alles meynen die Vögel mit aller Aufrichtigkeit, woran es den meisten Menschen, ihrer natürlichen Unartigkeit wegen, großen theils wohl fehlet.“ Solche Hinweise auf die Bedeutung von Bewegungen bei der Balz sind ebenso bemerkenswert, wie auch die bei Meier und auch hier wieder anzutreffenden Bemerkungen über die Bedeutung der Struktur, also syntaktische und semantische Aspekte, wie wir heute sagen würden. Bei Reyger etwa dieser Satz: „Wiederum scheint zwar die Nachtigall, sich weniger Wiederholungen zu bedienen, so liegt es nochmals daran, daß ihre Phrasis länger, und ihr Unterschied mehr ins Gehör fällt.“

Auf guter Naturbeobachtung beruhen auch zahlreiche Angaben, die sich bei Reimarus (1773) finden, der schon wesentliche Auffassungen der Verhaltensforschung anklingen läßt. Die wohl erste Darstellung, die sich jedoch ausdrücklich mit dem Gegenstand der Tierkommunikation befaßt, ist die Schrift von G. E. Wetzel unter dem Titel: „Neue, auf Vernunft und Erfahrung gegründete Entdeckung über die Sprache der Thiere“ (1800). Tiere können sich durch Töne verständlich machen, mit der Befriedigung des Bedürfnisses höre die Sprache auf. Er unterscheidet Buchstaben- und Silbentöne und gibt sogar ein Wörterbuch mit „Übersetzungen“ aus der „Thiersprache“; auch die Mimik der Tiere findet

Erwähnung. Wie tief in diesen Jahrzehnten aber noch immer Philosophie und Naturwissenschaft sich in Spekulationen vereinen, wird bei OKEN (Naturphilosophie 1843) deutlich. Er schreibt hier zur Sprache: „Das Tonsystem aller Thiergesetze ist Sprache. Die Sprache ist die Darstellung aller Natur-Klangfiguren im menschlichen Schallorgan." „Die Selbstlautsprache ist die Thiersprache." Und zu den „Selbstlauten" sagt er: „Der Selbstlaut E gibt die Gegenwart, A das so eben Vergangene, O das ganz Vergangene, U das längst Vergangene, I die Zukunft." „Selbstlaute drücken die Zeit aus, Mitlaute den Raum; jene der chemische Gehalt, diese die Gestalt." Und dann steht da auch der Satz: „Es gibt keine prästabilierte Harmonie, sondern völlige Gleichheit zwischen Welt und Sinnesorgan" (im Zusammenhang mit dem Sehen). Auch Poesie und Naturwissen werden zu dieser Zeit gern kombiniert, so etwa in dem Buch von WARING (1842) „The Minestrelsy of the Woods or, Sketches and Songs connected with the Natural History", das sich also mit Vogelstimmen beschäftigt. Das erste wirklich grundlegende Tierstimmenbuch stammt jedoch von LANDOIS (1874); es umfaßt mit naturwissenschaftlicher Gründlichkeit die Lautäußerungen bei wirbellosen Tieren sowie bei Fischen, Amphibien und Reptilien. Hier manifestiert sich echte gediegene Erforschung der Natur, und viele der dortigen Angaben haben bis heute ihre Gültigkeit behalten. Aus seinen anatomischen Befunden leitete LANDOIS bereits ab, daß es Tiere geben müsse, „welche Laute hervorbringen, die dem menschlichen Ohre nicht mehr zugänglich sind." Und er schreibt den prophetischen Satz: „Besäßen wir ein ähnliches Instrument für unser Ohr, wie das Mikroskop für unser Auge, so würde sich eine Mannigfaltigkeit von Tönen herausstellen, von denen wir bisher noch keine Ahnung haben."

Im Jahre 1874 wurde auch das ein Jahr zuvor in England erschienene grundlegende Werk von DARWIN ins Deutsche übersetzt: „Der Ausdruck der Gemütsbewegungen bei dem Menschen und den Tieren." L. v. HAARTMAN (1960) hat mit Recht auf die kaum zu überschätzende Bedeutung dieses Buches hingewiesen.

DARWIN stellte drei Ausdrucksprinzipien auf:

1. Das Prinzip der Aneignung zweckmäßiger Gewohnheiten,
2. Das Prinzip der Antithese,
3. Das Prinzip der direkten Wirkung des erregten Nervensystems auf den Körper, unabhängig vom Willen und zum Teil auch von der Gewohnheit.

Wenn auch bei DARWIN das Verhalten noch ganz in einer psychologischen Sprache interpretiert wird, so beruhen seine Darlegungen doch auf einer fundierten Kenntnis tierischen und menschlichen Verhaltens, so daß in einer Form wie noch niemals vor ihm, grundlegende Zusammenhänge des Ausdrucksverhaltens dargestellt werden konnten.

Zu dieser Zeit war auch das Buch von ALTUM (ab 1868 mehrere Auflagen) über den Vogel und sein Leben erschienen, das hervorragende Beobachtungen und ausführliche Erörterungen besonders auch über den Vogelgesang enthält. GARNER (1900) war es, der als erster mit Hilfe des Phonographen wissenschaftliche Untersuchungen über „die Sprache der Affen" durchführte. HEINROTHS (1910) Studien an Enten legten dann einen entscheidenden Grundstock für die exakte Verhaltensbeobachtung, wobei besonders die optisch wirksamen Balzbewegungen im Mittelpunkt standen. Daran hat dann auch LORENZ mit seiner Schule angeknüpft. Während KAINZ noch 1961 einen umfassenden Rückblick über die Forschungen zur „Sprache der Tiere" gab, hatte bereits die moderne Kommunikationsforschung bei Tieren unter Zuhilfenahme aller verfügbaren technischen Hilfsmittel begonnen. Angeregt durch die neuen Wege der Linguistik und Phonetik, besonders auch durch MORRIS (1946), dann aber auch durch die Kybernetik (1948) und die

Informationstheorie (1949) begann eine neue Aera der Forschung, die sowohl Teilgebiete, wie vor allem die Bioakustik, die dank der Tonbandtechnik den stärksten Aufschwung unter allen Kommunikationssystemen erfuhr, als auch das ganze Problem-Gebiet erfaßte. Dabei leistete SEBEOK (1965, 1966) durch einige grundlegende Darlegungen einen wesentlichen Beitrag. Im Jahre 1964 erschien — für einen breiteren Leserkreis bestimmt, aber bestens fundiert — das kleine Buch von H. und M. FRINGS über „Animal Communication". Den gleichen Titel trägt auch die erste große wissenschaftliche Zusammenfassung über dieses Gebiet, herausgegeben von SEBEOK (1968) unter Mitwirkung zahlreicher Fachvertreter, während das von BARRY, BRONOWSKI, FISHER und HUXLEY herausgegebene Buch „Communication and Language" (1965) das breite Spektrum der modernen Kommunikations-Forschung erkennen läßt.

3. Grundfragen der Kommunikation

3.1. Grundlagen

Zu den Kennzeichen der Lebensvorgänge gehört, daß sie nur in individualisierten offenen Systemen auftreten, die wir Organismen nennen. Diese haben stets räumliche und zeitliche Dimensionen. Es sind Prozesse an räumlichen Ordnungsgefügen, die als „Substrat" dieser Prozesse durch diese einem ständigen Wechsel über Fließgleichgewichte unterworfen sind. Man kann den Organismen drei Grundprinzipien zuordnen (Abb. 1):

a) Formwechsel. Im Sinne von MAX HARTMANN definiert als alle die individualisierte Form betreffenden Eigenschaften unter Einbezug der Hologenese, also der individuellen Entwicklung (Ontogenese) sowie der stammesgeschichtlichen Entwicklung (Phylogenese), repräsentiert durch die Generationenfolge. Individualisierung erzwingt im Ordnungsgefüge der lebenden Struktur räumliche und zeitliche Begrenzung, erst die Fortpflanzung gewährleistet die Kontinuität durch die Zeit, zugleich aber auch die Voraussetzung zur ontogenetischen (individuellen) und phylogenetischen (überindividuellen) Anpassung. Den räumlichen Aspekt des Formwechsels berücksichtigt die Kennzeichnung der jeweiligen Struktur (zu einem gegebenen Zeitpunkt), den zeitlichen Aspekt erfaßt die Analyse der Formveränderungen am Einzelindividuum (oft unterteilt in: Embryogenese, Jugendentwicklung, Reifung, adulte Phase, Altern), sowie an der Generationsfolge (genetischer und phylogenetischer Aspekt).

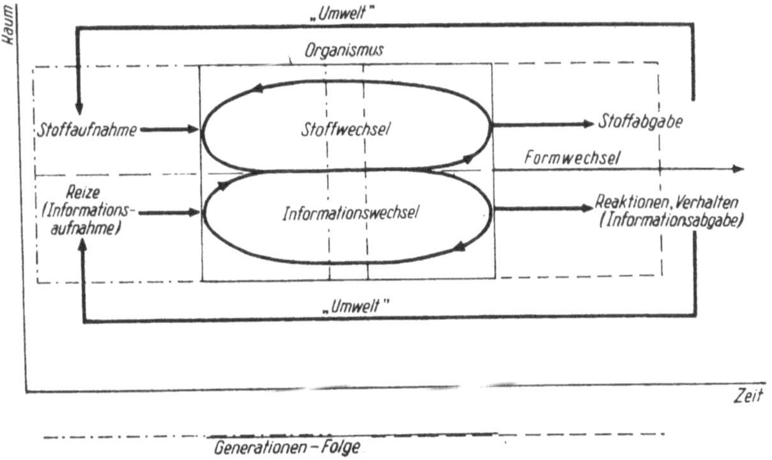

Abb. 1. Entwurf eines organismischen offenen Systems mit Fließgleichgewicht unter Berücksichtigung der Umwelt (mit der es ein geschlossenes System bildet). Einzelheiten im Text.

b) Stoffwechsel. Eine der Grundlagen des Formwechsels ist der Stoffwechsel. Er ist jedoch ohne den Formwechsel nicht denkbar. Nukleinsäuren und Eiweiße sind dabei grundlegende makromolekulare Strukturgefüge. Die prinzipiellen Regelvorgänge können bezogen werden auf die negative Rückkoppelung

$$\text{Substrat} \longrightarrow \text{Produkt}$$
$$\nwarrow^{+}\text{Enzym}^{-}\swarrow$$

Der Stoffwechsel liefert eine der beiden Verknüpfungen des Formwechsels mit der Umwelt. Er stand lange Zeit allein im Zentrum der Untersuchungen, die den Organismus als offenes System mit Fließgleichgewicht darstellen. Er liefert damit einen Teil der „Umwelt“ des Organismus. Sie ist demgemäß definiert durch die zur Systemerhaltung (System = hier Organismus) notwendigen Stoffe. Der Stoffwechsel vollzieht sich im Organismus unter Stoffaufnahme und Stoffabgabe. Der Endpunkt des Einzelindividuums ist gekennzeichnet durch ausschließliche Stoffabgabe. Damit wird ein Maximum an Entropie angestrebt, das System geht in ein geschlossenes über („Individualtod“). Die speziellen Bedingungen des Stoffwechsels werden weitgehend durch den Formwechsel bestimmt (genetisch): der Aufbau bestimmter Strukturen erfordert die jeweiligen katabolischen und anabolischen Prozesse, deren „Muster“ damit raumzeitlich festgelegt sind.

c) Informationswechsel. Dieser Begriff soll hier stehen für die ältere Bezeichnung „Irritabilität“. Er kennzeichnet die dritte elementare Eigenschaft lebender Systeme. Er ist wie der Stoffwechsel raumzeitlich determiniert durch den Formwechsel (ein Milliardenzeller erfordert ungleich mehr und differenziertere Informationen als ein Einzeller). Er stellt die zweite elementare Verbindung zwischen dem Formwechsel und der „Umwelt“ her. Er vollzieht sich im Organismus (an den Strukturen) und ist durch Informationsaufnahme und Informationsabgabe gekennzeichnet. Die adäquaten Zeichen[1]) für die Aufnahme von Informationen werden „Reize“ genannt. Sie stellen die

---

[1]) Begriffsbestimmungen siehe Seite 39.

jeweilige „Umwelt“ dar. Die Informationsabgabe vollzieht sich über Reaktionen und Verhalten, die raumzeitlich geordnet sind. SCHALTEGGER nennt alle Einzelsignale[1]) und Signalfolgen, die über Rezeptoren perzipiert werden können und über das Nervensystem auf den Organismus einwirken, Umweltinformation. Die eigentliche Informationsaufnahme sollte man jedoch auf die jeweils relevanten Umweltreize beschränken; die anderen verursachen eher ein „Rauschen“; dieses Problem wird im Zusammenhang mit der Kommunikation noch ausführlicher zu behandeln sein. SCHALTEGGER nennt dann weiter die strukturbestimmende (genetische und individuell erworbene) Information, die statische Information und die Informationsabgabe sowie die kinematische Information. Der Informationswechsel setzt nicht nur den Formwechsel voraus, da er sich nur an Strukturen vollziehen kann, er verbraucht auch Energien und ist daher auch an den Stoffwechsel gebunden. Zugleich aber liefert er für beide wesentliche Informationen und gewährleistet die räumliche und zeitliche Zuordnung des Organismus zu seiner Umwelt. Diese Umwelt umschließt den Stoffkreislauf und den Informationsfluß und ist damit die Voraussetzung für die Hologenese. Organismus und relevante Umwelt liefern damit ein geschlossenes System. Das Problem der Entropie ist zur Zeit wieder neu diskutiert worden.

Die Bedeutung des Informationswechsels wird weitgehend von den Variablen Raum und Zeit bestimmt. Organismen mit Ortsveränderung zeigen daher einen ungleich stärker entwickelten Informationswechsel als solche ohne diese. Bei ihnen ist die Aufnahme von durch die Systemlage bestimmten Informationen ebenso notwendig wie die von Nährstoffen. Die Hauptaspekte für die freibeweglichen Organismen lassen sich danach wie folgt zusammenfassen (Abb. 2):

---

[1]) Begriffsbestimmungen siehe Seite 40.

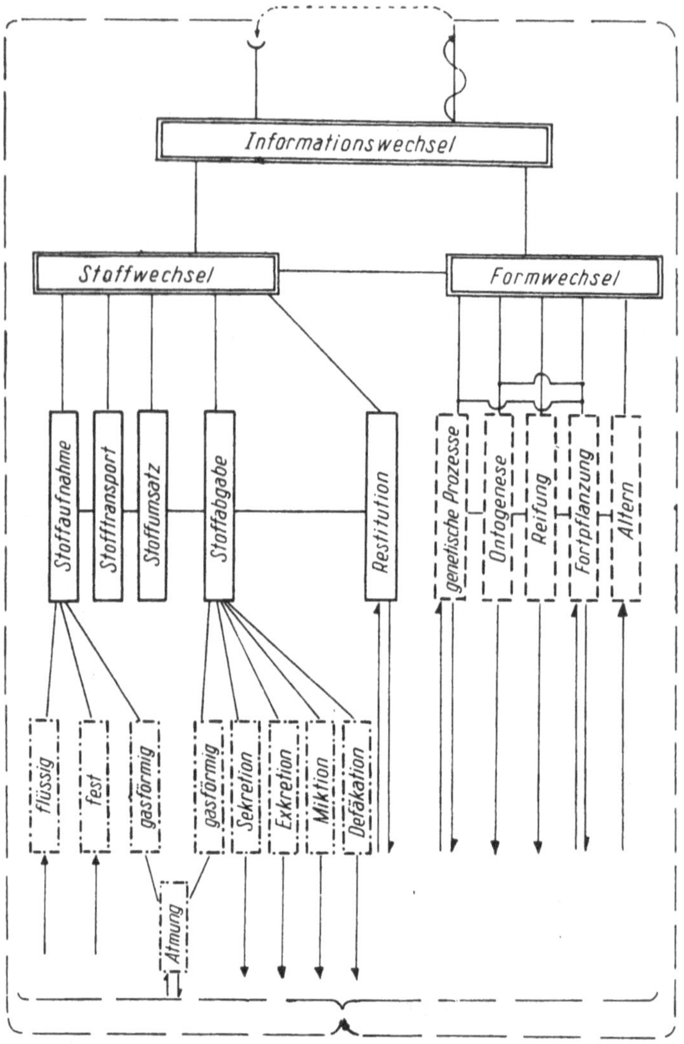

Abb. 2. Funktionsschema der „Gebrauchssysteme" in einem lebenden (heterotrophen) System, das die Konstituenten des Stoffwechsels und des Formwechsels aufschlüsselt und die generellen Beziehungen zum systemerhaltenden Informationswechsel andeutet. Dadurch soll allgemein veranschaulicht werden, für welche Leistungen des Systems das Verhalten (Informationsabgabe, Motorik, mit dem Symbol starr bis variabel dargestellt) steuernd und regelnd wirkt (vgl. auch Seite 24).

Tierisches Verhalten ist nach dieser systemtheoretischen Darlegung eine Funktion des Informationswechsels. Es wird bestimmt durch den Informationsfluß im Organismus, der sich nach BROADBENT etwa so darstellen läßt (Abb. 3):

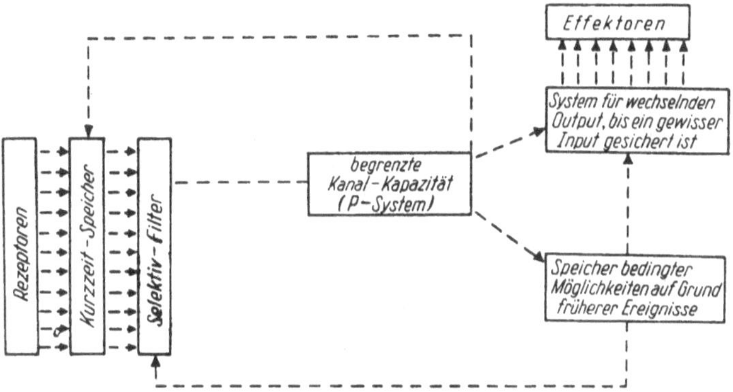

Abb. 3. Versuch eines Informations-Fluß-Diagramms für Organismen (nach BROADBENT 1958). Einzelheiten im Text.

Die Effektoren liefern das raum-zeitlich geordnete Verhalten; der Speicher bedingter Möglichkeiten, der dieses Verhalten mitbestimmt, kann auch phylogenetisch erworbene Informationen enthalten. Der Begriff „frühere Ereignisse" ist damit auf die Hologenese bezogen, nicht nur auf die Individualerfahrung.

Über das Verhalten wird der Organismus raum-zeitlich integriert und ein optimaler Input zur Erhaltung des Fließgleichgewichtes angestrebt. Es dient damit dem Stoffwechsel, dem Formwechsel und dem Informationswechsel. Dieses system-erhaltende Verhalten läßt sich danach wie folgt klassifizieren:

a) Stoffwechselbedingtes Verhalten
   Stoffaufnahme (fest, flüssig, gasförmig)
   Stoffabgabe (Miktion, Defäkation)
   Restitution (Ruhe, Schlaf, evtl. Rekelsyndrom, Gähnen)

b) Fortpflanzungsverhalten (als einzige verhaltensrelevante Komponente des Formwechsels)
   Gameten-Kopulation (Verhalten der Gameten)
   Gameten-Übertragung (Verhalten der Gametenträger)
   Ontogenese (Verhaltensbezug zwischen den aufeinanderfolgenden Generationen)
c) Erkundungsverhalten (essentielle Informationsaufnahme zur Herstellung der zum Vollzug des Stoffwechsels und Formwechsels notwendigen Raum-Zeit-Beziehungen = Umweltintegration). Orientierung in Raum und Zeit, bestimmt durch den jeweiligen raumzeitlichen Ordnungsgrad des lebenden Systems.

Zu diesen drei, den Grundfunktionen der Organismen zugeordneten Verhaltensbereichen, kommt ein vierter hinzu. Mit der inneren Ordnung im Organismus sowie seiner raum-zeitlichen Erstreckung und dem damit gekoppelten Differenzierungsgrad des Verhaltens wächst auch die irrelevante Umwelt, die „Störgrößen" liefert. Je komplexer Struktur und Verhalten sind, desto störanfälliger wird das System. Die Stabilität nimmt ab. Das erfordert — soweit es die Umweltbeziehungen betrifft, die über das Verhalten zustandekommen — Verhaltensweisen zur Beseitigung derartiger Störgrößen.

d) Schutzverhalten. Soweit es auf die Strukturen der Körperoberfläche bezogen ist (unter Einschluß der Körperöffnungen, die den Effektoren zugänglich sind) wird es als „Komfortverhalten" (Körperpflege) bezeichnet.

Alle hier genannten Verhaltensbereiche sind an Gebrauchssysteme gebunden. Ein Gebrauchssystem setzt sich zusammen aus der Gebrauchsstruktur und der Gebrauchshandlung. Eine Gebrauchsstruktur kann polyvalent sein, also für mehrere Handlungen eingesetzt werden, für die sie die gemeinsame Endstrecke liefert. So können Bewegungs-Extremitäten im Dienst der Nahrungsaufnahme, der Fortpflanzung, des Erkundungsverhaltens, des Schutzes (Flucht u. ä.) oder auch zur Körperpflege eingesetzt werden. Univalente Gebrauchssysteme sind z. B. die Fortpflanzungsorgane oder auch spezielle Einrichtungen zur Körperpflege (Putzkrallen u. ä.). Im allgemeinen ist die stammesgeschichtliche Entwicklung der Gebrauchssysteme also polyfaktoriell bestimmt, und es ist in manchen Fällen nicht ohne weiteres möglich, die ursprünglich bestimmende Funktion noch zu erkennen.

So hat ABEELEN (1963), auch in Hinblick auf genetische Untersuchungen (s. S. 74), die Aufnahme eines Ethogramms (Bestand artspezifischer Verhaltensmuster) nach anderen Parametern vorgenommen. Er unterscheidet drei Situationen und ordnet damit die Verhaltensformen pragmatisch:

1. Verhaltenselemente, die von einem Männchen allein gezeigt werden,
2. Verhaltenselemente, die zwei räumlich zusammengesetzte Männchen zeigen,
3. Verhaltenselemente, die auftreten, wenn ein Weibchen und ein Männchen gemeinsam gehalten werden (damit sind nicht einbezogen Verhaltensweisen zwischen Mutter und Jungen).

Das Ergebnis der Bestandsaufnahme nach diesen Prinzipien ist in Hinblick auf die große Bedeutung „der Maus" als Laboratoriumstier hier in der Abbildung 4 wiedergegeben.

Da alle Gebrauchshandlungen raum-zeitlich orientiert sind, lassen sich drei Grundtendenzen unterscheiden:

a) Beharrungstendenz (stationärer Status),
b) Ausweichtendenz (Status der Aversion),
c) Annäherungstendenz (Status der Appetenz).

Sie bestimmen — in Abhängigkeit vom jeweiligen Funktionskreis (wie man in Anlehnung an v. UEXKÜLL die vier Verhaltensbereiche Stoffwechsel, Fortpflanzung, Er-

Abb. 4. Ethogramm der Hausmaus (*Mus musculus*). 1) Fixieren, 2) Beschnuppern, 3,4) Wittern („Sichern"), 5) Nahrungsaufnahme, 6) Körperpflege („Kämmen"), 7) Sichkratzen, 8) Scharren, 9) Kreisen (abnorm), 10) Kopfschütteln (abnorm), 11) Haarsträuben, 12) Aufrechthaltung (oft mit Pfotenschlagen in Abwehr kombiniert), 13) „Ringen", 14) Jagen → Fliehen, 15) Fluchtspringen, 16) Kopulation, 17) Flachlage, 18) Subdominanzhaltung („Unterwerfung") (nach ABEELEN 1963).

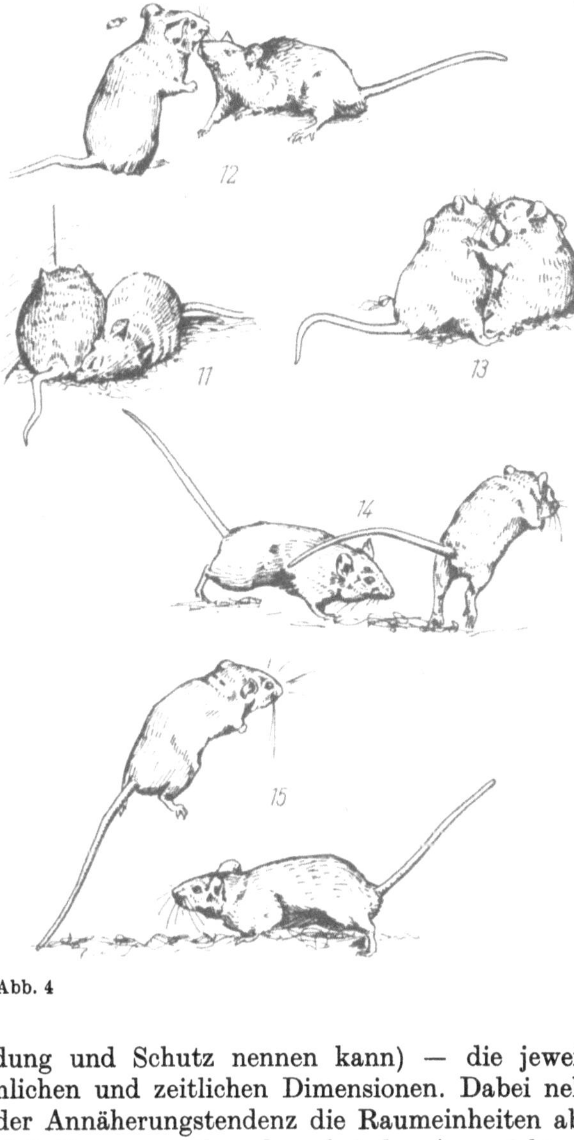

Abb. 4

kundung und Schutz nennen kann) — die jeweiligen räumlichen und zeitlichen Dimensionen. Dabei nehmen bei der Annäherungstendenz die Raumeinheiten ab, die Zeiteinheiten zu, während es bei der Ausweichtendenz umgekehrt ist und bei der Beharrungstendenz der Faktor

Abb. 4

Raum den Minimalwert, der Faktor Zeit aber den Maximalwert erreichen. Die Wahrscheinlichkeit des Auftretens der Beharrungstendenz nimmt mit der Dauer der Annäherungstendenz zu; mit der Dauer der Beharrungstendenz wächst wiederum die Wahrscheinlichkeit des Auftretens der Ausweichtendenz (Abb. 5). Das Schema sieht die Möglichkeit vor, daß bei niedrigem Niveau der Ausweich- und Annäherungstendenzen sich eine Beharrungsphase dazwischenschieben kann. Dieses System ist jeweils funktionskreis-spezifisch. Es hat Beziehung zu den klassischen Vorstellungen von CRAIG (Appetenzverhalten, consummatory action, Aversion). Interferenzen von Ausweich- und Annäherungstendenzen würden zu Sinus- und Kippschwingungen führen, deren Amplitude von der Raum-Zeit-Lage und der Intensität der beiden Tendenzen bestimmt wird. Das Zeitprogramm für die drei Grundtendenzen wird einmal durch die

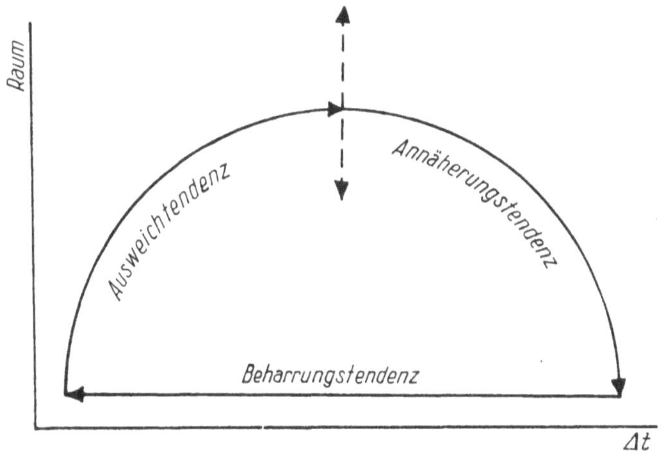

Abb. 5. Entwurf eines Raum-Zeit-Systems für die drei Grundtendenzen. Einzelheiten im Text.

Funktionskreise bestimmt, zum anderen aber durch funktionelle Aspekte (z. B. Nestbau bindet für Wochen oder länger an einen Ort, Ruhe für Stunden, Winterschlaf für Monate). Besondere Verhaltensweisen sichern in diesen Fällen bestimmte Reizeingangsgrößen, die gewöhnlich um so komplexer sind, je länger der „programmierte“ Aufenthalt am Ort ist. Daher sind Tiere in der Initialphase der Beharrungstendenz sehr störanfällig. Es ist z.B. bekannt, daß Hummelweibchen, die im Frühjahr einen geeigneten Nistplatz suchen, auf geringste Störungen sehr empfindlich reagieren und ausweichen, während sie später den Nistplatz heftig verteidigen. Das geschieht zu dem Zeitpunkt maximaler Eingabe ortsbindender Reize (Brut, Nest, Vorräte, Artgenossen usw.).

Die den Status des Tieres ändernden Reize rufen einen „Primer-Effekt“ hervor, die unmittelbar verhaltensauslösenden einen „Releaser-Effekt“ (vgl. WILSON und

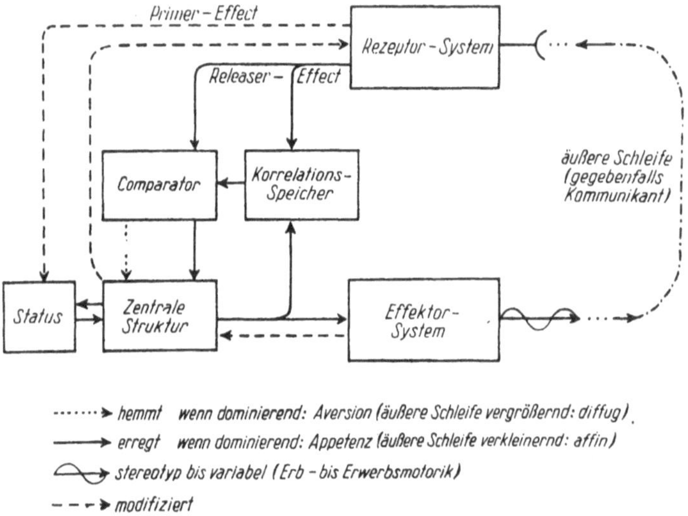

Abb. 6. Entwurf eines Modells für die generellen Zusammenhänge beim Aufbau und Vollzug geordneten Verhaltens. Dieses Modell wurde nach Entwürfen von HEIN und HELD, DEUTSCH und unter Berücksichtigung der Vorstellungen von WILSON und BOSSERT modifiziert kombiniert.

BOSSERT 1963). Unter Berücksichtigung dieser Prinzipien sowie der von DEUTSCH und HEIN und HELD entwickelten Modelle, die an das Reafferenzprinzip von v. HOLST anknüpfen, lassen sich zur Zeit die generellen Zusammenhänge zwischen den Leistungen der Motorik (also dem Verhalten) sowie der Rezeptorik etwa wie folgt darstellen (Abb. 6).

Dabei liegen im hier entwickelten Zusammenhang Gebrauchshandlungen vor, wenn die „äußere Schleife“ nicht über ein reaktionsfähiges System mit gleichem Kontext kurz geschlossen wird. Damit gehört das Raubtier-Beute-Verhältnis in diesen System-Bezug; das Raubtier erwirbt die Beute über Gebrauchshandlungen, das Beutetier hat nicht den gleichen Kontext wie das Raubtier, obwohl bestimmte Verhaltensmuster des Raubtieres durchaus zu Signalen für das Beutetier werden können, die es entschlüsseln kann und mit entsprechendem Schutzverhalten beantwortet. Aber es „deutet" sie in seinem systemerhaltenden Sinne (Schutzverhalten), nicht im Sinne des Senders, also ohne Kenntnis der Bedeutung, die das Verhalten für das Raubtier hat. Diese Hinweise sind wichtig, um die klare Abgrenzung der Gebrauchshandlungen vornehmen zu können und damit die Voraussetzungen für die Definition der echten Kommunikation zu schaffen.

Wird die äußere Schleife (Abb. 6) zwischen Effektorsystem und Rezeptorsystem eines Individuums *A* über ein anderes reaktionsfähiges Individuum *B* kurz geschlossen, das dabei von *A* eintreffende Informationen entschlüsseln kann und selbst Informationen an *A* senden, die dieses wiederum decodieren kann, besteht eine echte (aktuelle) Kommunikation. Sie liegt — allgemeiner gesprochen — dann vor, wenn die Informationsabgabe darauf gerichtet ist, einen bestimmten Informationseingang über ein oder mehrere andere Individuen mit gemeinsamen Kontext abzusichern. Im Sinne der Abbildung 3 erfolgt der Output demnach solange, bis der Input über ein reaktionsfähiges offenes System mit gleichem Kontext gesichert ist. Dadurch entsteht eine Integration reaktionsfähiger, aber autonomer Systeme, deren raum-zeitliche Verteilung vom Informationsfluß bestimmt wird und daher nicht mehr zufällig oder von Außenbedingungen abhängig ist. Im einfachsten Fall liegt eine negative Rückkoppelung zwischen Sender und Empfänger vor (unidirektionale Informationsübertragung), bei der die Sendung mit Empfang der geforderten Nachricht beendet wird.

Damit sind Signalsysteme die Voraussetzung für die Kommunikations-Systeme. In ihnen besteht ein geregelter Informationsfluß, für den folgende Voraussetzungen gelten:

(Kontext) — Sender (Expedient) — Codierung — Nach-
(Kanal)
richt— Decodierung — Empfänger — (Kontext)

Auf dem Kanal können Störungen liegen. Gesendete Nachricht kann den Empfänger nicht erreichen: sie wird als „Äquivokation" bezeichnet. Auf den Empfänger kommen Nachrichten (oder Signale), die nicht vom Sender stammen: „Dissipation". Nur die vom Empfänger auf Grund eines gemeinsamen Kontextes decodierbaren Nachrichten des Senders liefern die eigentliche empfangene Nachricht: Transinformation. SHANNON entwarf die mathematisehe Beschreibung der Informationsübertragung (vgl. MARKO 1966). Der sendeseitigen Symbolfolge $x_n = x_i, x_j \ldots$ steht die empfangsseitige Symbolfolge $y_n = y_i, \; y_j \; \ldots$ gegenüber. Wenn beide Folgen n Symbole lang sind, dann ist

$p(x_n)$ die Wahrscheinlichkeit für das Auftreten der sendeseitigen Symbolfolge

$p(y_n)$ das Auftreten der empfangsseitigen Symbolfolge

$P(x_n y_n)$ die Verbundwahrscheinlichkeit für das Auftreten von x_n und y_n

$p(x_n \mid y_n)$ die bedingte Wahrscheinlichkeit für das Auftreten von x_n bei Kenntnis von y_n

$p(y_n \mid x_n)$ die bedingte Wahrscheinlichkeit des Auftretens von y_n bei Kenntnis von x_n

Daraus leitet sich ab für sendeseitige Entropie

$$H(x) = \lim_{n - \infty} \frac{1}{n} \{-\mathrm{ld}\, p(x_n)\}$$

für die empfangsseitige Entropie

$$H(y) = \lim \frac{1}{n} \{-\mathrm{ld}\, p(y_n)\}$$

und für die Verbundentropie

$$H(x\,y) = \lim_{n \to \infty} \frac{1}{n} \{-\mathrm{ld}\, p(x_n y_n)\}$$

[{ } = Zeichen für die Bildung des Erwartungswertes]

Setzt man den Entropiebegriff der Thermodynamik mit jenem der Informationstheorie in Beziehung, ergeben sich einige wesentliche Folgerungen für das Verständnis der biologischen Kommunikation. Danach formuliert die Informationstheorie die Entropie durch den Ausdruck

$$\bar{J} = -\sum_{i}^{N} P_i \cdot \text{log dualis } P_i$$

(dabei ist N die Anzahl der Ereignisse, die mit der Wahrscheinlichkeit P_i auftreten). Die Gleichung für die Entropie in der kinetischen Wärmetheorie hat die Formel

$$H = \sum_{i} k \cdot \ln w_i$$

daher ist $\bar{J} = H$ (Entropie der Quelle).

Gebrauchssysteme optimieren (in Abhängigkeit von dem Status des biologischen Systems) die Aufnahme potentieller Informationen, wobei die Informationsabgabe letztlich über die relevante Umwelt wieder auf den Sender gerichtet ist. Das Wesen dieser Informationsabgabe besteht darin, die Aufnahme potentieller Information aus der jeweils relevanten Umwelt (z. B. Nahrung) zu optimieren. Dabei ist potentielle Information hier definiert als unadressierte Information. So enthält das Bewegungsmuster eines Beutetieres potentielle Information, die nicht an das Raubtier als Empfänger gerichtet ist, und die dieses ebenso entschlüsseln muß wie ein Mensch, der aus der Beobachtung eines Verhaltens eines ihm nicht verwandten Tieres bestimmte Schlüsse ziehen will auf die zugrundeliegenden Prinzipien. Signalsysteme enthalten stets einen aktuellen Informationsfluß, der auf eine optimale Übertragung zwischen Sender und Empfänger ausgerichtet ist.

Der hier erörterte Zusammenhang wird durch die Abbildung 7 dargestellt. Hier ist für den Beobachter das bestehende Kommunikations-System potentielle Information, während innerhalb des Kommunikations-Systems über den Kanal in Form von „Nachricht" aktuelle Information fließt.

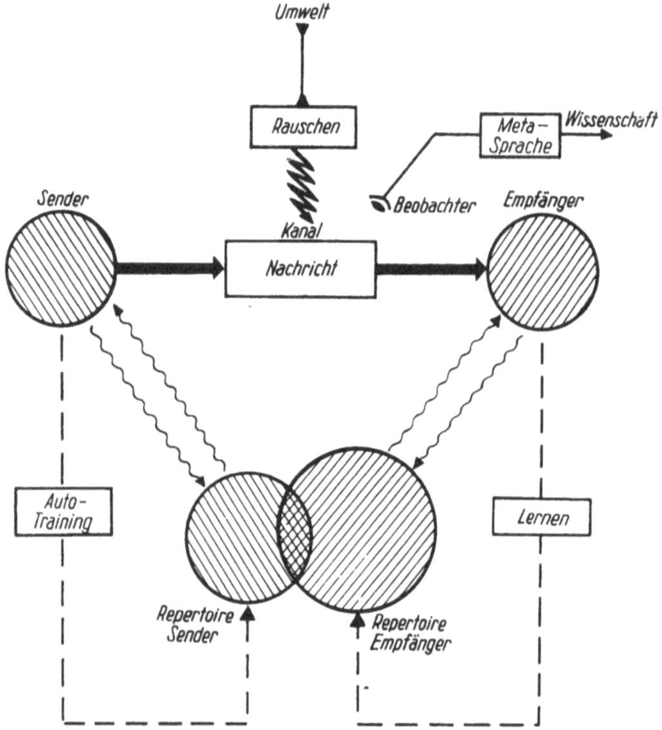

Abb. 7. Kommunikations-Modell (modifiziert nach MEYER-EPPLER aus MOLES 1968).

Der „klassische" Informationsbegriff ist enger gefaßt und bezieht sich ausschließlich auf den hier als „aktuelle Information" bezeichneten Sachverhalt. Nach den hier vorgelegten Zusammenhängen ist aktuelle Information um so wahrscheinlicher, je mehr potentielle Information in dem jeweiligen System gegeben ist. Aktuelle Information bei individualisierten Systemen setzt (auch stammesgeschichtlich gesehen) potentielle Information voraus. Potentielle Information kann wiederum nur durch aktuelle Information innerhalb des Systems aufrecht erhalten werden (innerhalb eines lebenden Systems, das für ein anderes potentielle Information enthält, muß eine Informationsübertragung bestehen).

Den Code der potentiellen Information wollen wir „Primärcode" nennen, jenen der aktuellen Information, „Sekundärcode". Gebrauchssysteme haben demnach den Primärcode, Signalsysteme den Sekundärcode.

Jene Teilsysteme eines Organismus, die eigens im Dienst einer derartigen Informationsübertragung stehen, wollen wir Signalsysteme nennen. Sie sind dann wie die Gebrauchssysteme in Signalstrukturen und Signalbehandlungen zu unterteilen. In der Stammesgeschichte sind sie jünger als die Gebrauchssysteme. Der Entenflügel im Dienst der Ortsbewegung ist eine Gebrauchsstruktur, die Bewegungsrhythmik im Dienst des Fluges ist eine Gebrauchshandlung. Auffällige Farbmuster auf dem Flügel sind Signalstrukturen, Verhaltensweisen, die diese etwa während der Balz demonstrieren, sind Signalhandlungen.

In der unidirektionalen Nachrichten-Übertragung (nach SHANNON) sind zu unterscheiden: Die Nachrichtenquelle, der Codierer (hier wird die Nachricht in eine für die Übertragung geeignete Form codiert), der Kanal, der Decodierer und der Empfänger. Dazu wird in den Kanal die Störung eingekoppelt. Die Entstehung einer Zeichenfolge zur Nachrichten-Übertragung stellt einen stochastischen Prozeß dar, er liefert eine „stochastische Folge, in der jedes Zeichen mit einem seiner Nachbarzeichen in einer Wahrscheinlichkeitsbeziehung steht" (CHERRY). Im SHANNONschen Nachrichtenkanal sind zwei stochastische Generatoren vorhanden: die Nachrichtenquelle und die Störung. Die stochastischen Prozesse liefern Markoff-

Ketten. Hier sind bei der Diagramm-Beziehung (diadisch) jeweils zwei benachbarte Elemente durch Wahrscheinlichkeitsbeziehung verbunden (Markoff-Kette erster Ordnung). Besteht eine Wahrscheinlichkeitsbeziehung zwischen dem Auftreten eines Elementes und zwei vorangegangenen Elementen, liegt eine Markoff-Kette zweiter Ordnung vor (usw.), wobei die Anzahl der Elemente, über die der Einfluß reicht, jedoch endlich sein muß.

Da in der tierischen Kommunikation (wie in der menschlichen) der Informationsfluß meist nicht unidirektional verläuft, muß der SHANNONsche Entwurf erweitert werden. Hierzu hat MARKO (1966) Vorstellungen unterbreitet, die in der Abbildung 8 zusammengefaßt sind.

Ein wichtiger Faktor für die Leistung der Nachrichten-Übertragung ist die Kanalkapazität. Bei Übertragung diskreter Zeichen ergibt sie sich nach SHANNON (gemessen in bit/s) aus der Bandbreite B, der Signalleistung S und der Störleistung N aus der Formel:

$$C = B \operatorname{ld}\left(1 + \frac{S}{N}\right).$$

Dabei wird vorausgesetzt, daß die Übertragungszeichen für alle (diskreten) Symbole gleich sind. Das ist sicher in der tierischen Kommunikation nicht immer der Fall. Die Kapazität eines störungsfreien Kanals für diskrete Zeichen (n bit = Informationsgehalt) mit gleicher Übertragungszeit ist

$$C = k \cdot n \text{ bit/s}$$

(k = Anzahl der Zeichen, die pro Sekunde im Kanal befördert werden).

Die zeitliche Übertragungsdauer wird jedoch unterschiedlich bei verschiedener Zeichenlänge, dieser Zusammenhang muß daher bei der Bestimmung der Kanalkapazität mit berücksichtigt werden. Legt man für die

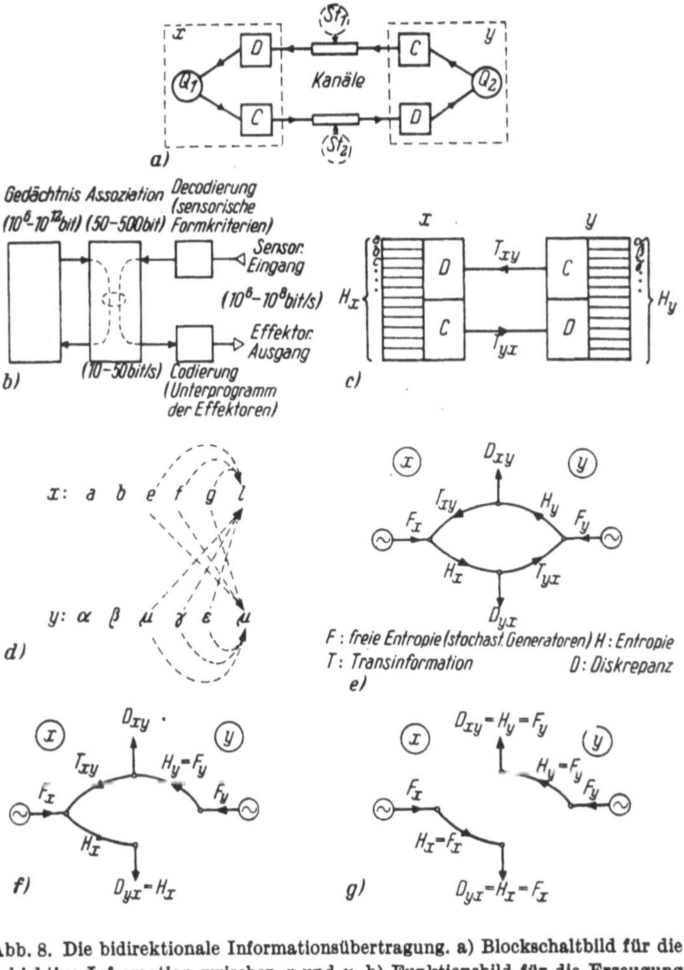

Abb. 8. Die bidirektionale Informationsübertragung. a) Blockschaltbild für die subjektive Information zwischen x und y. b) Funktionsbild für die Erzeugung und Verknüpfung (Synchronisation) der subjektiven Information. c) Schema einer Kommunikation. d) Zeitablauf der stochastischen Prozesse von x und y und ihre statistische Verkoppelung. e) Informationsflußdiagramm bei der Kommunikation. f) Informationsflußdiagramm beim Monolog $y \rightarrow x$. g) Informationsflußdiagramm bei der Entkoppelung x/y (kombiniert nach MARKO 1966 und 1969).

Berechnung der Kapazität eines ungestörten Kanals Zeichen zugrunde, die t sec zur Übertragung brauchen $(n(t))$, ergibt sich:

ld $n(t)$ als Informationsgehalt pro Zeichen,
ld $n(t)/t$ als Informationsgehalt des Zeichens pro Sekunde.

Daraus leitet sich die Kapazität eines ungestörten Kanals ab:

$$C = \lim_{t \to \infty} \frac{\mathrm{ld}\, n(t)}{t} \text{ bit/s}.$$

Die Kanalkapazität allgemeiner Übertragungskanäle bei begrenztem Signalwertbereich, beliebigen Signalübertragungszeiten sowie beliebiger Störung wurde von FÄRBER (1967) durchgerechnet. Bei einem analogen Kanal (s. Abb. 10) wird der Transinformationsfluß dann maximal, wenn jedes Signal die gleiche auf die Übertragungszeit bezogene Information überträgt. Zu den Folgerungen von FÄRBER gehören diese (auch für die Prinzipien der Tier-Kommunikation wichtigen): Der optimale Informationsfluß wird erreicht, wenn der momentane, auf das Symbol bezogene Informationsfluß konstant und gleich der Kanalkapazität wird. Die Wahrscheinlichkeitsverteilung des Eingangssignals ist so zu wählen, daß der pro Signal übertragene Transinformationsfluß unabhängig wird vom gerade gesendeten Signal. Es dürfen nur diskrete Signale mit einer ganz bestimmten Wahrscheinlichkeit vorkommen, wenn der Kanal optimal ausgenutzt werden soll.

Die Einsicht in diese Übertragungsprinzipien ist für das Verständnis der tierischen Kommunikation unerläßlich, weil die Evolution diese Informationsübertragung optimiert hat und daher das Verständnis der Zusammenhänge bei Kenntnis der mathematischen Grundlagen entscheidend gefördert werden kann.

Es gibt zur Zeit keine prinzipiellen Befunde, die einer Anwendung der Informationstheorie auf die Zeichenübertragung von Tier zu Tier entgegenstehen.

Zur Kennzeichnung der tierischen Kommunikation sind über diese allgemeinen informationstheoretischen Aspekte hinaus zahlreiche weitere Bedingungen zu beachten, deren Zusammenwirken zur Zeit noch keineswegs vollständig übersehen werden kann. Vorrangig ist dabei, unter Berücksichtigung pragmatischer Gesichtspunkte, die Unterscheidung der Perzipienten in Empfänger und Adressaten. Beide können den gleichen Kontext haben, aber nur für den Adressaten ist die Nachricht bestimmt (der Empfänger „hört mit"). Es lassen sich mehrere Kombinationen unterscheiden (Abbildung 9).

Dabei kann es in allen unter 3 bis 5 vorgegebenen Möglichkeiten auch noch zusätzlich außer den (eingetragenen) Adressaten Empfänger geben. Innerhalb einer Gruppe kann ein Individuum auch gleichzeitig Adressat und Empfänger sein (wenn Nachrichten von mehreren Sendern eintreffen).

Der Adressat kann auch als aktueller Perzipient, der Empfänger als latenter Perzipient bezeichnet werden (vgl. S. 34). Die Prinzipien der Übertragung sind in beiden Fällen die gleichen, darum ist vom informationstheoretischen Standpunkt aus diese Unterscheidung nicht erforderlich. Sie sind kommunikationstheoretisch aber unerläßlich, da der Sender auf eine Rückkoppelung mit dem Adressaten, nicht aber dem Empfänger eingestellt ist. Diese Beziehung gilt jedoch nur, wenn die Nachricht adressiert ist. So sind viele Warnrufe bei Tieren durchaus unadressiert, wohl aber an Empfänger (alle Individuen mit gleichem Kontext im Sendebereich) gerichtet.

Weiter ist zu berücksichtigen, daß mehrkanalige Informationsübertragung in der tierischen Kommunikation sehr häufig ist. Dabei können die Quellen für die verschiedenen Kanäle in einem Sender liegen oder auch auf verschiedene verteilt sein. Oft wirken optische und akustische Signale gemeinsam; vielfach muß z. B. ein Tier Empfänger von chemischen oder optischen (latenten) Informationen sein, um Adressat für akustische (aktuelle) Information werden zu können. Diese Zusammenhänge

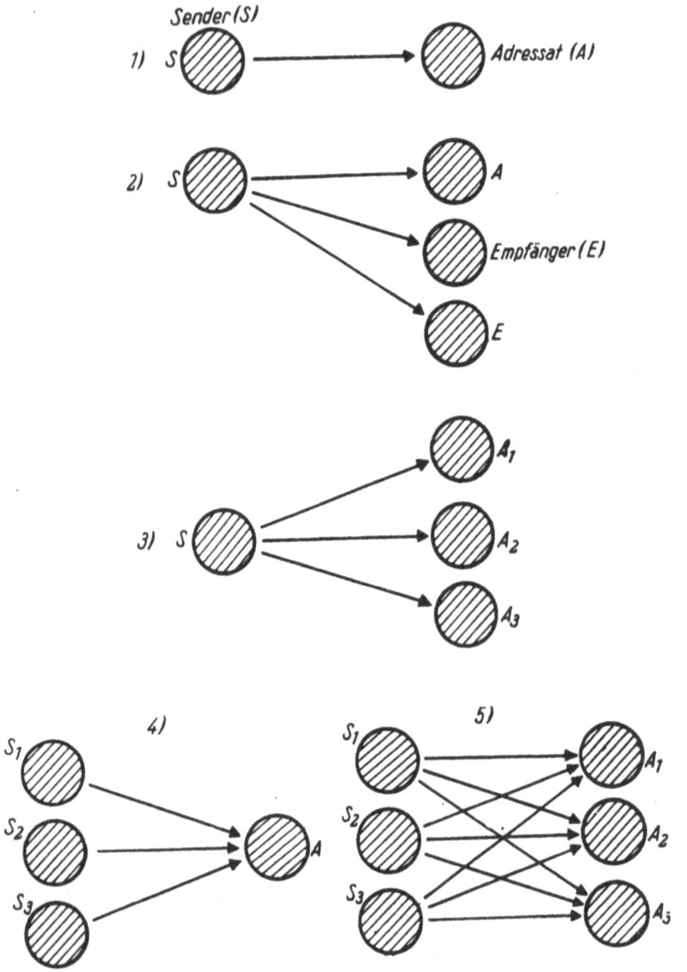

Abb. 9. Möglichkeiten der Kommunikation. 1) Ein Sender zu einem Empfänger gerichtet: (Adressat). 2) Dasselbe, aber weitere Empfänger (*E*), die denselben Kontext wie der Adressat haben, für die jedoch die Nachricht nicht bestimmt ist. 3) Ein Sender an mehrere Adressaten. 4) Mehrere Sender an einen Adressaten. 5) Mehrere Sender an mehrere Adressaten. Einzelheiten im Text.

sind noch recht unzulänglich untersucht, aber wahrscheinlich sehr wesentlich. Funktionell haben damit die latenten Informationen einen Primer-Effekt, die aktuellen dann einen Releaser-Effekt. Außerdem besteht auch die Möglichkeit, daß eine bestimmte mehrkanalige Kombination von Signalen wirksam wird. Hierdurch können auch „geschützte Codes" entstehen, die gegenüber Störungen hochgradig abgesichert sind.

Der komplexe Charakter der tierischen Kommunikation erfordert die Kennzeichnung der wichtigsten Bestimmungs-Elemente. Sie wurden unlängst von HOCKETT und ALTMANN (1968) zusammengefaßt:

1. Phonetisch-akustischer Kanal,
2. Allseitabstrahlen gegenüber gerichtetem Empfangen,
3. Rasches Verklingen,
4. Austauschbarkeit (von Sender und Empfänger),
5. Totale Rückkoppelung (z. B. Hörkontrolle der Eigenlaute),
6. Spezialisierung (die unmittelbaren energetischen Konsequenzen sprachlicher Signale sind biologisch unwichtig; bedeutsam sind nur die Träger-Funktionen; die Sende-Energie löst andere Energie aus),
7. Semantik,
8. Arbiträr (die Beziehung zwischen einem bedeutungsvollen Element in einer Sprache und seiner Bedeutung ist unabhängig von irgendeiner physikalischen oder geometrischen Ähnlichkeit zwischen den beiden. Kreis als Wort ist arbiträr, als Handbewegung angezeigt ikonisch = Bedeutung abbildend),
9. Diskret (vgl. S. 40),
10. Deplazierung (räumlich oder zeitlich nicht gegenwärtiges mitteilen),
11. Offenheit (Neukombinationen von im Kontext vorhandenen Nachrichten werden verstanden),
12. Tradition (Weitergabe des Repertoires von Individuum zu Individuum, nicht auf genetischer Grundlage),

13. Zweifache Zusammensetzbarkeit (Cenem = kleinste allein bedeutungslose Einheit im Code, Plerem = kleinste Kombination von Cenemen mit Bedeutung),
14. Signal-Fälschung (z. B. sprachliche Aussagen),
15. Reflektieren (Metasprache, s. Abb. 7),
16. Lernbarkeit (Erlernen fremder Sprachen).

Dieselben Autoren haben das Problem der Analyse der an der Kommunikation beteiligten Mechanismen durch 5 Ansätze zu kennzeichnen versucht:

A) Der Kanal

1. Der Sende-Apparat und seine Fähigkeiten,
2. Der Empfangs-Apparat und seine Fähigkeiten,
3. Das Medium der Signale und seine materiellen und energetischen Eigenschaften,
4. Die Energie-Quelle (z. B. beim akustischen Kanal der Sender, ebenso bei der Biolumineszenz, sonst aber im optischen Kanal eine äußere Quelle, bei „Sonar"-Systemen der Empfänger usw.),
5. Die Ausbreitungsgeschwindigkeit der Signale,
6. Die Abstrahlungsgeschwindigkeit der Signale,
7. Quellen und Arten von Rauschen im Kanal,
8. Orientierung der Sendung (allseits, geradlinig usw.),
9. Die Orientierung des Empfanges (Ortung der Quelle, Distanz usw.),

B) Der soziale Bezug

1. Anzahl und räumliche Ordnung der Sender,
2. Anzahl und räumliche Ordnung der Adressaten (bei gerichteten Nachrichten: einer zu einem, einer zu vielen, viele zu einem, viele zu vielen, vgl. Abb. 9),
3. Mechanismen, durch die eine Adressierung der Nachrichten ermöglicht wird,
4. Anzahl und räumliche Ordnung von Empfängern (unabhängig davon, ob sie Adressaten sind),

5. Relevante Differenzierungen der Kommunikanten (Alter, Geschlecht, Artzugehörigkeit zur Gruppe usw.),
6. Natur und Bedeutung des feedback für den (die) Sender vom Empfänger (bzw. Adressaten),
7. Anzahl, Natur und räumliche Ordnung der Gegenstände der Nachricht, bezogen auf die räumliche Ordnung der Kommunikanten

C) Bedingungen, die mit vorangehendem und nachfolgendem Verhalten bei der Kommunikation verbunden sind

1. In welchem Umfange ist das Signal als solches energetisch wirksam, bzw. inwieweit übt es Trigger-Effekte aus?
2. In welchem Umfange entspricht der Trigger-Effekt eines Signales den Wirkungen von Ereignissen im Umfeld? (Zum Beispiel wirkt ein Alarmruf auf den Empfänger ebenso wie die Alarmsituation selbst?)
3. Wenn solche Beziehungen bestehen, inwieweit beruhen sie dann auf perzeptorischen Ähnlichkeiten zwischen dem Signal und dem von ihm Bezeichneten?
4. Wenn solche Beziehungen (unter 2) bestehen, wird das Signal auch dann wirksam, wenn das Ereignis, das es anzeigt, dadurch nicht unmittelbar effektiv werden kann (z. B. Folgen auf einen Futter-Ruf, ohne das Futter selbst erreichen zu können)?
5. Wenn das Signal ohne Gegenwart des bezeichneten Sachverhaltes wirksam ist, wird es auch fälschlich gesendet?

D) Zusammenhalt und Wechsel in Kommunikations-Systemen

1. Unterschiede zwischen Gruppen, Vergesellschaftungen in den Kommunikations-Systemen einer Art,

2. Änderungen im Zusammenhang mit Alter und Geschlecht in bezug auf den Anteil des Einzeltieres an der Kommunikation innerhalb der Gemeinschaft,
3. Änderungen im Verlauf der Generationen in den Kommunikations-Systemen einer Gemeinschaft,

E) Eigenschaften des Repertoires und von Nachrichten für ein einzelnes System

1. Ist das Repertoire offen oder geschlossen? Kontinuierlich oder diskret? Werden neue Nachrichten manchmal gesendet, empfangen und näherungsweise interpretiert?
2. Unterscheiden sich die Nachrichten eines Repertoires als ganze „Gestalten", oder setzen sie sich aus wiederkehrenden Elementen in bestimmter Weise zusammen? Wenn beides, wodurch sind die beiden Mechanismen getrennt?

Diese Problemstellungen haben einen guten heuristischen Wert für die Gewinnung grundlegender Parameter, die am Aufbau tierischer Kommunikations-Systeme beteiligt sind.

Die Ethologie hat den Vorgang der stammesgeschichtlichen Entwicklung von Signalhandlungen aus Gebrauchshandlungen als Ritualisation bezeichnet. Entscheidend für die Evolution von Signalsystemen sind die Kanäle, über welche die Informationsübertragung erfolgt. Sie werden wiederum bestimmt durch die bereits vorhandenen Rezeptoren. Generell lassen sich danach klassifizieren:

a) Chemische Signalsysteme,
b) Thermische Signalsysteme,
c) Elektrische Signalsysteme,
d) Mechanische Signalsysteme (taktile, akustische),
e) Optische Signalsysteme.

Weit verbreitet im Tierreich sind entsprechend dem Überwiegen bestimmter Sinnesfunktionen (im Dienst der

Gebrauchssysteme) nur drei von diesen: die chemischen, mechanischen und optischen.

Ihre Analyse ist im Sinne von SEBEOK die Aufgabe der Zoosemiotik. In Anlehnung an MORRIS muß sie unter drei Grundaspekten untersucht werden:

a) Syntax
b) Pragmatik.
c) Semantik.

3.2. Syntax

Die Syntax beschreibt die raum-zeitliche Ordnung von Zeichen, Zeichenfolgen und Zeichenkombinationen. Dabei können grundsätzlich zwei Möglichkeiten unterschieden werden:

a) analog (das Signal kann innerhalb bestimmter Grenzen jeden Wert annehmen)
b) diskret (die Informationsparameter (m) können jeweils nur endlich viele (diskrete) Werte (n) annehmen)
   1. Mehrpunktsignale: $m = 1$ oder $n = 1$
   2. digitale Signale: $m > 1$ und $n > 1$ (bei binären Mehrpunktsignalen ist $n = 2$) (vgl. Abb. 10).

Da wesentliche Begriffe der Informationsübertragung uneinheitlich verwendet werden, seien ihre inhaltlichen Bestimmungen für diese Darstellung hier kurz angegeben: Zeichen sind Bestandteile von Signalen. Sie haben eine triadische Struktur (PIERCE): (1) Zeichen sind etwas (Syntaktik), (2) Zeichen sind Zeichen von etwas (Semantik) und (3) Zeichen sind Zeichen für jemand (Pragmatik). Der Zeichenvorrat eines Senders liefert das „Alphabet“. Ein Zeichen setzt sich zusammen aus Zeichenelementen, die ein Elementarzeichen (den Buchstaben des Alphabetes) liefern. Mehrere Elementarzeichen können eine höhere Einheit, ein Superzeichen, ergeben („Wörter“).

Signale sind physische Sachverhalte oder Vorgänge, bei denen auf Grund eines Codes Zeichen durch Regeln zusammengefügt werden und damit Einheiten höherer Ordnung, Zeichenmuster, liefern.

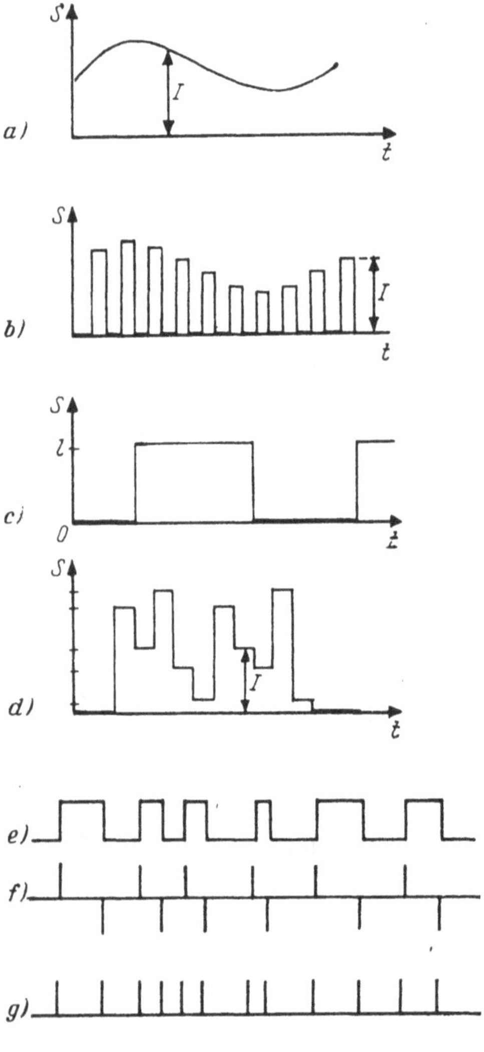

Signale sind Voraussetzung der Nachrichtenübertragung. Die Nachricht selbst ist jedoch kein physisches Ereignis. Nach MEGLA kann die Nachrichtenübertragung wie folgt unterteilt werden:

1. Das Entstehen eines Nachrichtenbedürfnisses,
2. Die Formung der Nachricht (Codierung des Erfahrenen, Gewußten usw.),
3. Die Transformation in ein übertragungsfähiges Signal,
4. Die Beförderung des Signals durch den Kanal,
5. Empfang des Signals und dessen Decodierung,
6. Verstehen der Nachricht in Erfahrenes, Gewußtes usw.

(vgl. auch FLECHTNER 1969).

Wenn eine Nachricht Ungewißheit oder Nichtwissen beseitigt, ist sie Information. Daher ist nicht jede Nachricht Information. Nach WEAVER ergeben sich drei Ebenen der Nachrichtenübertragung:

1. Wie genau können Zeichen übertragen werden? (Syntaktisches Problem),
2. Wie exakt übermitteln die gesendeten Zeichen die gewünschte Bedeutung? (Semantisches Problem),
3. Wie wirksam beeinflußt die empfangene Bedeutung das Verhalten in der gewünschten Weise? (Pragmatisches Problem).

←

Abb. 10. Signalformen. a) Kontinuierlich analoges Signal. Informationsparameter I: Signal-Amplitude. Der zeitliche Verlauf des Informationsparameters ist mit dem Signal identisch. b) Diskontinuierlich analoges Signal. I: Höhe der Rechteckimpulse. c) Kontinuierlich binäres Signal. Der Informationsparameter nimmt nur die durch O und L gekennzeichneten Werte an. d) Kontinuierlich diskretes Signal. Der Informationsparameter I ist die Signalamplitude und kann genau sechs diskrete Werte annehmen. e) Allgemeinste Form eines binären Signalflusses. f) ist der Differentialquotient davon; die Impulse sind auf die Werte $+1$ und -1 normiert. g) Alle Impulse haben die gleichen Vorzeichen erhalten (Informationsgehalt bleibt) (kombiniert nach TGL 14591, 1963 und HASSENSTEIN 1966).

Damit ist die Kommunikation als Übertragung von Nachrichten definiert.

In Hinblick auf die zeitliche Erhältlichkeit können diskrete und analoge Signale unterteilt werden in kontinuierliche und diskontinuierliche (für letztgenannte gilt das Abtasttheorem; hier muß zwischen dem Zeitintervall ΔT und der Bandbreite B die Beziehung $\Delta T < \frac{1}{2B}$ bestehen, um den vollen Betrag an Information durch Abtasten zu erhalten).

Die Syntaktik untersucht demnach die Zeichen selbst (in ihren räumlichen und zeitlichen Eigenschaften), die Zeichenkombinationen, die Relationen innerhalb dieser Kombinationen und schließlich die Regeln, die solche Kombinationen (in Raum und Zeit, dann als Sequenzen) bestimmen. Der Begriff Syntax ist ursprünglich nur auf die menschliche Sprache angewandt worden. Die Analogie der Ordnungsgefüge der Zeichen, die in der tierischen Kommunikation eingesetzt werden, erlaubt aber die Übertragung auch auf diese.

Die Syntaktik als Grundlage für Einsicht in die räumlichen und zeitlichen Eigenschaften der Zeichen sei an einem Beispiel einer Lautfolge demonstriert. Untersucht wurden die Strophen einer Amsel (*Turdus merula*) (Tembrock 1970). Erster Arbeitsschritt: Klassifizierung der Lautelemente (Zeichen-Vorrat). Es wurden im speziellen Falle 9 Elemente nachgewiesen, die sich auf Grund ihrer Struktur unterscheiden ließen. Zweiter Arbeitsschritt: Klassifizierung der Strophen. Da die Lautelemente zeitlich gesetzmäßig gruppiert werden und die Gruppen durch bestimmte Intervalle getrennt sind, die stets größer sind als zwischen den Lautelementen innerhalb der Gruppen, entstehen Strophen (Superzeichen). Sie setzen sich aus 2 bis 9 Lautelementen zusammen, im Mittel 4,4. Die mittlere Pausenlänge zwischen den Strophen wurde mit 4,1 s bestimmt. Für die Klassifizierung der Strophen können verschiedene Parameter herangezogen werden. Todt (1968) hat sie bei ähnlichen

Untersuchungen nach dem Anfangselement unterteilt (siehe Seite 253). Die zeitliche Ordnung der Strophenklassen kann durch ein Intervallhistogramm dargestellt werden, das darauf Bezug nimmt, ob und durch wieviel Strophen anderer Klassen Strophen gleicher Klasse voneinander getrennt (innerhalb eines Gesanges, der aus n Strophen besteht) auftreten (z. B. 0 bis 9). Im von uns untersuchten Beispiel, auf das hier Bezug genommen wird, dominiert absolut die Klasse 0 (Strophe gleicher Klasse folgt unmittelbar). Um mögliche Zwischensymboleinflüsse zwischen den Superzeichen (Strophen) eines Gesanges zu prüfen, wurden auch die Übergangshäufigkeiten (letztes Element einer Strophe auf bestimmtes erstes Element der folgenden) untersucht. Das betrug für die drei am häufigsten in Endstellung auftretenden Elemente:

2 auf 4 23% 3,8 s mittlere Pausenlänge
7 auf 4 14,6% 4,7 s mittlere Pausenlänge
1 auf 4 10% 3,5 s mittlere Pausenlänge

Dritter Arbeitsschritt: Berechnung der Wiederholungsrate der Superzeichen (Strophenklassen) nach der Formel:

$$W\% = \frac{(nt_1 - 1) + (nt_2 - 1) \cdots + (nt_i - 1) \times 100}{mt \times a}$$

$mt_{1 \ldots i}$ = Anzahl der Klassen von Typ $1 \cdots i$
mt = Anzahl der Strophenklassen
a = Anzahl der Strophen

Im vorliegenden Fall ergab sich $W\% = 23{,}6$.

Vierter Arbeitsschritt: Analyse der Elementfolgen (Sequenzen) innerhalb der Strophen (Zeichenfolge innerhalb des Superzeichens). Hierzu lassen sich diadische Sequenzanalysen durchführen, Bestimmung der Folgehäufigkeiten eines Zeichens auf ein anderes, sowie der Übergangshäufigkeiten eines Zeichens auf ein anderes. Da die einzelnen Elemente im untersuchten Amselgesang unterschiedlich häufig sind, ergeben die Differenzen zwischen den Übergangs- und den Folgewahrscheinlichkeiten Hinweise auf Zwischensymboleinflüsse. So folgt auf Element 4 in nur 17% das Element 5, doch folgt Element 5 in 79% aller Fälle auf 4. Diese Einflüsse können mitbestimmt werden durch eine innere Struktur der Strophe, das bedeutet durch unterschiedliche Häufigkeitsverteilung der Elemente innerhalb der Strophe. Hierzu vier Beispiele:

Element	Stellung 1	Stellung 2	Stellung 3
2	0%	9,3%	34,9%
4	42,9%	25,4%	25,4%
5	0%	91,4%	0%
7	0%	4,5%	4,5%

Element	Stellung 4	Stellung 5
2	44,2%	11,6%
4	1,8%	4,5%
5	4,3%	4,3%
7	54,8%	36,2%

Berücksichtigt man diese Zusammenhänge sowie die Übergangshäufigkeiten, kann man daraus ein Flußdiagramm ableiten (Abb. 11). Die Strophe ist tatsächlich ein Superzeichen, die Häufigkeitsverteilung der Elemente ist strukturabhängig. Sowohl die Strophenfolge als auch die Sequenz der Elemente lassen sich als stochastische Prozesse definieren. Es wäre möglich, für das Flußdiagramm einen Algorithmus zu finden.

Nelson (1965) hat bei seinen Untersuchungen an dem südamerikanischen Fisch *Corynopoma* eine Handlungsfolge mit Gruppenbildungen nachgewiesen, deren Intervalle statistisch bestimmbar waren und sich als Semi-Markoff-Prozesse 1. Ordnung deuten ließen. Auch Dane und Kloot (1964) haben bei der Balz der Schellente (*Bucephala clangula*) für die wichtigsten Signalbewegungen auf Grund von Film-Auswertungen Mittelwerte für

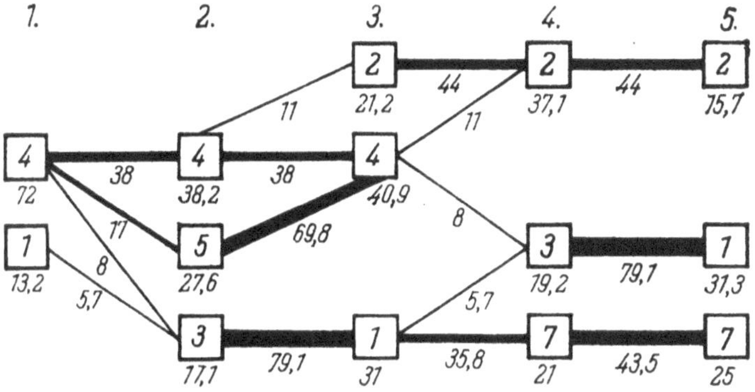

Abb. 11. Flußdiagramm für einen Amselgesang (*Turdus merula*). Die Zahlen in den Kästchen bezeichnen den Element-Typ, die Prozentwerte dazwischen die (diadischen) Übergangshäufigkeiten, die Zahlen unter den Kästchen die prozentuale Häufigkeit des Elementes in der betreffenden Stellung (die Strophe kann demnach mit 2, 4, 1 oder 7 enden) (nach TEMBROCK 1970).

die Dauer bestimmt (Abb. 12). Danach lassen sich 27 Bewegungseinheiten mit einer Dauer bis zu drei Sekunden als Kurzzeitbewegungen zusammenfassen, Verhaltensnormen mit Werten zwischen 3 und 9 Sekunden als Mittelzeitbewegungen und die sehr variablen, aber stets darüber hinausgehenden Verhaltensweisen als Langzeitbewegungen (vgl. TEMBROCK 1970).

Die Abbildung 13 zeigt die Auswertung eines Filmes über einen Kampf zwischen zwei Rotfüchsen für einen Partner als diadische Sequenzanalyse und stellt damit ein Analogon zur Abbildung 11 aus dem Verhaltensbereich. Pragmatisch gehört dieses Verhalten in den Rahmen der Kontakt-Kommunikation (diffuger Status, vgl. S. 19).

Dieser Zusammenhang kann entsprechend Abbildung 5 auch anders ausgedrückt werden: Die Informationsübertragung kann bei dem Empfänger drei Grund-Tendenzen der Raum-Zeit-Beziehung zum Sender auslösen:

1. Die Beharrungstendenz (stationärer Status)
2. Die Ausweichtendenz (Status der Aversion = diffug)

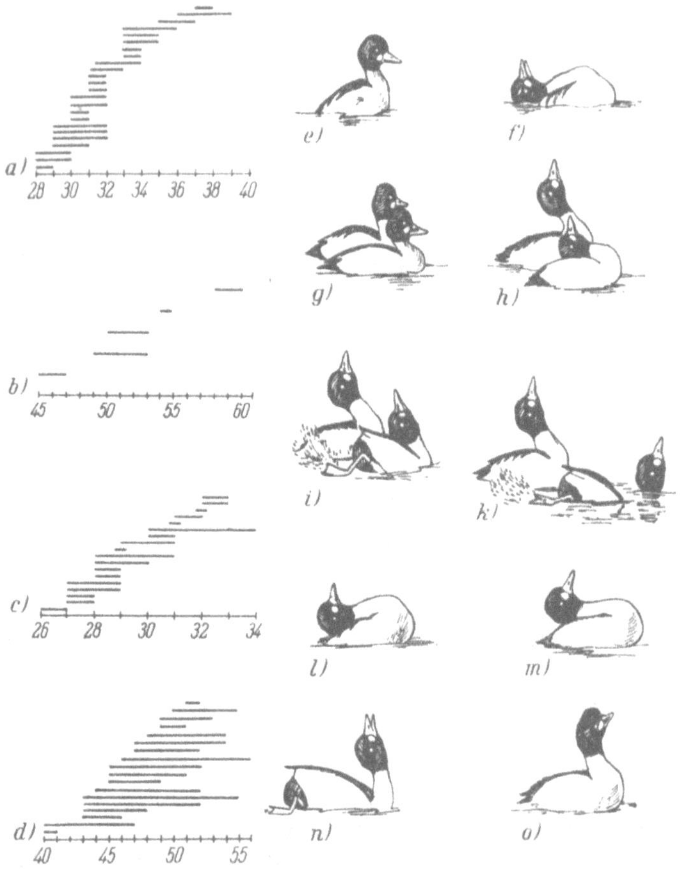

Abb. 12. Schellente (*Bucephala clangula*). a bis d) Ein Vergleich der Dauer bestimmter Verhaltensweisen von Gruppen und Individuen. Jeder horizontale Balken zeigt die Erstreckung der Dauer für ein bestimmtes Individuum; Abszisse: Dauer in Einzelbildern des zugrundeliegenden Filmes (24 Bilder/s). Alle Linien zusammen zeigen die Streuungsbreite für die Gruppe. a) Head-Throw (Mittelwert = 31,8; Standard-Abw. = 0,08; Anzahl der Aktionen = 138; Anzahl der Individuen 24); b) Slow Head-Throw-Kick (M. = 51,6; At.A. = 1,1; Akt. = 12; Ind. = 5); c) Fast Head-Throw-Kick (M. = 29,6; St. A. = 0,08; Akt. = 49; Ind. = 18); d) Head-Throw-Bowsprit (M. = 47,5; St. A. = 3,5; Akt. = 76; Ind. = 18); e und f) einfaches Kopf-Zurückwerfen (Head-Throw); g und h) Aufeinanderfolgende Phasen des Kopf-Zurückwerfens und Fußstoßens (Head-Throw-Kick), wobei das vordere Tier (Männchen) den schnelleren Typ zeigt (nach Dane, Walcott, Drury 1959; Dane und Kloot 1964, aus Marler nnd Hamilton 1966).

3. Die Annäherungstendenz (Status der Appetenz = affin)

Bestimmte Signalfolgen können in verschiedenen Statusformen auftreten, dann können ihre zeitlichen Parameter geändert sein. Ein Beispiel hierfür aus der Kontakt-Kommunikation beim Rotfuchs (*Vulpes vulpes*, vgl. auch S. 243 und Abb. 13): Die Mittelwerte für zwei Verhaltensweisen (Pfotenheben und Aufstellen) in zwei verschiedenen Kontexten (Ernstkampf = diffug, Sexual-Partner-Komment = affin):

	Ernstkampf	Sexual-Partner-Komment
Pfoteheben	0,30 s	1,25 s
Aufstellen	0,65 s	3,25 s

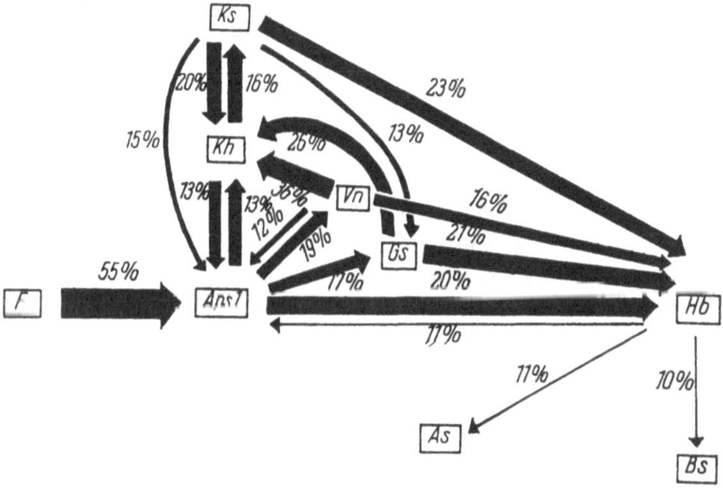

Abb. 13. Flußdiagramm für das Kampfverhalten eines Rotfuchses, abgeleitet aus einer diadischen Sequenzanalyse; die Zahlen geben die Übergangshäufigkeiten in % an; Werte unter 10% wurden fortgelassen. *F*) Frontalstellung, *Aps*1) Antiparallelstellung 1, *Kh*) Kopfheben, *Ks*) Kopfsenken, *Vn*) Vorniedergehen, *Gs*) Gegenstemmen, *Hb*) Halsbiß, *Bs*) Beißen und *As*) Aufstellen (nach TEMBROCK 1969, vgl. Abb. 54).

Bei der Auswertung dieses Materials (TEMBROCK 1970) ergaben sich folgende Trends:

1. Im Kontaktfeld dominieren zwei Tendenzen:
   a) eine „Trägerfrequenz“ mit sehr langsamer Schwingung, die über längere Zeit hinweg den Kontakt aufrecht erhält,
   b) Demodulation mit hoher Frequenz durch überlagernde Koordinationen, die einen schnellen Informationsaustausch ermöglichen.
2. Im Nahfeld können bislang drei Systeme im Kontext unterschieden werden:
   a) Distanzerhaltung: Tendenz zu Langzeitbewegungen,
   b) Distanzvergrößerung (diffuges System, Defensivverhalten): Tendenz zu Kurzzeitbewegungen mit starker Amplitude, Δt möglichst klein (kurze Anstiegszeit),
   c) Distanzverringerung (affines System): Tendenz zu Mittelzeitbewegungen mit Amplituden-Schwankungen, Δt möglichst groß. Bei Wiederholung Rhythmisierung bis Phrasierung.
3. Distanzfeld: Tendenz zu Langzeit-Bewegungen oder Mittelzeitbewegungen, die über längere Zeit hinweg wiederholt werden. Große Amplituden.

3.3. Pragmatik

Der pragmatische Aspekt sollte bei der Tier-Kommunikation alle funktionell eingehenden Bedingungen (und mit der Zeichenübertragung verbundenen Änderungen) erfassen. Er umschließt daher etwa folgende Zusammenhänge:

a) Veränderungen der räumlichen Ordnung zwischen den Kommunikanten,

b) Veränderungen der zeitlichen Beziehung zwischen den Kommunikanten,
c) Veränderungen des Verhaltens des Senders,
d) Veränderungen im Verhalten des Empfängers,
e) Veränderungen in der Beziehung zum Raum-Zeit-System beim Sender,
f) Veränderung in der Beziehung zum Raum-Zeit-System beim Empfänger,
g) Veränderungen in der Informationsaufnahme (Sender, Empfänger),
h) Veränderungen in der Informationsabgabe (Sender, Empfänger).

Unter Berücksichtigung der wichtigsten Kommunikationskanäle läßt sich das in der Abbildung 14 dargestellte Raum-Zeit-System der Kommunikation entwerfen. Danach kann folgende Klassifizierung vorgenommen werden:

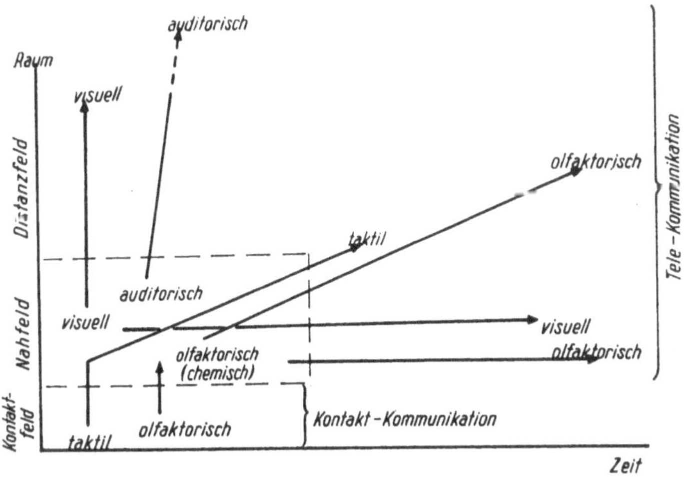

Abb. 14. Entwurf für das Raum-Zeit-System der Kommunikation. Einzelheiten im Text (nach TEMBROCK 1969).

a) Kontakt-Kommunikation

Wird auf der Grundlage des physischen Kontaktes (ohne weiteres Medium) vollzogen. Die wichtigsten Kanäle sind der taktile und der chemische; daneben können auch der thermische und der elektrische wirksam sein. Der physische Kontakt ermöglicht am leichtesten (evtl. ohne weitere Codierung) die Umwandlung von potentieller in aktuelle Information. Er ist eine Weiterführung des Prinzips, das den Informationsfluß von Zelle zu Zelle innerhalb eines Organismus (oder einer Zellkolonie) ermöglicht. Unter den Mehrzellern ist er extrem ausgeprägt bei den Kolonie-bildenden Formen, die physisch zusammenhängen. Untersuchungen von JOSEPHSON an Hydrozoen-Stöcken haben hierzu konkrete Befunde erbracht.

b) Tele-Kommunikation

Zwischen den Kommunikanten befindet sich ein Medium, über das hinweg die Nachrichten-Übertragung erfolgen muß.

1. Nahfeld: Die Kommunikanten befinden sich in permanenter Kommunikation. Die Signale werden überwiegend ungerichtet abgestrahlt. Auch hier sind die elementaren Kanäle wieder der chemische und der taktile; dazu können jetzt auch der optische und der akustische kommen, selten auch der thermische und der elektrische. Sie wirken alle im Nahfeld mit geringen Zeiteinheiten.
2. Distanzfeld: Es besteht keine permanente Kommunikation zwischen den Kommunikanten; stattdessen liegt temporäre Kommunikation vor. Die Signale werden überwiegend auf bestimmte Empfänger gerichtet.

Hier lassen sich zwei Formen der Nachrichten-Übertragung unterscheiden:

a) Aktuelle Nachrichten-Übertragung: Sie ist auf die Rückkoppelung mit dem Empfänger gerichtet. Dabei sind zu unterscheiden (I) die Weglänge (für die Nachricht) und der damit verbundene Faktor Zeit; er ist beim visuellen Kanal unendlich klein, beim akustischen Kanal wesentlich größer (Ausbreitungsgeschwindigkeit des Schalles); (II) die „Suchdauer“, die als Zeitfaktor eingeht, bis der vorgesehene Empfänger rückkoppelt. Dieser Zeitbezug ist in Abbildung 14 nicht dargestellt. Die „Warte-Werte“ (bis zur Antwort) können vorprogrammiert sein und sind korreliert mit der Funktion. So wird ein Jungtier in Notlage länger rufen als etwa ein Fortpflanzungspartner. Außer dem visuellen und akustischen Kanal ist noch der chemische Kanal wichtig: Abgabe von Duftstoffen (oder Pheromonen, s. S. 97) an das Substrat (Wasser, Luft). Die Ausbreitungsgeschwindigkeit ist relativ langsam (s. S. 103). Selten wird auch der taktile Kanal eingesetzt, etwa durch Schwingungen des Substrates (Wellen im Infraschallbereich, Boden-„Erschütterungen“). Sie wirken nicht sehr weit in das Distanzfeld hinein. Die relativ langsame Ausbreitung bedingt eine raum-zeitliche Beziehung.

b) Latente Nachrichten-Übertragung: Signale werden deponiert und damit vom Sender unabhängig. Sie haben damit keine größere räumliche Erstreckung, wohl aber eine größere zeitliche Dimension. Hierher gehören nur zwei Kanäle: der chemische (Absetzen von Duftstoffen usw.) sowie (seltener) der optische (Sichtmarken an festen Strukturen des Substrates).

Der funktionelle Aspekt dieser Kommunikationsformen läßt in Anlehnung an die Grundprinzipien der Raum-Zeit-Beziehungen (s. S. 19) folgende Einteilung zu:

1. Distanzerhaltung; die Nachrichten-Übertragung hält eine bestimmte Distanz zwischen Sender und Empfänger aufrecht: stationärer Status. Dieser kann in zwei Formen auftreten: (I) räumlich fixiert (Kommunikanten ortsfest), (II) zeitlich fixiert (Kommuni-

kanten für bestimmte Zeit in konstanter Distanz, z. B. Fischschwarm in Bewegung).

2. Distanz-Vergrößerung; die Nachrichten-Übertragung führt zu einer Vergrößerung der Distanz zwischen Sender und Empfänger: diffuges System.

3. Distanz-Verminderung; die Nachrichten-Übertragung vermindert die Distanz zwischen den Kommunikanten: affines System.

Das affine System kann temporäre Kommunikation herstellen und in permanente überführen; das diffuge System kann Kontaktkommunikation in Telekommunikation (permanente in temporäre Kommunikation) überführen oder zur Beendigung der Kommunikation führen.

Der biologische Aspekt der Kommunikations-Systeme hat zu verschiedenen Formen der Klassifizierung spezieller Beziehungsformen geführt. Da die genetischen Grundlagen innerhalb von Populationen (und Arten) den Informationsfluß auf Grund der Strukturähnlichkeit der Individuen, die sie zusammensetzen, erleichtern, kann die intraspezifische Kommunikation generell von der interspezifischen (zwischenartlichen) unterschieden werden. Auf Grund der bereits dargelegten Raum-Zeit-Parameter (Abb. 14) lassen sich bei der intraspezifischen Kommunikation unterscheiden:

a) Permanente Kommunikationssysteme (für die Dauer des Zusammenlebens besteht permanente Kommunikation)

   1. Kontakt-Systeme

   2. Tele-Systeme (Nahfeld)

b) Temporäre Kommunikationssysteme (Distanzfeld).

Zu a) gehören Kolonien ein- oder mehrzelliger Organismen sowie Arten, die über bestimmte Zeiträume hinweg in physischem Kontakt leben oder raumzeitlich in so geringer Distanz, daß ein ständiger (latenter) Informationsfluß auch dann zwischen den Individuen gewährleistet ist, wenn nicht speziell adressierte Nachrichten übermittelt werden. Temporäre Kommunikationssysteme dagegen bestehen immer nur zu dem Zeitpunkt einer adressierten Nachrichten-Übertragung.

Alle „echten Vergesellschaftungen" gehören daher zu den permanenten Kommunikationssystemen mit latentem (und gegebenenfalls auch aktuellem) Informationsfluß. Hier werden unterschieden (vgl. EIBL-EIBESFELDT 1967, WICKLER 1967):

A) Offene Verbände (auch als „Schar" bezeichnet)

1. Anonym, meist nicht ortsgebunden („Schwärme"), (z. B. Insekten, Fische, Vögel, Säugetierherden); die Einzelindividuen sind beliebig austauschbar, ohne daß sich dadurch das Gesamtverhalten der Vergesellschaftung ändert.
2. Nicht anonym (z. B. Brutkolonien); zumindest kennen sich die engeren Nachbarn individuell; Ausscheiden einzelner Angehöriger ändert das Gesamtverhalten nicht, neue Individuen werden gewöhnlich schnell aufgenommen.

B) Geschlossene Verbände (auch „Vereine" genannt); hier treten Verhaltensunterschiede auf zwischen den Angehörigen des Verbandes gegenüber Fremden (Artgenossen; „Mitglieder" und „Nichtmitglieder" werden unterschieden); Fremde werden angegriffen.

1. Anonym (Sippen oder „Staaten"); die Angehörigen erkennen sich an überindividuellen Kennzeichen („Abzeichen", meist Geruch, z. B. Stockduft bei Honigbienen); Verteidigung gegenüber Fremden, sofern diese das überindividuelle Kennzeichen nicht besitzen; die Mitglieder sind dagegen austauschbar, ohne daß Verhaltensänderungen auftreten.
2. Nicht anonym (= individualisiert), die Mitglieder kennen sich individuell und sind daher nicht aus-

tauschbar. Der Ausfall eines Individuums kann das Gesamtverhalten beeinflussen (Gruppensozietäten). Hier meist individualspezifische Strukturierung („Rangordnung").

Bei dieser Klassifizierung liegen auch semantische Bezüge vor. In der anonymen offenen Gesellschaft gehört zur permanenten Information speziell die Identität der Art sowie ein Raum-Zeit-Bezug (spez. Individualdistanz). Bei den nicht anonymen offenen Gesellschaften wird der permanente Informationsfluß vor allem durch die Identität der Art sowie feste Raum-Zeit-Beziehungen, die an der Umwelt orientiert sind (Beharrungstendenz), bestimmt. In der anonymen geschlossenen Gesellschaft sind die semantischen Inhalte der permanenten Information Artzugehörigkeit und Gruppenspezifität (vgl. S. 56), zusätzlich auch wieder Raum-Zeit-Bezüge. In der individualisierten geschlossenen Gesellschaft schließlich kommt hinzu die Information über die Individualität. Sie gewährleistet neben den anderen permanenten Informationsinhalten eine innere Struktur des Gruppensystems. Die hier gekennzeichneten vier Stufen der Gruppen-Bildung stellen auf Grund des qualitativ zunehmenden Informationsflusses innerhalb des Systems einen wachsenden Ordnungsgrad dar, wodurch die Einzelelemente des Systems immer abhängiger vom Ganzen werden.

Für die interspezifischen Systeme hat MATTHES (1967) folgende Klassifizierung vorgeschlagen, die hier, etwas modifiziert, wiedergegeben sei:

1. Parasitismus: Das Leben von der Körpersubstanz eines anderen Organismus, ohne diesen zu töten,
2. Parasitoidismus: Das Leben von der Körpersubstanz eines anderen Organismus, der im Anschluß daran zugrunde geht (z. B. Schlupfwespen-Larven als Parasitoide in Raupen),
3. Karpose: Ein Zusammenleben zweier Organismen zum alleinigen Nutzen eines Partners, ohne Schädigung des anderen,

a) Parökie: Der Karpont findet Schutz (aber nicht Wohnung) bei seinem Partner,

b) Synökie: Der Karpont findet bei seinem Partner eine geeignete Wohnstätte,

c) Epökie: Der Karpont siedelt auf der Oberfläche eines anderen Organismus (siedelt ein tierischer Karpont auf einem anderen Tier: Symphorismus),

d) Phoresie: Ein tierischer Karpont benutzt ein anderes Tier im Dienste der Ortsveränderung,

e) Entökie: Ein Karpont besiedelt offene Körperhöhlen seines Partners,

4. Kommensalismus: Ein Tier nimmt an der Mahlzeit eines anderen Tieres teil,

5. Symbiose: Das Zusammenleben zweier Organismen zum beiderseitigen Nutzen,

a) Allianz: Lockere Gesellung zu beiderseitigem Nutzen,

b) Trophobiose: Symbiontische Beziehungen auf der Grundlage der Abgabe von Exkrementen, deren Aufnahme Pflegehandlungen auslöst (z. B. Blattläuse bei Ameisen),

c) Symphilie: Symbiontische Beziehungen auf der Grundlage der Abgabe von Sekreten, deren Aufnahme Pflegehandlungen auslöst (z. B. „Ameisen“- und „Termitengäste“).

(Wheeler faßte unter dem Begriff „Trophallaxis“ 5b und 5c zusammen.)

Fast alle interspezifischen Systeme, die hier genannt wurden, gehören zum Typ der Kontakt-Kommunikation, nur bei der Trophobiose und der Symphilie kann auch Nahfeld-Kommunikation vorliegen. In allen Fällen liefert das stoffwechselbedingte Verhalten die Grundlage dieser interspezifischen Kommunikationssysteme.

3.4. Semantik

Die Semantik befaßt sich mit der Bedeutung der Signale im Kommunikationssystem. Dabei können bei Tieren etwa folgende Kontexte übermittelt werden:

A) Identität (des Senders)

1. Art
2. Gruppe (in der „geschlossenen Gesellschaft" haben Angehörige einer Gruppe z. B. ein gemeinsames Duftsignal)
3. Geschlecht
4. Alter
5. Individualität

B) Motivation

1. Physiologischer Status (z. B. „Hunger")
2. Verhaltensstatus (z. B. Auffliegen)

C) Umgebung

1. Individuen ohne Störwirkung
2. Individuen mit Störwirkung („Feinde", oft differenziert, z. B. „Luftfeind", „Bodenfeind" usw.)
3. Dinge (Sachverhalte)
   a) Gebiet
   b) Nahrung
   c) Meteorologische Bedingungen

Morris (1946, vgl. auch Marler 1961) hat folgende Signalfunktionen unterschieden:

1. Identifizierung (identifiors), dient der Vermittlung von Informationen über Raum und Zeit (der Empfänger orientiert seine Reaktionen raum-zeitlich),
2. Bezeichnung (designators), dient der Kennzeichnung von Eigenschaften in der Umgebung,

3. Schätzung (appraisors), dient der Informations-Übermittlung des „Vorzugs-Status" (vorzugsweise Reaktionen auf ein bestimmtes Objekt),
4. Vorschrift (prescriptors), übermittelt die Forderung nach bestimmten Reaktionen.

GUILFORD (1966) unterscheidet vier Kategorien des Informationsgehaltes:

1. Wahrgenommene (z. B. visuelle) Formen,
2. Symbolische Formen (z. B. Zahlen, Buchstaben),
3. Semantische Formen (etwas bedeutende Wörter usw.),
4. Verhaltensformen.

Daraus leitet er folgende Informationsprodukte ab:

1. Die erhaltene Informationseinheit,
2. Die Klasse (Klassifizierung der Informationen bzw. Informationseinheiten),
3. Die Relation der einen zur anderen Information (größer — kleiner usw.),
4. Das System (das sich aus dem Klassen- und Relationsbegriff entwickeln läßt),
5. Die Transformation (etwas wird größer, dunkler usw.),
6. Die Implikation (wenn *a*, so *b* usw.).

Nach MOLES (1963) sind folgende informationstheoretische Gesichtspunkte für die Kommunikation besonders wesentlich:

1. Die Begriffe des Übertragungsweges, des gemeinsamen Repertoires, der Redundanz- und der Hierarchie des Repertoires,
2. Information als Maß der Komplexität des Systems,
3. Redundanz als Maß der Häufigkeit und besonders der Verständlichkeit,

4. Nach ZIPF stehen sich gegenüber Genauigkeit und Kürze,
5. Wichtig ist das dialektische Konzept Ordnung/Unordnung: Gegenüberstellung von Geräusch und Botschaft, die Botschaft repräsentiert eine relative Ordnung für die in Kommunikation stehenden Organismen gegenüber der Unordnung in der Umgebung,
6. Es gibt eine Rangordnung von Gestalten (Mustern) aus komplexen Reizen, dem Maß ihrer Komplexität entsprechend,
7. Es besteht bei den Tieren eine Reihe, die Integrationsstufe (Komplexgrad) ihrer synaptischen Systeme betreffend.

4. Physiologische Grundlagen

Die physiologischen Grundlagen der Kommunikationsmechanismen lassen sich aus den allgemeinen Funktionszusammenhängen ableiten. Sie betreffen

1. die Leistungsprinzipien der Informationsaufnahme und -Verarbeitung (Sinnesorgane, Nervensystem),
2. die den System-Status bestimmenden Faktorenkombinationen (vgl. Abb. 2),
3. die Leistungen der Informationsabgabe (Effektor-System, Nervensystem, Muskulatur, Bewegungsorganelle).

Die Integration dieser drei Funktionssysteme entspricht den Phänomenen der Rezeption, Motivation und Reaktion. In diesem Rahmen beruht die eigentliche Kommunikation als eine bereits abgeleitete höhere Form der Informationsübertragung auf bestimmten Eigenschaften dieser Systeme, obwohl sie natürlich alle voraussetzt.

Alle afferenten Systeme (Analysatoren) sind hierarchisch aufgebaut. KONORSKI (1967) hat diese Zusammenhänge unter Berücksichtigung der verschiedenen Kanäle umfassend dargestellt. Die Nachrichten, die von den eigentlichen Rezeptorzellen kommen, werden in höheren Einheiten integriert und nach bestimmten Prinzipien ausgewertet oder gespeichert. Eine Vielzahl von Regelkreisen greift dabei mit ein, wobei das auch in der Abbildung enthaltene Reafferenzprinzip gestattet, Eingangs- und Ausgangsgrößen miteinander zu vergleichen und in Beziehung zu setzen.

Die reine Verhaltensforschung hat ja bereits zahlreiche Befunde erhoben, die quantitative Beziehungen zwischen dem Reizeingang und dem Verhalten (den „Reaktionen") nachweisen. Neuerdings bemüht sich speziell die „Ethometrie" um die Erarbeitung exakter Daten, die Aufschlüsse über die Arbeitsweise des Systems erlauben. Dabei haben CURIO, BLAICH und RIEDER (1969) vorgeschlagen, im Verhaltensexperiment folgende Termini einzusetzen:

1. Antwort (= Handlung): Gesamtheit der während und durch die Reizdarbietung ausgelösten Verhaltensweisen (Rufe, Bewegungen usw.),
2. Antwortbereitschaft: Ausdruck für die Wahrscheinlichkeit des Auftretens einer bestimmten Antwort bei konstantem Reiz,
3. Antwortstärke: Quantitatives Maß für eine Handlung. In bezug auf eine bestimmte Reizsituation entspricht sie deren Auslösewert bei vorgegebener Antwortbereitschaft,
4. Ethometrie: Die messende Analyse von Verhaltensleistungen auf Grund von Verhaltensäußerungen des ganzen Tieres,
5. Motivation: Die von einer äußeren Reizsituation bei gegebener Antwortbereitschaft hervorgerufene Erregung,

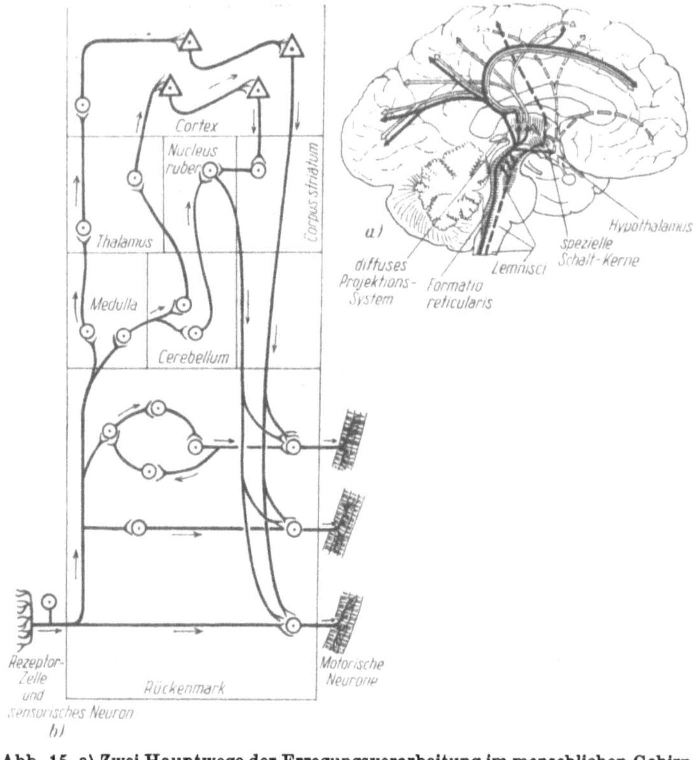

Abb. 15. a) Zwei Hauptwege der Erregungsverarbeitung im menschlichen Gehirn. Sensorische Impulse gelangen über die Lemnisci zu den spezifischen Schaltstationen (Kernen) im Hypothalamus. Von hier werden sie auf verschiedene Rindengebiete übertragen, wo die weitere Auswertung der Informationen vollzogen wird (unterbrochene schwarze Linien). Der andere Weg, das sogenannte Aktivierungs-System, beginnt mit Ästen in den Lemnisci. Sie leiten die Erregung zur Formatio reticularis; von hier erfolgt eine Umschaltung zum Thalamus. Diffuse Projektions-Systeme übertragen dann die Impulse zur Hirnrinde (schwarze ausgezogene Linien). Die Formatio reticularis sendet weiterhin Erregungen zum Hypothalamus. Sekundäre Impulsmuster, die von hier ausgehen, sind durch unterbrochene helle Linien angedeutet, während die entsprechenden vom Thalamus ausstrahlenden in ausgezogenen hellen Linien eingetragen sind (nach HIMWICH 1955). b) Vereinfachtes Diagramm des Nervensystems, das einige prinzipielle (sehr stark vereinfachte) Zusammenhänge der Informationsverarbeitung andeuten soll (nach KATZ 1961). c) Nachrichtenfluß zwischen Umwelt und Zentralnervensystem über die Sinnesorgane d) Schema des Informationszuflusses und des Informationsabflusses beim Menschen (c und d nach KÜPFMÜLLER und KEIDEL 1969).

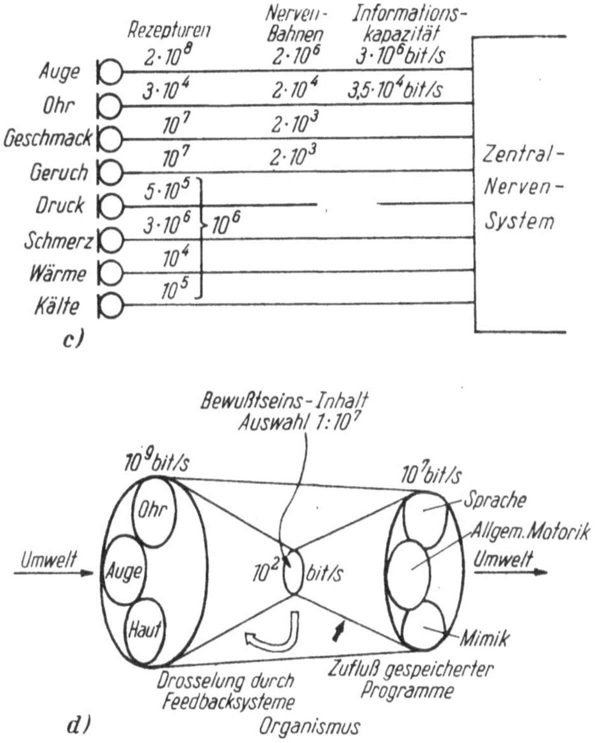

Abb. 15

6. Schlüsselreiz (= Kennreiz): Ein qualitativ von anderen auslösenden Eigenschaften abhebbares Merkmal einer Reizsituation, dessen Veränderung eine quantitative und/oder qualitative Änderung der angesprochenen Antwort zur Folge hat,

7. Nachwirkung einer Antwort: Die Gesamtheit der Verhaltensweisen (Rufe, Bewegungen usw.), welche der die Antwort auslösenden Reizdarbietung unmittelbar folgen.

Entsprechend angelegte Versuche (Auslösung der Alarmhandlung beim Trauerschnäpper *Ficedula hypoleuca*

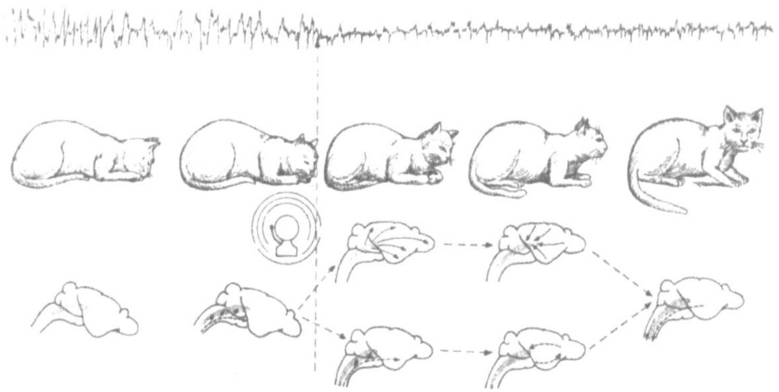

Abb. 16. Eine Katze erwacht unter Schalleinwirkung: Die Schall-Erregungen erreichen die Formatio reticularis (gestrichelte Pfeile), das reticuläre Aktivierungs-System (RAS), das oben (ausgezogene Pfeile) die Hirnrinde aktiviert, so daß die Einstrahlungen der Hörbahn mit den ankommenden Erregungen wirksam werden können (Hörfelder der Rinde), damit wandeln sich (Kurvenzug oben) die Hirnströme vom Status des Schlafes zum Status der Wachheit. Das RAS integriert die Hirnaktivität (unten), so daß das Gehirn als Ganzes reagieren kann. Die Katze antwortet dann mit motorischen Impulsen (gestrichelter Pfeil unten rechts), die vom RAS gesteuert werden. Damit ist wenige Sekunden nach Reizbeginn die Katze aktiv und vollzieht eine entsprechende Ortsveränderung (nach FRENCH 1957).

durch Vogelfeinde) zeigte, daß die beobachtbare Stufenleiter relativer Antwortstärken in eine Skala absoluter Erregungswerte umsetzbar ist. Die Alarmhandlung steigt nach dem Schlüpfen der Jungen um 44 Antworten/min. Die entsprechende Motivationszunahme wird nur von der brutstadienabhängigen Antwortbereitschaft bestimmt. Damit läßt sich der Funktionszusammenhang zwischen der Antwortstärke und der Motivation durch eine Kennlinie darstellen. Aus den Befunden wird auch abgeleitet, daß den Alarmbewegungen eine geringere Motivation zugrunde liegt als den Alarmrufen (die damit einen höheren Schwellenwert haben). Das könnte auch ein Hinweis auf den evolutiv späteren Einbau der akustischen Signale in das Gesamtverhalten sein.

Grundlegend für diese Ethometrie von Schlüsselreizen ist die Arbeit von JANDER (1968). Seine Experimente beziehen sich auf Zweifachwahl-Versuche (telotaktische Wahlhandlungen) bei Arthropoden. Damit wird versucht, dem klassischen Begriff der Ethologie, dem „Auslöse-Mechanismus", in seinen Leistungsprinzipien auf die Spur zu kommen. JANDER bezieht hier das von STEVENS (1961) aufgestellte „Potenzprinzip" für die „Psychometrie" ein, das mit folgendem Ausdruck arbeitet:

$$P \sim R^k$$

R = Reizkontinuum, P = perzeptives Kontinuum.

Den Exponenten k nennt JANDER auf Grund seiner Ergebnisse Kompressions-Konstante (bei seinen Versuchen an Skorpionen = 0,7, beim Mehlkäfer 0,1 bzw. 0,2). Die Berechnung dieser Konstante erfolgt über Exponentialgleichungen, die nach dem Versuchsaufbau und der STEVENSschen Potenzbeziehung konstruiert werden. Anstelle der „Reizsummenregel" möchte JANDER von einer terminalen Kumulation (bzw. bei Gültigkeit des Potenzprinzipes von einem Potenzprinzip der terminalen Kumulation) sprechen. Dem Auslösemechanismus nachgeordnet wird dann ein Comparator postuliert (Abb. 17). Er vergleicht die Reizwerte verschiedener, gleichzeitig gebotener Objekte miteinander. Seine Funktion kann durch die mathematische Operation der Subtraktion beschrieben werden; das Vorzeichen der Differenz bestimmt die Seite der Wahlbevorzugung (bei der Zweifachwahl). Die Häufigkeit der Wahlen wird durch Überlagerung mit den normal verteilten Störvariablen festgelegt. Damit setzt sich die Wahlentscheidung zusammen aus der vom Nervensystem übertragenen Information (Transinformation) sowie der Störinformation (stochastische Information ≙ Dissipation). JANDER fand beim Zweifachwahl-Versuch mit verschieden hohen schwarzen Rechtecken für das Reizmerkmal „Höhenunterschied" im Mittel eine Transinformation von 0,36 bit je Einzelwahl, das sind 36% von einer Binärentscheidung. Für Honigbienen konnte ein gutes Unterscheidungsvermögen zwischen schwarzen Balken nachgewiesen werden, wenn der Winkelunterschied nicht weniger als 45° beträgt. Das ergibt für alle möglichen Balkenneigungen 180°/45°

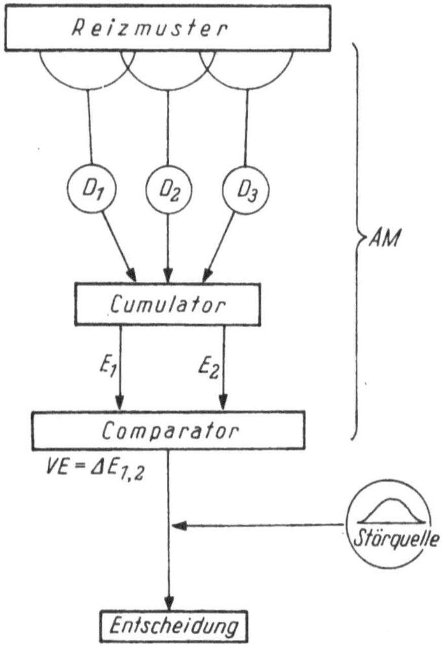

Abb. 17. Schema für die Beziehungen der verschiedenen Instanzen in der Theorie der telotaktischen Wahlhandlungen. Der Auslösemechanismus (AM) setzt sich zusammen aus 1. den Detektoren (D_n), die aus Reizmustern Einzelmerkmale herausfiltern und bewerten und 2. dem Cumulator, der nach dem Potenzprinzip der terminalen Cumulation die Meldungen der Detektoren zusammenfaßt. Die Aufgabe des Comparators ist es, zeitlich oder vielleicht räumlich getrennte Erregungen (E_1, E_2) des Auslösemechanismus durch Subtraktion ($\Delta E_{1,2}$) zu vergleichen. Diese Differenz führt, durch „weißes Rauschen" gestört, zur Wahlentscheidung (nach JANDER 1968).

= 4 Klassen der Unterscheidung. Damit kann die Perzeptionskapazität (= Valenzkapazität, MEYER-EPPLER 1959) mit ld 4 = 2 bit errechnet werden. Das ist das

Doppelte der entsprechenden Perzeptionskapazität der Waldameise *Formica polyctena* (Voss 1967). Die hier nach Jander zusammengestellten Befunde zeigen die Bedeutung der ständig endogen erzeugten Variabilität (= stochastische Information) als biologische Informationsquelle.

Das Problem des Auslöse-Mechanismus wird auf zwei Leistungen konzentriert:

1. Filtern oder Abtrennen der Schlüsselmerkmale (Kennreize) von den irrelevanten Merkmalen und
2. Cumulieren aller Teilmeldungen.

Die erste Leistung wird von den „Detektoren" (Merkmalsanalysatoren) vollzogen, die auf Grund zahlreicher Befunde postuliert werden müssen, und deren Einzelmeldungen danach (2) im Cumulator nach dem Potenzprinzip der terminalen Cumulation zusammengefaßt werden (Abb. 17).

Für die visuelle Informationsverarbeitung gibt es bereits eine ganze Anzahl von Hinweisen auf richtungsspezifische neuronale Einheiten („directionally selective units") sowohl bei den Arthropoden als auch bei Wirbeltieren (etwa seit 1959, Lettwin und Mitarbeiter). Auch Wehner (1968) fand bei der Honigbiene die dominierende Bedeutung der Richtung, in der Musterkomponenten im Sehfeld verlaufen, bestätigt, während die Streifenbreite in der Reizwirkung dahinter zurücktritt. Bei Fliegen (*Eucalliphora lilaea, Musca domestica, Calliphora phaenicia*) wurden richtungsspezifische Felder in der Medulla externa (Sehbahn) gefunden, in der Neuronen liegen, die auf eine Bewegung einer bestimmten Vorzugsrichtung dann antworten, wenn die Reize > 6° groß sind. Verschiedene Untersuchungen von Wiersma und seinen Mitarbeitern (Zusammenfassung 1967) zeigten im Augenstiel der Krebse (zwischen Auge und Gehirn) verschiedene Faserklassen der Sehbahn, die jeweils auf bestimmte visuelle Reize ansprechen, unter ihnen auch sogenannte „Bewegungs-Fasern", die z. B. bei *Panulirus interruptus*

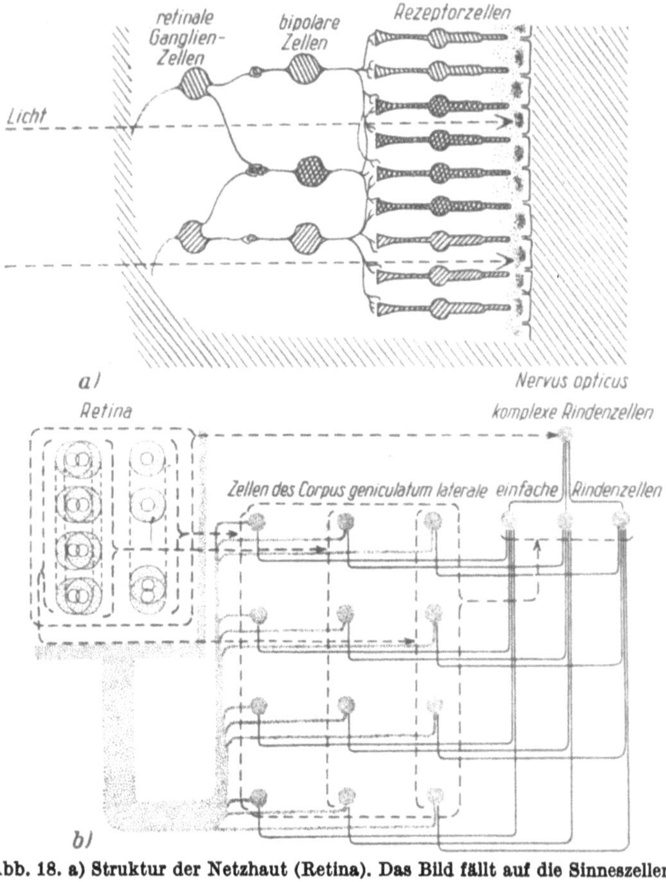

Abb. 18. a) Struktur der Netzhaut (Retina). Das Bild fällt auf die Sinneszellen, beim Menschen etwa 130 Millionen in jedem Auge. Die erste Analyse erfolgt mit der Übertragung der Erregung auf die retinalen Ganglienzellen über die Bipolaren. Die Schraffuren deuten mögliche Verschaltungen zwischen diesen drei Zelltypen an. b) Die Verarbeitung der visuellen Reize beginnt im Gehirn im Corpus geniculatum laterale und setzt die schon in der Netzhaut begonnene Analyse der Seheindrücke fort. Die „einfachen" Rindenzellen sprechen auf lineare Reize an, wenn sie eine passende räumliche Anordnung aufweisen, „komplexe" Zellen reagieren ebenfalls auf solche Reizmuster, doch ist hier die räumliche Lage einer Linie nicht entscheidend, die Zelle wird auch erregt, wenn ein bestimmt angeordneter Reiz bewegt wird, solange er nur im rezeptiven Feld der Zelle verbleibt. Unterbrochene Linien deuten die Überlappung rezeptiver Felder in der Retina an, ausgezogene Linien weisen auf die Anzahl einzelner Zellen hin, die auf der nächsten Schaltstation mit einer Zelle verbunden sind.

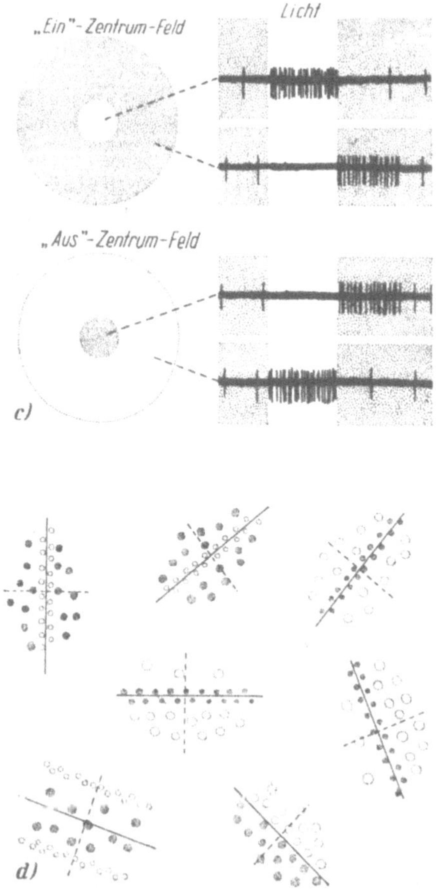

Abb. 18. c) Konzentrische Felder sind für die retinalen Ganglienzellen und die Geniculatum-Zellen kennzeichnend. Oszilloskopische Aufnahmen zeigen (oben) elektrische Aktivität bei einem „Ein"-Zentrum-Typ, wenn ein Lichtpunkt das Zentrum trifft, erreicht er das (punktierte) „Aus"-Feld, tritt dagegen Hemmung auf. Unten ist ein „Aus"-Zentrum-Feld dargestellt mit entsprechend umgekehrtem Verhalten. d) „Einfache" Rindenzellen (Sehrinde) haben rezeptive Felder verschiedener Typen. In allen finden sich „Ein"- und „Aus"-Bereiche (On-Off-System), punktiert, bzw. hell, durch geradlinige Grenzen getrennt. Die Orientierung dieser Felder variiert. Bei der Katze haben diese Felder einen Durchmesser von knapp einem Millimeter (nach Hubel 1963.).

auf näher kommende Objekte ansprechen. Es ergeben sich bei diesen Krebsen bereits Hinweise, daß so viele Fasertypen vorhanden sind wie auch visuelle Reizklassifizierungen vorgenommen werden.

Auch bei Wirbeltieren stellen bewegte Objekte spezifische Reize für bestimmte Neuronen-Klassen des Sehnerven dar. Sowohl bei Fröschen (*Rana*) als auch bei Katzen (*Felis*) gibt es bewegungsempfindliche Neurone (vgl. Straschill, Taghavy 1967, Grüsser et al. 1968). Bei Fröschen sind es in der Netzhaut die Neuronen der Klasse I und spezielle Neurone im Tectum opticum des Mittelhirns. Es lassen sich Korrelationen zur Erregungsrichtung und zur Geschwindigkeit nachweisen (auch bei Tauben und Kaninchen). Beim Kaninchen konnten in der Netzhaut (Retina) richtungsspezifische Neurone nachgewiesen werden, die von bestimmten Hemmfeldern umgeben sind, so daß konvexbegrenzte Kontraste bevorzugt werden (Barlow et al. 1964). Bei Katzen zeigen die bewegungsempfindlichen Neurone im Tectum opticum nur zwischen 1 und 10°/s eine Korrelation zur Geschwindigkeit des bewegten Reizes. Die Objektgröße ist dabei von untergeordneter Bedeutung. Durch Untersuchungen an Netzhaut-Neuronen sowie an der Sehbahn (Geniculatum laterale und visueller Cortex) wurden Entladungsfolgen nachgewiesen, die mit dem Simultankontrast, Nachbildphasen und der Flimmerlicht-Wahrnehmung übereinstimmen (Grüsser und Mitarbeiter 1968). Die Aktivierung der on-Zentrum-Neurone (vgl. Abb. 18) entspricht etwa dem Informationsinhalt „heller", während „dunkler" den off-Zentrum-Neuronen zugeordnet ist. Für bestimmte Leistungen sind Parallelsysteme von Bedeutung. Dadurch können statistische Störfaktoren korrigiert werden (parallele Übertragung der gleichen Information über mehrere afferente Axone, wobei eine Redundanz von 5 bis 10 Axonen ausreichend zu sein scheint).

Grüsser und Mitarbeiter (1968) nennen neuronale Systeme, in denen Signale aus den Rezeptoren verarbeitet werden, perzeptorische Systeme. In der Netzhaut des Teichfrosches (*Rana esculenta*) vollziehen die 4 verschiedenen Neuronenklassen, deren Fortsätze (Axone) die Erregung auf Nervenzellen im Tectum opticum des Mittelhirns übertragen, eine Klassifizierung visueller Reize. Dadurch können bestimmte Eigenschaften der Signalmuster im neuronalen Erregungsmuster der perzeptorischen Systeme abgebildet werden. Sind hier verschiedene neuronale Klassen vertreten, deren Signalverarbeitung bestimmte Eigenschaften der Reizmuster verstärkt, andere aber unterdrückt, wird von einer „wahrnehmungskategorialen Ordnung“ gesprochen. Dabei wird die Lokalisation eines Objektes im Sehfeld durch die wohl genetisch festgelegte retinotectale Projektion vorgenommen (was an einer bestimmten Stelle im Tectum „abgebildet“ wird, muß sich danach an einem bestimmten Ort im augenblicklichen lagebezogenen Sehfeld befinden). Die wahrnehmungskategoriale Ordnung des optischen Bildes könnte ähnlich wie bei den Arthropoden eine Trennung visueller Kennreize von irrelevanten Reizen vornehmen.

Beim gegenwärtigen Stand der Forschung sollen diese wenigen durch die Abbildungen 15–18 unterstützten Hinweise auf aktuelle Probleme der Informationsverarbeitung genügen, die neuen Wege zur Einsicht in physiologische Grundlagen der Kommunikation anzudeuten.

5. Ethologische Grundlagen

Wenn wir als Voraussetzung für die Informationsübertragung im Dienst der Kommunikation Signalsysteme fordern, dann haben wir es bei den Verhaltensmustern, die Signale senden, mit Signalhandlungen zu tun. Die Ethologie nennt den Vorgang, der Gebrauchshandlungen in Signalhandlungen überführt hat, Ritualisation (Huxley 1923).

Diese Ritualisation bedeutet die Evolution von Signalsystemen. Dabei kann der Schwerpunkt dieser Entwicklung mehr auf den Signalstrukturen liegen, oder auch mehr auf den Signalhandlungen, bzw. auf einer Kombination beider. Danach könnte man drei Typen von Signalsystemen unterscheiden:

1. Strukturspezifische Signalsysteme,
2. Handlungsspezifische Signalsysteme,
3. Kombinierte Signalsysteme.

Da sich die Signalsysteme aus Gebrauchssystemen entwickeln, ist ihre Wirksamkeit durch den Signalabstand gegenüber dem Eigenrauschen der Systeme bestimmt. Ein Beispiel hierzu: Für einen Schweinshirsch (*Rusa porcinus*) ist der normale Kreuzgang eine Gebrauchshandlung im Dienst der Fortbewegung (etwa zum Nahrungserwerb). Der steifbeinige stark verlangsamte Stechschritt dagegen ist durchaus „augenfällig"; er signalisiert (für den Artgenossen) einen bestimmten Status und hebt sich optisch so stark von dem Normalgang ab, daß er auch dem menschlichen Beobachter auffällt, obwohl dieser ihn mangels entsprechendem Kontext nicht deuten kann (hierzu müßte er sich entsprechend der Abbildung 7 in das artspezifische Kommunikationssystem „einschalten"). Der Signalabstand (wir wollen entsprechend der technischen Akustik auch von „Dynamik" sprechen) ist durch die Koordinationsveränderung sowie Zeitparameter im Schritt-Tempo gewährleistet. Hier läge nach der obigen Klassifizierung ein Beispiel für handlungsspezifische Signalsysteme vor, da die Struktur (die Extremitäten) keine Besonderheiten aufweisen, die etwa durch die Signalhandlung wirksam würden. Ein Bockkäfer, der als Schutzverhalten gegenüber Störeinwirkungen (etwa Zugriff) starke Auf-Ab-Bewegungen mit dem Prothorax ausführt, kann diese effektiver werden lassen, wenn die durch die harte Cuticula ohnehin entstehenden Begleitgeräusche (Eigenrauschen des Systems) durch aufgerauhte Flächen (eine Pars stridens, s. S. 155) noch erhöht werden, und nun ein zirpendes akustisch auffälliges Geräusch entsteht. In diesem Falle ist das Verhalten nur wenig modifiziert, stark dagegen die Struktur (Typ: strukturspezifische Signalsysteme).

Die Ethologie spricht von „Demonstrationsbewegungen", wenn durch bestimmte Verhaltensweisen auffällige Strukturen sichtbar werden (einschließlich Farbmuster usw.), wie es etwa bei vielen Vögeln während der Balz bekannt ist (Pfau, Truthahn usw.). Hier sind bestimmte Handlungen (die von der Gebrauchsnorm abweichen) mit auffälligen Strukturen verbunden, die durch sie erst wirksam werden. In solchen Fällen liegen kombinierte Signalsysteme vor. Es gibt natürlich zwischen den Hauptklassen Übergänge, doch scheinen sie bestimmte Trends anzuzeigen. Dabei wird die Dynamik der Signalübertragung durch den Funktionsdruck (pragmatischer Aspekt) bestimmt: Je wichtiger die aktuelle (adressierte) Signalübertragung für die Arterhaltung ist (z. B. Fortpflanzung, Jungenaufzucht), desto größer die Dynamik (der Signalabstand). Dabei wird diese Dynamik von drei Faktoren bestimmt:

1. Signalabstand zum Eigenrauschen des Sende-Systems,
2. Signalabstand zum Fremdrauschen (im Kanal) (Umwelt),
3. Signalabstand zum Eigenrauschen im Empfänger-System (unter Berücksichtigung der Umcodierung: der signalabhängige Code im Empfänger muß hohe Dynamik aufweisen).

Diese Zusammenhänge gestatten im allgemeinen den Schluß, daß Signalsysteme mit hoher Dynamik biologisch wichtige Funktionen haben müssen.

Der pragmatische (hier: funktionelle) Aspekt erfordert noch einen weiteren Gesichtspunkt für die Dynamik der Signalsysteme: den funktionsspezifischen. Antagonistische Leistungen im Kommunikations-System bedingen einen entsprechenden Signal-Kontrast, die Absicherung gegenüber Kontext-Verwechslungen. Signale, die eine Distanz zwischen Sender und Empfänger vergrößern (diffuges System, z. B. Defensivlaute) weisen einen „Reizkontrast" zu solchen Signalen auf, die distanzvermindernd wirken (affines System).

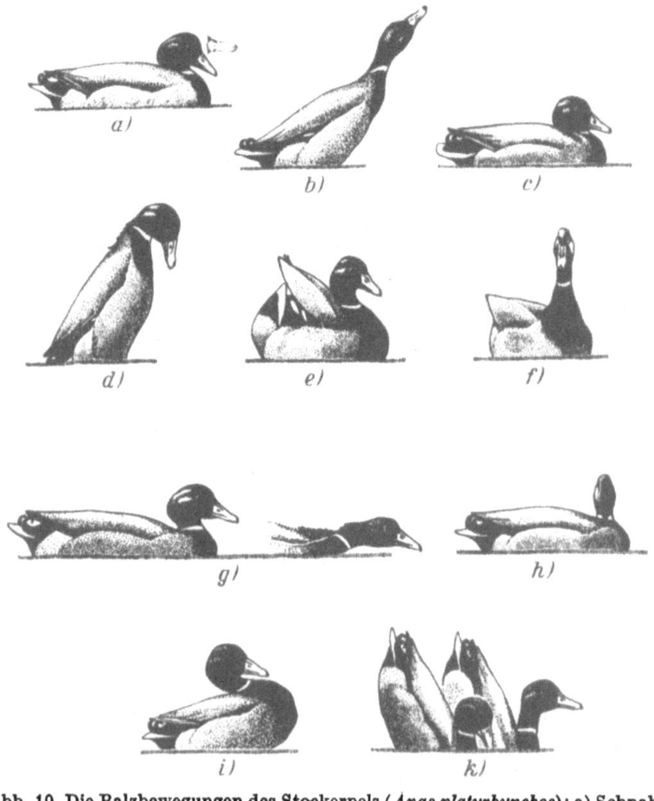

Abb. 19. Die Balzbewegungen des Stockerpels (*Anas platyrhynchos*): a) Schnabelschütteln, b) Schüttelstrecken, c) Schwanzschütteln, d) Grunzpfiff, e) Kurzhochwerden, f) Hinsehen zur Ente, g) Nickschwimmen, h) Hinterkopfzuwenden, i) Aufreißen, k) Auf-Ab-Bewegung (nach LORENZ 1958).

Es sind bereits zahlreiche Veränderungen als Folge der Ritualisation beschrieben worden. Sie lassen sich etwa wie folgt klassifizieren:

A) Strukturspezifisch

Entstehung zusätzlicher morphologischer Strukturen

1. Im Dienst der chemischen Kommunikation (z. B. Drüsen),
2. Im Dienst der mechanischen Kommunikation (z. B. Organe der Lauterzeugung),
3. Im Dienst der elektrischen Kommunikation (elektrische Organe),
4. Im Dienst der optischen Kommunikation (Formen, Farben, Leuchtorgane usw.),

B) Die Informationsaufnahme (und -verarbeitung) betreffend

1. Bedeutungswechsel der Außenreize,
2. Schwellenänderungen,
3. Obligatorischer Einbau von individuellen Informationen (z. B. Gesang vieler Vögel),
4. Detektor-Mechanismen (s. S. 65),

C) Die Informationsabgabe betreffend (handlungsspezifisch)

1. Änderung der Motivation,
2. Änderung bis Verlust der Orientierungskomponenten,
3. Schwellenänderungen,
4. Entstehung rhythmischer Wiederholung,
5. Betonung einzelner Komponenten,
6. Ausfall von Komponenten,
7. „Einfrieren" einer Bewegung (zur Stellung),
8. Änderung einer Bewegungsfolge,
9. Änderung in der Koordination der Komponenten,
10. Änderung in der Intensität („mimische Übertreibung"),

11. Ausbildung typischer Intensitäten (diskret statt kontinuierlich),
12. Ausbildung typischer Kompromisse (Überlagerung typischer Intensitäten mehrerer Aktionen),
13. Ausbildung komplexer Muster („Handlungsgestalten“, Strophen),
14. Überlagerung von Gebrauchs- und Signalhandlungen („Überlagerungsphänomen“),
15. Überlagerung verschiedener Signalhandlungen (graduell: Superposition),
16. Einbau von Elementen aus der Ontogenese (Regression),
17. Einbau phylogenetisch alter Elemente, die als Gebrauchshandlungen nicht mehr vorkommen,
18. Ablösung einer Bewegungsfolge vom ursprünglichen Reizmuster durch zeitliche Vorverlagerung („vorweggenommene Bewegung“).

6. Genetische Grundlagen

Kommunikation setzt Informationswechsel voraus (s. S. 14). Die wesentlichen Teilglieder dieses Prozesses im individualisierten lebenden System (Einzeltier) sind die Informationsaufnahme, die Informationsverarbeitung und die Informationsabgabe. Diese Vorgänge sind an Strukturen gebunden. Sie können um so mehr Parameter in Raum und Zeit aufweisen, je komplexer die Gefüge sind, an denen sie sich vollziehen (Milliardenzeller mit hohem Ordnungsgrad). Die Aufrechterhaltung dieser Gefügesysteme, ihre relative Stabilisierung über die Generationen hinweg wird durch genetische Mechanismen gewährleistet. Stark vereinfacht lassen sich die wesentlichen Zusammenhänge etwa so darstellen (vgl. auch Abb. 2):

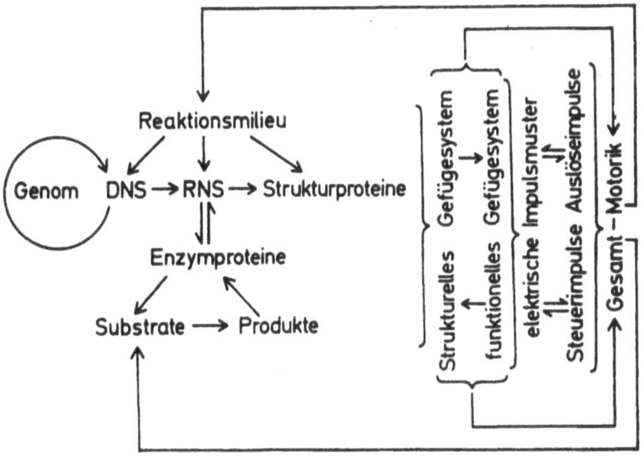

Die genetische Informationsübertragung durchläuft daher die Etappen: DNS — RNS (Nucleotid-Code) — Aminosäuren (Aminosäuren-Code) — Eiweiße (Protein-Code) — elektrischer Code — mechanischer Code (kontraktile Elemente, Muskel).

Das „motorische Auflösungsvermögen" (Feinabstufung in Teilbewegungen) hängt von der nervösen Innervierung ab. Je weniger Muskelfasern durch eine motorische Nervenfaser innerviert werden, desto größer ist dieses Auflösungsvermögen. Im menschlichen Skelettmuskel werden 70 bis 160, teilweise sogar bis zu 500 Fasern von einer motorischen Nervenfaser gesteuert, in den äußeren Augenmuskeln dagegen nur etwa 5 bis 10. Es hat sich nachweisen lassen, daß Mäuse oder Fische, die motorisch stark erschöpft wurden, in den dem Bewegungsapparat zugeordneten motorischen Nervenzellen eine starke Abnahme an Ribonukleinsäuren (RNS) zeigen; erst in der Erholung folgt wieder RNS-Synthese. SCHALTEGGER hält es für denkbar, daß auch unkoordinierte Bewegungen oder Versagen von Zielsteuerungen der Motorik auf Verbrauch an gespeicherter Information zurückzuführen sind. So könnten auch ungenaue Bewegungen die Rückkoppelung zwischen Informationsabgabe und Informationsaufnahme lockern und Atrophien fördern, während trainierte Bewegungen (verbesserte Raum-Zeit-Muster) die Rückkoppelung ebenso fördern wie lauteres Sprechen. Die genetischen Grundlagen dieser komplexen Vorgänge sind noch unzureichend zu übersehen. Gewisse Gene erweisen sich als umweltstabil, während andere umweltlabiler sind. Genetische Regulationsmechanismen sind fraglos bei der Evolution des Kommunikationsverhaltens von erheblicher Bedeutung. Aus der Humangenetik ist bekannt, daß sich auch beim Menschen bevorzugte Bewegungsfolgen vererben können.

Prinzipiell ist zu erwarten, daß Signalsysteme bei Tieren relativ umweltstabil sind, besonders dann, wenn die über sie übertragenen Informationen für die Arterhaltung unerläßlich sind, wie etwa bei der Fortpflanzung (und der Jungenaufzucht). Aus diesen Funktionsbereichen stammen auch die meisten Untersuchungen. Dabei betreffen diese Analysen (soweit sie sich auf die Kommunikation beziehen) zwei Aspekte: Qualitative Unterschiede (und Variationen) sowie quantitative. Die ersten betreffen Änderungen von Verhaltensmustern (oder Lautformen bzw. olfaktorisch wirksamen Stoffen), die zweiten beziehen sich auf Änderungen in der Häufigkeit oder der Intensität (bzw. Bereitschaft/Motivation) bestimmter Verhaltensformen. Im quantitativen Bereich kann es im Extrem zum völligen Ausfall von bestimmten Verhaltensformen kommen. PFEIFFER (1966) hat Fischarten gekreuzt, deren eine (*Astyanax mexicanus*) eine wohlentwickelte Schreckreaktion zeigt (reagiert auf Schreckstoffe, die von bestimmten Zellen aus der verletzten Haut von Artgenossen abgesondert werden, mit Flucht), während die andere Art (*Anoptichthys antrobius*) keine solche aufweist. Alle 43 F_1-Tiere zeigten nach Erreichen einer Körperlänge von wenigstens 22 mm die Schreckaktion. Von 210 F_2-Tieren wiesen dagegen nur 197 die

Reaktion auf. Unter Rückkreuzungen (F_1 × *Anoptichthys*) zeigen 47 von 55 die Schreckreaktion. Es wird vermutet, daß zwei dominante, unabhängig segregierende Faktoren für die Fähigkeit zur Schreckreaktion verantwortlich sind. Dabei ist vermutlich bei dem Höhlenfisch *Anoptichthys* die Informationsverarbeitung (als Grundlage zur Reaktion) durch Mutation ausgefallen.

Eine Anzahl von Bastard-Untersuchungen an verschiedenen Tiergruppen hat verschiedene Hinweise auf den Erbgang von Signalbewegungen geliefert. So hat HINDE (1956) Kreuzungen zwischen verschiedenen Singvögeln (*Chloris chloris* × Kanarienvogel) untersucht. Grünfink (*Chloris*) und Kanarienvogel stehen sich im Balzverhalten durch verschiedene Ähnlichkeiten näher als dem Stieglitz (*Carduelis*). Trotzdem sind verschiedene Stieglitz—Grünfink-Bastarde aus der freien Natur bekannt geworden. Die Untersuchung der hier genannten Bastarde erbrachte folgende Befunde:

1. Alle Verhaltensmuster (Rufe eingeschlossen), die bei beiden Arten identisch sind, bleiben auch in der F_1 unverändert,
2. Ritualisierte Intentionsbewegungen (Bewegungseinleitungen, z. B. Auffliegen, die zu Signalen geworden sind), die nur bei einer der Elternarten vorkommen (und nicht der ganzen Gattung), zeigen in der F_1 intermediäre Ausprägung,
3. Verhaltensmuster (z. B. Haltungen mit angehobenen Flügeln), die bei beiden Eltern-Arten in etwas verschiedener Form auftreten, sind bei den Bastarden intermediär,
4. Verhaltensformen, die von der einen Eltern-Art häufig, der anderen nur selten ausgeführt werden, zeigen bei den Bastarden intermediäre Häufigkeit,
5. Auch die Beziehungen zwischen Verhaltensmustern der Kommunikation sowie den zugrundeliegenden Motivationen sind bei den Bastarden gegenüber den Eltern nicht verändert.

Es wird generell aus diesen Ergebnissen gefolgert, daß auch komplexe Verhaltensmuster und die ihnen zugrundeliegenden Motivationssysteme, die bei den Elternarten ähnlich sind, auf einer ähnlichen genetischen Grundlage beruhen. Die genetischen Befunde weisen zudem darauf hin, daß Unterschiede zwischen den Elternarten Modifikationen „desselben Themas" darstellen, die an irgendeiner Stelle zwischen Reiz und Reaktion eingreifen und entweder die Art der Bewegung (raum-zeitlich) oder ihre Häufigkeit beeinflussen.

a) b) c)

Abb. 20. Gattungsbastard: a) Krähen beim Fasan (*Phasianus colchicus*), b) beim Bastard und c) beim Haushahn (nach STADIE 1968).

LORENZ (1960) fand bei Kreuzungen zwischen verschiedenen Entenarten (*Anas georgica spinicauda* und *Anas bahamensis bahamensis*) sowohl sukzessive als auch simultane Neukombinationen von Verhaltenselementen. STADIE (1968) hat Gattungsbastarde untersucht (Fasan × Haushuhn) (Abb. 21). Er prüfte verschiedene Signalsysteme. Dabei waren „Imponier"- und Kampfverhalten bei den Bastardhähnen annähernd so stark ausgeprägt wie bei den Hähnen der Ausgangsarten; die Balz blieb in den Anfangsstadien, einige Verhaltensformen fehlten ganz. Im ganzen tendierten die Bastarde mehr zu den Merkmalen des Fasans, die Signalsysteme behielten die Integration von Strukturen und Handlungen.

Bei den von uns untersuchten Rötelmausarten (vgl. auch JOHST 1967) *Clethrionomys glareolus*, *C. frater* und

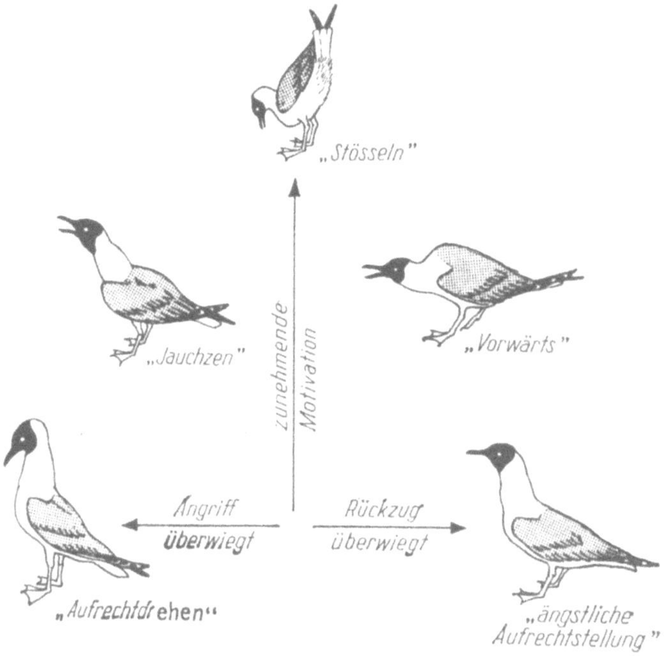

Abb. 21. Lachmöwe (*Larus ridibundus*): Agonistisches und Balz-Verhalten mit verschiedenen Graden von Angriff und Rückzug. Beim „Jauchzen" und beim „Aufrechtdrohen" überwiegt Aggression, beim „Aufrechtdrohen" relativ weniger stark. Beim „Vorwärtsdrohen" und der „ängstlichen Aufrechtstellung" wird Rückzug begünstigt. Das „Stößeln" in sehr starker Motivation scheint ein Gleichgewicht von Agressions- und Rückzugstendenz zu enthalten (nach MOYNIHAN 1955 aus MARLER und HAMILTON 1966).

C. rutilus zeigten sich Unterschiede in dem Auftreten von Defensivlauten im agonistischen Verhalten (Begegnung zwischen jeweils zwei Individuen):

Bei *C. glareolus* trat in 65,2% der Begegnungen Lautgebung auf,

bei *C. frater* in 54, 8% und

bei *C. rutilus* in 12,5%.

Für die Häufigkeit der Laute bei diesen Begegnungen ergeben sich folgende Werte:

C. glareolus 81,5%
C. frater 62,5%
C. rutilus 17,5%

Es wurden dann auch Art-Bastarde untersucht. Die Werte hierzu sind:

C. glareolus — frater 64,5%
C. glareolus — rutilus 64,5%

Die mittlere Lautlänge beträgt bei *C. glareolus* 0,11 s, bei *C. rutilus* 0,06 s und bei den Bastarden zwischen beiden 0,09 s. Bei dem ebenfalls im agonistischen Verhalten auftretenden Zähnewetzen ergaben sich bei Auszählung der Impulse pro Sekunde folgende Werte:

C. glareolus 18,9
C. frater 21,1
C. rutilus 25,6
C. frater — glareolus 18,9
C. glareolus — rutilus 20,0

In den genetischen Untersuchungen von JAKWAY (1959) an Meerschweinchen (*Cavia aperea*) ließen sich für die Gebrauchshandlungen bei dem Fortpflanzungsverhalten andere genetische Mechanismen nachweisen als bei den Signalhandlungen. Die Gebrauchshandlungen sind: Intromission und Ejakulation. Bei Kreuzung eines „aktiven" und eines „lethargischen" Zuchtstammes (in Hinblick auf das Fortpflanzungsverhalten) dominierte in der F_1 hinsichtlich der Gebrauchshandlungen der „aktive" Stamm. Anders verhielt es sich dagegen bei den Signalhandlungen (Kreisen, Schnauzenstoßen, Aufstellen); hier zeigte sich in der F_1 generell eine Dominanz des „lethargischen Stammes".

Für interspezifische Signalbewegungen liegt eine interessante Untersuchung von OSCHE (1952) vor. Bestimmte parasitische Fadenwürmer (Nematodes: *Rhabditis iner-*

mis) stellen den Kontakt mit den Insekten (als Wirten) durch „Winken" mit dem Vorderkörper her. Dieser Faktor scheint monofaktoriell vererbt zu werden, wie Kreuzungen „winkender" mit „nichtwinkenden" Rassen gezeigt haben („Winken" ist dabei dominant).

Abb. 22. Unterschiede im Verhalten nahe verwandter Arten einer Gattung (*Agapornis*): a) *A. cana* (ursprüngliche Form), b) *A. roseicollis* (höher differenziertes Verhalten), c) *A. personata fischeri* (noch weiter differenziert) (nach DILGER 1962.)

Die außerordentliche Bedeutung, die den Signalsystemen für die Evolution über die Regulation der Genverteilung zukommt, ist in den letzten Jahren besonders eingehend an der Taufliege *Drosophila* untersucht worden. HOENIGSBERG und Mitarbeiter (1966) haben die Wirksamkeit dieser Mechanismen unter experimentellen Bedingungen geprüft. Sie nahmen Tiere aus einer natürlichen Population, deren Individuen sich regelmäßig paarten. Sie gewannen daraus Mutanten, die bei Kreuzungen wieder das Erscheinungsbild (den Phaenotyp) der Wildtiere lieferten, während bei homogamen Paarungen diese Mutationen erhalten blieben. Nach 21 Generationen so getrennt gezüchteter Mutanten ließ sich bereits nachweisen, daß die Tiere auch bei Wahlmöglichkeit die Partner der eigenen Mutante sexuell bevorzugten.

Bei chemisch wirksamen Substanzen (Pheromonen) können genetische Einflüsse für die Evolution (Isolationsmechanismen) eine hervorragende Bedeutung haben, die allerdings bislang vom genetischen Gesichtspunkt aus wenig untersucht ist. ENGELHARDT und Mitarbeiter (1965) haben bei dem Käfer *Tribolium* recht interessante Befunde erhoben. Sie fanden eine autosomale rezessive Mutante, die auf die Bildung der Quinone (die hier als Pheromone wirksam sind) der imaginalen Käfer wesentlich einwirkt. Die Quinone (2-Aethyl- und 2-Methyl-1,4-Benzoquinon) in den exokrinen Drüsen-Reservoiren werden auf etwa $^1/_{20}$ der normalen Menge zurückgebildet und können weiterhin in eine polymere Substanz hohen Molekulargewichtes überführt werden. Damit kann der Informationsgehalt wesentlich verändert sein.

7. Phylogenetische Grundlagen

Die Stammesgeschichte der Kommunikation kann unter mehreren Gesichtspunkten betrachtet werden:

a) Die Evolution der Signalsysteme,

b) Die Evolution der Kommunikations-Systeme,
c) Kommunikations-Systeme als Evolutionsmechanismen.

Die Evolution der Signalsysteme wird vorrangig von folgenden Bedingungen mitbestimmt:

1. Prinzipien der Informationsaufnahme, -Verarbeitung und -Speicherung beim potentiellen Perzipienten,
2. Differenzierungsgrad (Organisationshöhe) und Evolutionstrend der potentiellen Expedienten,
3. Umweltbedingungen,
4. Funktionsdruck,
5. Umfang und Art der potentiellen Information der Gebrauchssysteme.

Wickler (1967) hat die damit zusammenhängenden Probleme kritisch diskutiert. Es gibt bislang kaum wirklich fundierte Untersuchungen zu allen hier angesprochenen Komplexen. Die zahlreichen phylogenetischen Darstellungen sind entweder mehr spekulativ angelegt und basieren dann auch auf Befunden anderer Funktionsbereiche, die nicht der Kommunikation zugehören, oder es handelt sich um Teiluntersuchungen an bestimmten Tiergruppen. Dann beziehen sie sich vor allem auf die Frage der Bedeutung der Kommunikation als Evolutionsmechanismus. Viele Signalsysteme beruhen auf der Ritualisierung (s. S. 73). Die Stammesgeschichte optimiert mit der Ritualisierung die Nachrichten-Übertragung, damit muß auch der Perzipient mit einbezogen werden. Die Voreignung bestimmter motorischer Muster zur Ritualisierung wird daher auch durch den Grad der Übereinstimmung beeinflußt, mit dem solche Bewegungen die zugrundeliegenden Vorgänge im System abbilden. Da bei der Codierung im System Empfänger und Sender nach den gleichen Prinzipien arbeiten, indem ihre Erregungssysteme (Nervennetze und Sinneszellen) graduell oder explosiv arbeiten (also analog oder diskret, bzw. kombiniert), wird eine Übertragung zwischen ihnen um so leichter möglich sein, je stärker die gesendeten Zeichen diesen zugrundeliegenden Mustern angeglichen sind. So wissen wir (z. B. durch Ableitung von Muskel-Potentialen), daß manche Insekten und Fische Lautmuster der Muskelpotentiale abstrahlen, die damit beim Empfänger (theoretisch) wiederum entsprechende Erregungsmuster der Hörnerven bedingen können.

Wesentlicher sind aber in den meisten Fällen der Informationsübertragung komplexe Integrationsmechanismen (s. S. 58), die der Informationsverarbeitung zugrunde liegen (z. B. „Detektoren", Bereichseinstellungen der Rezeptoren). Wenn der Empfänger im optischen System über Selektiv-Mechanismen verfügt, die vertikale oder horizontale Strukturen aus einem komplexen Muster des Sehfeldes herausgliedern, dann könnte diese Eigenschaft beim Sender die Entwicklung von räumlich entsprechend orientierten Bewegungen fördern. Wesentlich ist auch bei diesen Evolutionsvorgängen der semantische Aspekt. Dabei gibt es einen grundsätzlichen Unterschied zwischen den Informationen, die sich auf Identität, bzw. Motivation einerseits beziehen (also Eigenschaften des Senders selbst), oder aber auf die Umgebung. Eigenschaften des Senders können dadurch übermittelt werden, daß der Empfänger in denselben Status versetzt wird (das gilt für die Motivation); beziehen sie sich auf die Identität, dann muß beim Empfänger der entsprechende Kontext vorliegen, der bereits genetisch fixiert sein kann oder über Lernvorgänge erworben wird. Diese Lernvorgänge können durch unmittelbare Erfahrung oder über Tradition (über schon vorhandene Informationsspeicher) vollzogen werden.

Für die Entwicklung von Signalsystemen ist der allgemeine Evolutionstrend einer Gruppe (z. B. Cephalisation, Zerebralisation) wesentlich, da diese spezielle Form des Informationswechsels nicht isoliert gesehen werden darf. Für Gruppen, die sich auf Kommensalismus oder Parasitismus spezialisieren, sind ganz andere Formen des Informationsaustausches mit der natürlichen Umwelt vorrangig als die der eigentlichen Kommunikation. Damit sind bereits die Umweltbedingungen als weiteres Bestimmungs-Stück in der Evolution von Kommunikations-Mechanismen angesprochen. Sie wirken vor allem auch auf die Hierarchie der Kanäle, da der Signalabstand vom Rauschen in der natürlichen Umwelt für die einzelnen möglichen Übertragungswege je nach Lebensweise und Lebensraum der betreffenden Tierart unterschiedlich sein kann. So vermutet TEMBROCK, daß die Säugetiere ursprünglich (Mesozoikum) auf den chemischen (und dann auch akustischen) Kanal „ausweichen“ mußten, weil der optische durch die damals dominierenden Reptilien („Saurier“) weitestgehend „besetzt“ war. Die primitiven Säugetiere waren nicht nur klein, sondern lebten wohl überwiegend nächtlich (Reptilien überwiegend tagaktiv) oder in die Sicht einschränkenden Lebensräumen (Erdhöhlen usw.). Die mesozoischen Multituberculata (Jura bis Eozän) waren maus- bis murmeltiergroß, lebten wohl ähnlich wie heutigeNagetiere und hatten — wie Gehirnausgüsse zeigten — gewaltig entwickelte Riechlappen (THENIUS, HOFER 1960). Sicher waren für diese Gruppen auch mechanische Reize vorrangige Informationsüberträger. Auch die Triconodontia (Rät bis Kreide) waren nur bis hauskatzengroß; hier überwog wohl eine carnivore (nächtliche?) Lebensweise. Die ebenfalls mesozoischen Pantotheria (Jura, Kreide) waren auch nur maus- bis rattengroß, dem Gebiß nach Insektenfresser, deren dominierende Sinne wohl Geruch und Gehör waren. Erst nachdem in der oberen Kreide die meisten Reptiliengruppen ausstarben, wurde der Weg für die Säugetier-Evolution frei, es entstanden die Beuteltiere und die höheren Säugetiere, und nun gewinnt erst die optische Kommunikation an Bedeutung.

Auch abiotische Umweltfaktoren dürften in der Evolution der Kommunikation in verschiedener Weise Einfluß genommen haben, obwohl sich hierzu gegenwärtig wenig konkrete Hinweise geben lassen. Es ist aber durch verschiedene Versuche nachgewiesen, daß beispielsweise Temperaturen auf Laut- und Bewegungsmuster wechselwarmblütiger (poikilothermer) Tiere einwirken können. So ändern sich bei Insekten die zeitlichen Parameter von Stridulationsmustern unter Temperatureinfluß. Zweifel (1959) konnte das auch erstmalig für Amphibien nachweisen. Bei der Unke *Bombina variegata* stehen drei Parameter der Rufe unter Temperatureinfluß: (a) Die Anzahl der Rufe in der Zeiteinheit (bei 17 °C etwa 65/min, bei 26 °C etwa 115/min), (b) die Dauer der Rufe (bei 17 °C etwa 31,5 s, bei 26 °C etwa 25,5 s) sowie (c) die Hauptfrequenz (bei 17 °C bei drei Tieren: 550 Hz, 1100 Hz bzw. 1500 Hz, und bei 26 °C bei diesen drei Exemplaren 650 Hz, 1300 Hz bzw. 1950 Hz). Zu ähnlichen Ergebnissen kam später auch Lörcher (1966). Schneider (1968) fand beim Mittelmeerlaubfrosch (*Hyla arborea meridionalis*) eine untere Rufschwelle bei 5 bis 6 °C sowie eine obere bei 20 °C. Bei steigender Lufttemperatur nimmt bei dem Paarungsruf die Ruffolge pro Zeiteinheit zu, die Rufdauer, die Intervalle und die Impulse/Ruf nehmen dagegen linear ab.

Der Funktionsdruck der Kommunikations-Systeme wird sicher durch viele Bedingungen mitbestimmt; dabei haben besondere Bedeutung art- und individualerhaltende Leistungen wie die Fortpflanzung, Jungenaufzucht und Sozialverhalten (damit auch Optimierung der Ernährung und des Schutzes). Gerade die Evolution der Säugetiere liefert ein gutes Beispiel für diesen Aspekt. Die spezielle Form der Jungenaufzucht, die dieser Gruppe den Namen gab, ist ohne ein Kommunikations-System undenkbar.

Umfang und Art der potentiellen Information der Gebrauchssysteme ist als Voreignung für die stammesgeschichtliche Entwicklung echter Kommunikations-Systeme sicher sehr bedeutsam. Immer wieder sind es die Tiergruppen, die über ein reiches motorisches Programm verfügen (Extremitäten mit komplexen Muskelsystemen, evtl. auch Flügel) sowie — damit verbunden — entsprechende zentrale neuronale Netzwerke, so daß ihr

Verhalten hochgradige raumzeitliche Ordnung aufweist (also extreme Unwahrscheinlichkeit), und damit in hohem Umfang potentielle Information enthält. Aus einem solchem „Material“ kann durch zahlreiche kleine Abwandlungen ein Zeichensystem entstehen, das geeignet ist, bestimmte Informationen auf bestimmte Empfänger zu übertragen. Mit der Zunahme an potentieller Information in einem System (das in vielen Individuen einer Art in einem begrenzten Raum-Zeit-System gegeben ist) wächst die Wahrscheinlichkeit aktuellen Informationsflusses zwischen gleichartigen Systemen solcherart. Oder anders formuliert: Je mehr potentielle Information empfangen werden kann, desto größer ist die Wahrscheinlichkeit, daß ein aktueller Informationsfluß entsteht (Definitionen s. Abb. 56).

Für die Evolution der Kommunikations-Systeme sind wir gegenwärtig weitgehend auf Spekulationen angewiesen. Wenn jedoch unter allen Vorbehalten auch gewisse Befunde aus der Ontogenese des Kommunikationsverhaltens herangezogen werden dürfen, so zeichnen sich provisorisch etwa folgende Zusammenhänge ab:

1. Voraussetzung für den Aufbau der Distanzkommunikation ist die Nahkommunikation,
2. Voraussetzung für die Nahkommunikation ist die Kontaktkommunikation; diese muß demnach generell der Telekommunikation vorausgehen.

Salzen (1967) hat im Zusammenhang mit der Ontogenese des kommunikativen Verhaltens unter besonderer Berücksichtigung der Prägung folgende Aspekte herausgearbeitet:

Es ist zwischen den Nah- und Fernsinnesorganen zu unterscheiden, die zwar in ihren Leistungsprinzipien mancherlei Übereinstimmungen aufweisen, aber auch gewisse Unterschiede. Durch die Fernsinne kann die Tendenz zur Annäherung an „große Gegenstände“ ausgelöst werden (Erkundungsverhalten), während die Nahsinne Berührungsreize perzipieren, die bei positiver Bekräftigung soziale Verhaltensweisen gegenüber den Reizobjekten ausbauen können. Damit im Zusammenhang steht, daß isoliert aufgezogene Individuen (z. B. Kücken, Affenkinder) mangels des Aufbaus dieser Kontaktkommunikation später schwere Störungen im Sexualverhalten und Sozialverhalten (auch bei der Telekommunikation) zeigen. Auch für das Menschenkind sind nach SALZEN Berührungsreize unentbehrlich, um sozialen Kontakt auszubauen, jedoch nicht, um in einer Umgebung, die über Auge und Ohr kennengelernt wird, heimisch zu werden. Während das „soziale Lächeln" nur über die primäre Kontaktkommunikation entwickelt werden kann, gibt es hiernach eine andere Form des Lächelns, das als Ausdruck des Verschwindens der Angst beim Erkennen vertrauter Fernreize gedeutet wird.

Der speziellere Funktionsbezug, über welchen sich die Kommunikationssysteme in der Stammesgeschichte herausgebildet haben können, ist wahrscheinlich bei den verschiedenen Tiergruppen unterschiedlich. Es ist sehr wohl möglich, daß dabei vor allem die Raum-Zeit-Beziehungen (Beharrungstendenz, Ausweichtendenz und Annäherungstendenz) wesentliche Faktoren im Ursachengefüge waren (und sind). Dazu gibt es einige konkrete Hinweise. A. J. ALEXANDER (1960) deutet die Evolution der Stridulation bei den Skorpionen bereits für verschiedene Gattungen unterschiedlich und nimmt dabei auf die Lage der Stridulationsorgane bezug. Diese Anordnung an bestimmten beweglichen Körperteilen kann Hinweise geben auf spezielle Bewegungsformen dieser Organe im Zusammenhang mit bestimmten Verhaltensweisen, wobei dann schließlich die Stridulation diese Funktion weiter unterstützt hat. So nimmt die Autorin an, daß bei der Skorpion-Gattung *Pandinus* im Zusammenhang mit einem Defensivverhalten (Beharrungstendenz) die Stridulationsmechanismen herausgebildet wurden, während bei *Heterometrus* Angriffsverhalten (Annäherungstendenz) die Grundlage dazu lieferte.

Für Schaben vermuten ROTH und HARTMAN (1967) bei den Stridulationsorganen, die zwischen dem Halsschild (Pronotum) und den Deckflügeln (Tegmina) liegen, eine Herkunft aus Abwehrbewegungen gegenüber Raubfeinden, während bei der Balz-Stridulation von *Nauphoeta* die Geräusche vielleicht im Zusammenhang mit vibratorischen und „pumpenden" Bewegungen bei dem Ausstoßen von Lockstoffen (Pheromonen, s. S. 97) entstanden sein könnten.

Die Ethologie hat sich bereits seit HEINROTH (1910) mit dem Problem der Entstehung von Signalhandlungen beschäftigt. LORENZ (1941) griff die Beobachtungen und Gedanken von HEINROTH wieder auf und führte sie weiter, wobei ihn besonders das „Hetzen" der Enten beschäftigte. Dabei sah er ein Grundphänomen in dem Auftreten von zwei verschieden orientierten Komponenten des Verhaltens, einmal auf das auslösende Objekt gerichtet, zum anderen genau entgegengesetzt orientiert. TINBERGEN sowie seine Schüler VAN IERSEL, MORRIS und MOYNIHAN haben diese Orientierungskomponenten zwei Verhaltenssystemen zugeordnet: dem Angriff und der Flucht. Beide werden danach aktiviert, wenn andere Mechanismen (Sexualtrieb, Brutpflegetrieb, Sozialverhalten) Annäherungen erzwingen, die nach Unterschreiten einer „kritischen Distanz" (HEDIGER) Angriff und Flucht gleichzeitig aktivieren. Der sich daraus ableitende Konflikt kann zu einer ambivalenten Handlung führen und damit Grundlagen für die Evolution von Signalhandlungen liefern. Das ritualisierte „Zick-Zack-Schwimmen" des Stichlingsmännchens während der Balz gehört hierher, ein Wechsel zwischen Zu- und Abwenden. Man hat daher für die Analyse solcher Verhaltensmuster geradezu von einem A/F-Quotienten (Angriff/Flucht) gesprochen (BAERENDS, BLOCKZIJL 1963). Durch verschiedene Schwellenwerte für die beiden Motivationen könnten in der Evolution für Signalhandlungen jeweils bestimmte Wertbereiche des A/F-Quotienten entstanden sein. Diese Hypothese könnte dahingehend modifiziert werden, daß man generell (objektiv) zunächst nur Annäherungs- und Ausweichtendenz zugrunde legt (An/Au); dann können die unterschiedlichen Wertbereiche auch durch die jeweils im aktuellen Fall beteiligten Motivationen (die diesen Tendenzen zugrunde liegen) abgeleitet werden und es besteht nicht die Notwendigkeit, generell die beiden Orientierungseinstellungen (hin/weg) auf Aggression und Flucht zurückzuführen und eine Zusatz-Tendenz für die Annäherung postulieren zu müssen.

Tembrock (1967) leitet die akustische Informationsübertragung bei den Säugetieren stammesgeschichtlich von der Distanzregulation im Rahmen der Fortpflanzung und der Jungenaufzucht ab. Dabei könnte sich das affine System (zunächst redundant) im Nahkontakt anderen Kommunikations-Systemen überlagert haben, hierbei wohl vornehmlich Verhaltenstendenzen zugeordnet. Hiervon kann das affine System der Distanzlaute abgeleitet werden, die vor allem dann eingesetzt werden, wenn andere Kommunikations-Systeme versagen. Daher müssen sie speziellere Informationen vermitteln und dienen der Distanzverminderung, wobei sie gewöhnlich auf bestimmte Individuen als Adressaten innerhalb der Population gerichtet sind. Der höhere Informationsgehalt fördert zunehmende Ausgestaltung dieser Lautformen, der zeitliche Abstand zwischen Beginn der Schall-Ausstrahlung und dem Effekt führt zu Dehnungen der Laute und Lautfolgen. Das diffuge System dient der Distanzvergrößerung zwischen Expedienten und Perzipienten und wird eingesetzt, wenn der Empfänger für den Sender eine Störgröße darstellt. Hierbei sind Möglichkeiten zu Homoiologien gegeben (das sind aus homologen Systemen unabhängig voneinander entstandene Ähnlichkeiten). Generell wären damit die Distanzlaute von Kontaktlauten abzuleiten.

Aus den allgemeinen Darlegungen zur Stammesgeschichte der Kommunikations-Systeme ergeben sich noch einige Folgerungen, die sich auf die Evolution der verschiedenen Übertragungskanäle beziehen. Hierbei können die drei Grundaspekte der Kommunikation herangezogen werden: Der syntaktische, der pragmatische und der semantische. Es liegt nahe, zu vermuten, daß jene Form der Syntax die ursprüngliche war, die bereits innerhalb der lebenden Systeme eingesetzt wird, etwa bei der Codierung im informationsübertragenden System (Nervenbahnen: Erregungsleitung). SCHALTEGGER (1966) unterscheidet im Organismus drei Code-Formen: den chemischen Code, den elektrischen Code und den mechanischen Code. Der Einsatz dieser Codierungs-Prinzipien ist nur in der Kontakt-Kommunikation möglich, bei der kein weiteres Medium zur Informations-Übertragung erforderlich ist.

Der chemische Code kann auf gewisse Distanzen hin wirksam werden, ohne daß eine weitere Umcodierung erforderlich wird. Theoretisch könnten dieselben Botenstoffe, die etwa als Hormone im Körper Nachrichten übermitteln, auch zwischen zwei getrennten individualisierten lebenden Systemen eingesetzt werden, wenn beide den gleichen Kontext haben (also einer artgleichen Population angehören). Demnach müßten wir als die drei primären Übertragungswege postulieren:

a) den chemischen Kanal,

b) den mechanischen Kanal,

c) den „elektrischen“ Kanal (im weiteren Sinne).

Beim mechanischen Kanal könnte ohne zusätzliche Codierung durch ein körperfremdes System einem Organ (etwa Extremität usw.) ein Bewegungsmuster aufgezwungen werden, das mit einem selbsterregten identisch ist und daher dieselben Rückmeldungen (als Exafferenzen) liefert, die eine entsprechende Eigenbewegung (als Reafferenzen) hervorruft. Auch über Vibrationen (des Mediums) wäre diese Art der „primärcodierten“ Informationsübertragung möglich. Hier erfolgt die Nachrichtenübertragung zwischen den Individuen noch mit dem

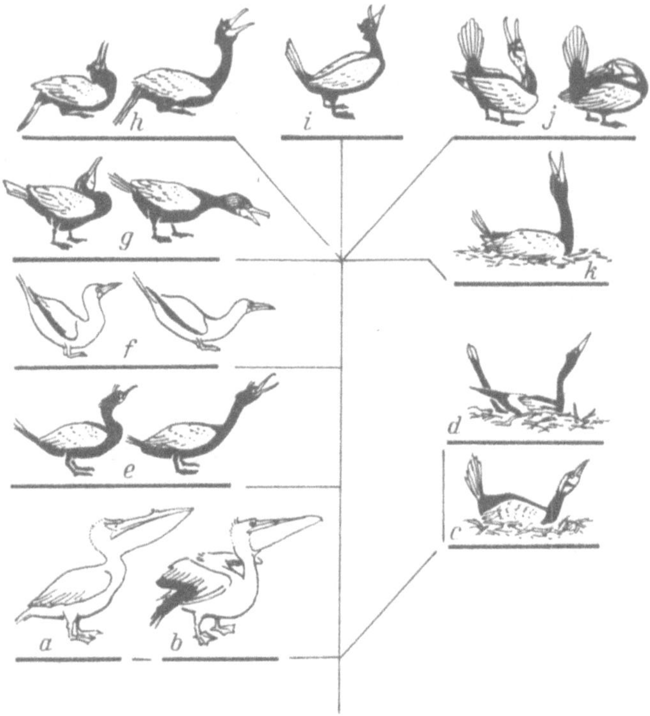

Abb. 23. Mutmaßlicher Stammbaum der vom Drohen abgeleiteten Signalhandlungen und -bewegungen (e-h und j jeweils Anfang und Ende der Bewegung dargestellt) bei Ruderfüßern (Pelicaniformes). a) *Pelecanus erythrorhynchus*, Schnabelheben mit Kehlhautsenken und b) *Pelecanus crispus*, dasselbe mit Flügelheben; beides als geringe Drohung, eher eine Betonung der Anwesenheit, auch gegenüber dem Partner. c) *Phalacrocorax carbo*, Hochzeigen mit leichtem Kopfpendeln; vor, während und nach der Copula. d) *Anhinga anhinga*-Männchen auf dem Nest; Hochzeigen mit leichtem Kopfpendeln als Betonung der Anwesenheit. e) Phalacrocorax aristotelis, ritualisiertes Drohen mit Vorzeigen des gelben Schnabelinnern. Alle folgenden Bewegungen dienen zur Begrüßung des Partners durch den auf dem Nest sitzenden Vogel: f) *Sula sula*, Kopf-Vor- und Zurückstoßen; g) *Phalacrocorax penicillatus*, dasselbe mit Schnabelaufreißen (einmal pro Bewegung), Vorzeigen der leuchtend blauen Kehlhaut und Ruf; h) *P. pelagicus*, dasselbe mit mehrmaligem Schnabelaufreißen pro Bewegung, beim Weibchen auch mit zwei verschiedenen abwechselnd geäußerten Rufen; i) *P. aristotelis*, Körperaufrichten mit Körperschütteln, Schnabelaufreißen und (beim Männchen) Ruf; j) *P. carbo*-Männchen, Kopfzurücklegen mit Ruf und einmaligem Schnabelöffnen; k) *P. auritus*, Schnabelaufreißen mit Ruf, Kopf hin und her pendelnd (nach Tets 1965 aus Wickler 1967).

gleichen Code, der auch für die Informationsübertragung im Organismus (zwischen Organen) eingesetzt wird. Abgeleitet ist demnach der „Sekundärcode", der dann sich solcher Kanäle bedient, die im Organismus nicht eingesetzt werden können: das sind vor allem der akustische Kanal und der optische Kanal. Der optische ist dabei der ältere (stammesgeschichtlich), weil lebende Substanz generell photosensibel ist und alle Lebensprozesse indirekt oder direkt an strahlende Energie des „sichtbaren" Spektrums gebunden sind. So haben sich schon bei Einzellern lichtempfindliche Sonderstrukturen entwickelt, so daß die Orientierung in Raum und Zeit (und damit die räumliche und zeitliche Ordnung der Lebensvorgänge) maßgeblich über Lichteinwirkungen gesteuert und geregelt wird. Da dieser Kanal faktisch verzögerungslos arbeitet, hat er die raumzeitliche Dimensionierung der Sekundärcode (in Anpassung an die entsprechenden „Gestaltungs"-Prinzipien der Lebewesen) entscheidend gefördert. Dieser Kanal kann ikonisch arbeiten, er kann „abbildend" Nachrichten übermitteln, und das oft so „anschaulich", daß auch Nicht-Adressaten sie vielfach noch „verstehen" können (z. B. Darbieten eines Gebisses). Die optische „Zeichensprache" ist die „anschaulichste" aller möglichen. Akustische Signale können zwar auch ikonisch sein, wenn etwa ein Hund durch „Bellen" angezeigt wird; es ist aber genau genommen „sekundärikonisch", denn es setzt voraus, daß der Empfänger weiß, daß ein Hund bellt; erst dann bildet der imitierende Laut seinen Inhalt ab.

Die Evolution der Signalsysteme kann nur in Beziehung auf die ihnen zugrundeliegenden Gebrauchssysteme untersucht werden. Gebrauchssysteme optimieren die Aufnahme potentieller Informationen (s. S. 24). Das gilt natürlich in besonderem Maße für den Aufbau des Raum-Zeit-Systems und damit für das diesem zugeordnete Erkundungsverhalten. Es ist in besonderem Maße auf Informationsempfang und Informationsverarbeitung gerichtet, ohne stets an einen bestimmten Funktionskreis (etwa Ernährung) und damit an bestimmte für diesen Funktionskreis relevante Informationen gebunden zu sein. Daher können auf diesem Wege relativ leicht (über die Evolution wie auch die individuelle Erfahrung) aus potentiellen Informationen aktuelle werden, wenn die Informationen von einem anderen Lebewesen stammen, für das dieser Signalfluß eine Verbesserung der Lebensbedingungen darstellt. Die Folge dieser Beziehung zwischen Sender und Empfänger kann zu Gebrauchshandlungen im Dienst des Nachrichtenempfanges führen. So ist das Belecken einer Körperoberfläche (z. B. einer Larve) eine Gebrauchshandlung im Dienst der Brutpflege (z. B. Verpilzung verhindernd). Diese Bezugsform kann aber weiter entwickelt werden, indem dabei zugleich bestimmte Substanzen aufgenommen werden, die als Pheromone „Botenstoffe“ sind und beim Empfänger bestimmte Verhaltensweisen auslösen.

Kommunikations-Systeme bestimmen den Informationsfluß innerhalb natürlicher Populationen. Sie nehmen damit entscheidenden Einfluß auf die raum-zeitliche Ordnung der Individuen innerhalb der Populationen. Dadurch wird auch die Genverteilung von ihnen mitbestimmt. Damit ergibt sich ein rückgekoppeltes System zwischen Genverteilung und Genwirkung (im Verhaltensbereich). Die Übersicht über diese Zusammenhänge ist noch sehr unvollkommen, vor allem auch infolge der noch unzureichenden Untersuchungen über die genetischen Grundlagen des kommunikativen Verhaltens (s. S. 74). Sharpe und Johnsgard (1966) konnten bei ihren Bastard-Studien an Enten statistisch eine Korrelation zwischen Erblichkeit von Verhaltens- und Gefiedermerkmalen nachweisen, damit also die genetische Kontrolle durch vergleichsweise wenige Genpaare. Aus einer derartigen schwachpolymeren Form der Vererbung ergeben sich stammesgeschichtliche Folgerungen, da es sich vor allem um Balzelemente des Verhaltens handelt, die dadurch eine erhebliche Bedeutung als artspezifische Isolationsmechanismen erhalten können. Die Korrelation von Verhaltens- und Gefiedermerkmalen kann zudem als Hinweis auf die übergeordneten Selektionsprinzipien für die Signalsysteme (Struktur und Bewegungsmuster) angesehen werden.

Abb. 24. Handgeben (in homologer und analoger Übereinstimmung?): a) beim Schimpansen, Weibchen begrüßt altes Männchen, das ihm die Hand gibt (nach GOODALL 1965); b) bei den Numa (Obervolta), Stadthäuptling wird von einem hohen Beamten (hockend) begrüßt (nach DITTMER); c) Mundfütterung eines Schimpansenkindes; d) oraler Begrüßungskontakt bei erwachsenen Schimpansen (nach GOODALL 1965).

Diese Selektionsprinzipien müssen auch unter dem Aspekt des Anpassungswertes der Kommunikationsmechanismen gesehen werden. So hat HASKELL (1958) für die Stridulation der Heuschrecken folgende Faktoren genannt:

1. Das Stridulationsverhalten fördert die Begegnung zwischen Männchen und Weibchen und bildet die Grundlage für Balz und Kopulation;
2. es verhilft einer Population, ihre Gruppierung zu erhalten und verhütet eine Dispersion, wenn Wanderungen auf Grund von Änderungen in der Vegetation des jeweiligen Lebensraumes stattfinden.

SEBEOK (1962) hält in evolutionistischer Sicht die analoge Codierung für ursprünglicher, da sie engere und intensivere Bindungen herstellen kann als die digitale, und daher die ethologische Isolation von Individuen und Teilpopulationen stärker fördert. Die Digital-Codierung könnte daraus abgeleitet werden, sie bietet die Möglichkeiten größerer Genauigkeit und höherer Informations-Kapazität.

8. Chemische Informationsübertragung

8.1. Grundlagen

Wie bereits bei der Erörterung der stammesgeschichtlichen Grundlagen der Kommunikation (S. 91) dargelegt, ist die chemische Kommunikation die ursprüngliche Form der Zeichen-Übertragung, da sie sich der Konstituenten bedienen kann, aus denen die Funktionsgefüge der Sender und Empfänger selbst aufgebaut sind. Damit können hier Übertragungswege ohne Codierung vorliegen.

Die chemisch wirksamen Substanzen, die von Tier zu Tier übertragen werden, sind im Anschluß an KARLSON und LÜSCHER (1959) heute allgemein unter dem Begriff „Pheromone" zusammengefaßt. Es sind Substanzen oder Substanzgemische, die von einem Tier abgesondert, von einem anderen aufgenommen werden und in diesem bestimmte Veränderungen hervorrufen, die zweierlei Natur sein können:

a) Beladungs-Effekt (Primer-Effekt, s. S. 24),

b) Auslöser-Effekt (Releaser-Effekt).

Während der Beladungseffekt erst über physiologische (endokrine) Änderungen des Status des Empfängers die Voraussetzungen für eine Veränderung der Empfangsbereitschaft für später eintreffende Signale schafft, hat der Auslöser-Effekt unmittelbare Signalwirkung. Außer bei Einzellern werden die Pheromone wohl stets von besonderen Drüsen abgegeben, die entweder direkt an der Körperoberfläche münden oder sie gelangen über andere Ausleitungswege (speziell den Darmkanal) nach außen. Dabei werden sie zunächst als Flüssigkeiten sezerniert, können dann aber auch in Gasform übertragen werden. Die Abbildung 25 zeigt Pheromon-Drüsen bei der Honigbiene sowie bei Ameisen. Zugleich ist hier der komplexe Wirkungsmechanismus bei Termiten dargestellt, soweit er in Zusammenhang mit der Kastendifferenzierung im Rahmen der Fortpflanzung steht.

Im allgemeinen wird der Begriff „Pheromon" nur im Zusammenhang mit der intraspezifischen (= conspezifischen) Informationsübertragung verwandt. Dabei ist allerdings zu berücksichtigen, daß Pheromone, ähnlich wie Hormone über die Artgrenzen hinaus wirksam sein können. PRIESNER (1968) konnte in umfangreichen Untersuchungen an Saturniiden ähnliches nachweisen, wobei gewisse Reaktionstypen auftreten, die Beziehungen zur stammesgeschichtlichen Verwandtschaft zeigen. Einen Sonderfall fanden ROTHSCHILD und FORD (1964): Der Fortpflanzungs-Zyklus des Kaninchenflohs

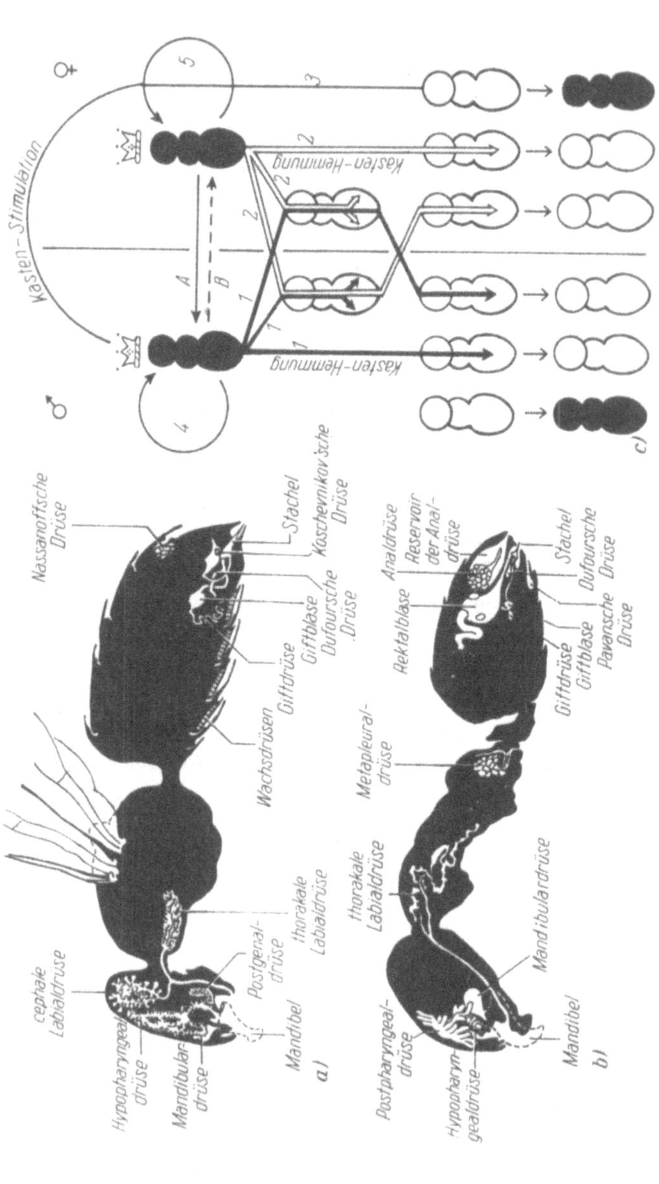
Nassanoffsche Drüse
Stachel
Koschevnikov'sche Drüse
Dufoursche Drüse
Giftblase
Giftdrüse
Wachsdrüsen
thorakale Labialdrüse
Postgenaldrüse
cephale Labialdrüse
Hypopharyngealdrüse
Mandibulardrüse
Mandibel
a)
Analdrüse
Reservoir der Analdrüse
Stachel
Dufoursche Drüse
Rektalblase
Giftdrüse
Giftblase
Pavansche Drüse
Metapleuraldrüse
thorakale Labialdrüse
Mandibulardrüse
Postpharyngealdrüse
Hypopharyngealdrüse
Mandibel
b)
♂
♀
Kasten-Stimulation
Kasten-Hemmung
Kasten-Hemmung
A
B
1
2
3
4
5
c)

(*Spilopsyllus cuniculi*) wird beeinflußt von Hormonen der weiblichen Kaninchen, an denen der Floh Blut aufnimmt. Dadurch wird zu gegebener Zeit ein „Trächtigkeits-Faktor" vom Wirt auf den Parasit übertragen, der dessen Fortpflanzung (über die Corpora allata als zentrale endokrine Drüsen bei Insekten) steuert und dadurch mit dem des Wirtes synchronisiert.

8.2. Syntax

In der chemischen Kommunikation läßt der syntaktische Aspekt vier Gesichtspunkte vorrangig erscheinen:

a) Die chemische Konstitution der wirksamen Substanz,

b) Das zeitliche Muster der Übertragung,

c) Quantitative Unterschiede,

d) Qualitative Unterschiede (bei Substanzgemischen sowie mögliche Isomere).

←

Abb. 25. Exokrine Drüsen-Systeme a) der Honigbiene (*Apis mellifera*) und b) der Ameise *Iridomyrmex humilis*. c) Bisher bekannte Wege der Pheromon-Wirkung bei der Regulierung der Geschlechts-Tier-Kaste bei der Termite *Kalotermes flavicollis*. Oben das „Königspaar", darunter Ersatzgeschlechtstiere. Die beiden Geschlechtstiere erzeugen Substanzen (1 und 2), die eine Ausreifung des Geschlechtes bei den Ersatzgeschlechtstieren hemmen. Diese Substanz gelangt einmal direkt zu den Ersatzgeschlechtstieren, außerdem wird sie aber auch über wieder aufgenommenen Kot von Tier zu Tier weitergegeben. Ein weiteres Pheromon (3) kommt vom „König" (männliches Vollgeschlechtstier) und kann Ersatzweibchen stimulieren, sich zu Vollweibchen weiter zu entwickeln. Sind mehrere Männchen vorhanden, erkennen sie sich über Pheromon 4, und es kann zu Kämpfen kommen. Das gleiche gilt für Vollweibchen (Pheromon 5). Ferner stimulieren Vollmännchen die Vollweibchen, das Pheromon 2 zu produzieren und umgekehrt. Pheromon 1; die Stimuli (A und B) sind noch unbekannt (aus WILSON 1965, c) nach LÜSCHER).

a)

Bei einer Reihe von kommunikativ wirksamen Substanzen ist die chemische Konstitution bereits aufgeklärt worden.

Bombykol
(*Bombyx mori*)

$$CH_2-(CH_2)_2-CH{=}CH-CH{=}CH-(CH_2)_8-CH_2-OH$$

Gyplur
(*Porthetria dispar*)

$$CH_3-(CH_2)_5-\underset{\displaystyle \overset{|}{O}-\underset{\displaystyle \overset{\|}{O}}{C}-CH_3}{CH}-CH_2-CH{=}CH-(CH_2)_5-CH_2-OH$$

Progyplur
(*Pectinophora gossypiella*)

$$\underset{\displaystyle \overset{|}{CH_3-CH_2-CH_2}}{\overset{\displaystyle \underset{|}{CH_3-CH_2-CH_2}}{C}}{=}CH(CH_2)_2-CH{=}CH-(CH_2)_4-O-\overset{\displaystyle \overset{O}{\|}}{C}-CH$$

Trichoplusia ni

$$CH_3-(CH_2)_3-CH{=}CH-(CH_2)_5-CH_2-O-\overset{\displaystyle \overset{O}{\|}}{C}-CH_3$$

Argyrotaenia velutina (Lepidoptera)

$$CH_3-CH_2-\underset{\displaystyle \underset{H}{|}}{C}{=}\underset{\displaystyle \underset{H}{|}}{C}-(CH_2)_{10}-O-\underset{\displaystyle \underset{O}{\|}}{C}-CH_3$$

„Queen substance“
(*Apis mellifera*)

$$CH_3-\overset{\displaystyle \overset{O}{\|}}{C}-(CH_2)_5-CH{=}CH-\overset{\displaystyle \overset{O}{\|}}{C}-OH$$

Farnesol
(*Bombus terrestris*)

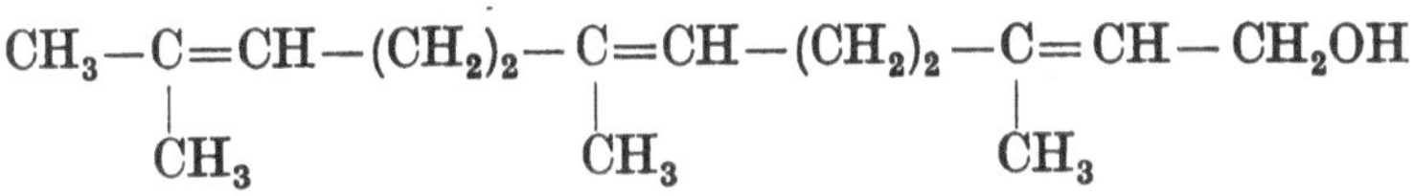

Die ersten fünf Arten sind Schmetterlinge (Lepidoptera), die hier genannten Substanzen werden von den Weibchen als Sexual-Lockstoffe abgesondert. Die „queen-substance“ der Honigbiene wird von der Königin aus den Mandibeldrüsen sezerniert, während das Farnesol von Hummel-Männchen abgesondert wird.

Unter den Säugetieren ist für die Zibethkatze und für das Moschustier die chemische Konstitution der Pheromone bekannt:

Civeton
(*Viverra zibetha*)

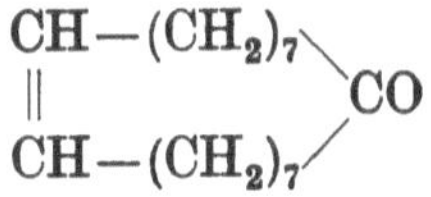

Muskon
(*Moschus moschiferus*)

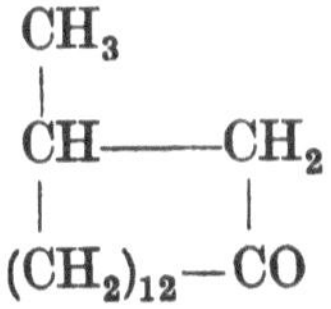

Die Hauptkomponente der von den Tarsaldrüsen abgesonderten Sekrete des Schwarzwedelhirsches (*Odocoileus hemionis columbianus*) konnte durch Brownlee und Müller-Schwarze (1969) identifiziert werden:

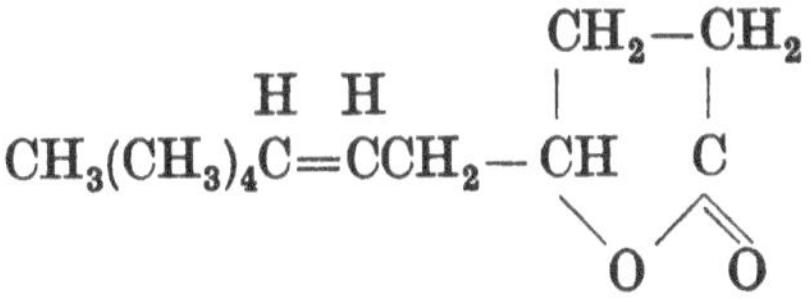

Außer den hier erwähnten Substanzen des affinen Systems gibt es auch bereits Untersuchungen über Stoffe des diffugen Systems. So handelt es sich bei den Prothorakalwehrdrüsen-Farbstoffen des Schwimmkäfers *Ilybius fenestratus* nach SCHILDKNECHT et al. (1969) um 8-Hydroxychinolincarbonsäure-2-methylester. Der Tausendfüßler *Glomeris* scheidet nach Untersuchungen derselben Arbeitsgruppe das Glomerin, ein Arthropoden-Alkaloid, aus, das 1,2-Dimethyl-chinazolon. Daneben tritt das Homoglomerin auf, bei dem eine der beiden Methylgruppen durch eine Äthylgruppe ersetzt ist.

Glomerin

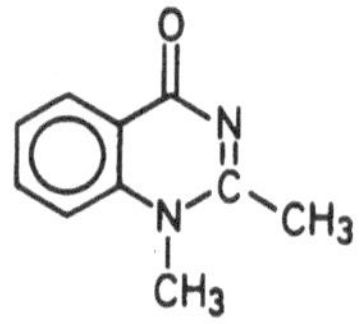

Homoglomerin

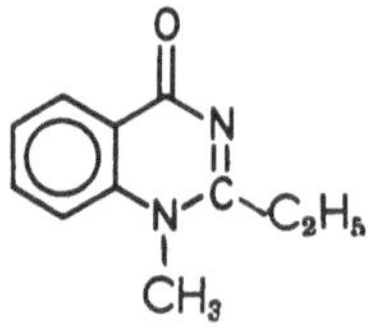

b)

Das zeitliche Muster der chemischen Informationsübertragung wird von zwei Faktoren bestimmt:

a) Der räumlichen Ausbreitung in der Zeit in Abhängigkeit von der Substanzdichte und der Bewegung des Mediums, in dem die Ausbreitung erfolgt.
b) Zeitliche Musterbildung bei der Abgabe der Substanz durch den Sender.

Beide Prinzipien können natürlich auch miteinander kombiniert sein. BOSSERT (1968) hat eine Untersuchung über die zeitliche Musterbildung durchgeführt unter Berücksichtigung mathematischer und informationstheoretischer Aspekte. Die Dichte-Fluktuation bei unbewegter Luft ist in der Abbildung 26 dargestellt. Die dabei zugrunde liegenden Zusammenhänge werden mathematisch wie folgt formuliert: Ein Tier befindet sich nahe dem Boden und gibt ein Pheromon mit der Rate $Q(t)$ mol/s ab. D soll der Diffusionskoeffizient sein (mit den Einheiten cm^2/s). Der Boden wird als Reflexionsbarriere

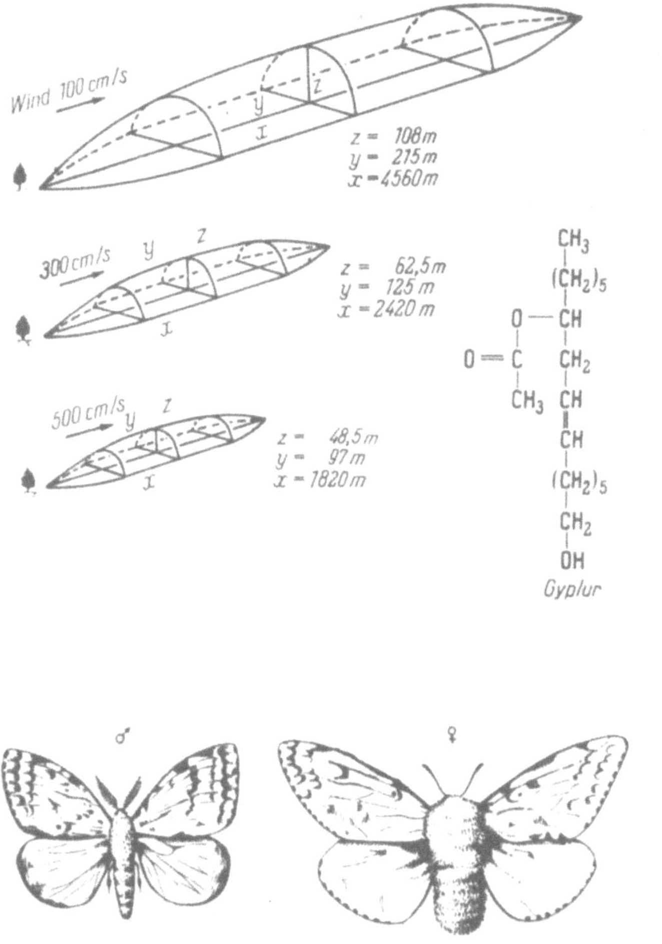

Abb. 26. Schwammspinner (*Portethria dispar*), Ausbreitungsformen der Sexuallockstoffe (Gyplur) (nach WILSON und BOSSERT 1963, verändert aus MARLER und HAMILTON 1966).

angenommen. Die bei unbewegter Luft zu erwartende Dichte des Pheromons zur Zeit t und in der Distanz r von der Quelle berechnet sich dann durch den Zusammenhang:

$$U(r, t) = \frac{1}{D r \pi^{3/2}} \int_{\frac{r}{\sqrt{(4Dt)}}}^{\infty} Q\left(t - \frac{r^2}{4 D \nu^2}\right) e^{-\nu^2} d\nu .$$

Bei einer periodischen Emission der Substanz soll $Q(t) = Q_0 (1 + \cos \omega t)$ sein, wobei Q_0 die Hauptrate der Freisetzung ist. Demnach würde die Freisetzung des Pheromons einer Sinusschwingung entsprechend mit dem Minimum 0 und dem Maximum $2 Q_0$ mol/s. Die Frequenz der Schwingung ist $f = \omega/2 \pi$ c/s. Wenn der Beginn der Emission dabei nicht berücksichtigt wird, ergibt sich:

$$U(r, t) = \frac{Q_0}{2 D \pi r} \left\{1 + e^{-r} \sqrt{\left(\frac{u}{2D}\right)} \cos \left[\omega t - r \sqrt{\left(\frac{\omega}{2D}\right)}\right]\right\}$$

Wesentlich anders liegen die Zusammenhänge bei bewegter Luft. Die Reichweite nimmt bei einer Windgeschwindigkeit von 400 cm/s zu, entsprechend auch die Kanalkapazität über eine gegebene Reichweite. Bei Windstille ist über eine Entfernung von 10 m eine strukturierte chemische Information nicht mehr sicher zu übermitteln. Zeitliche Muster lassen sich nur unter folgenden Bedingungen mit hinreichendem Signalabstand übertragen:

1. Wenn die Kommunikation nur stattfindet oder notwendig ist, wenn die Luftbewegung in Richtung und Geschwindigkeit zuverlässig gegeben ist. Entsprechendes gilt für Wasser als Transportmedium, wo diese Bedingungen ungleich häufiger vorliegen.

2. Wenn Nachrichten bedeutungslos sind, so lange nicht eine bestimmte Luftbewegung besteht, wie dies wahrscheinlich bei manchen Schmetterlingen der Fall zu sein scheint, die über eine Anemotaxis (Orientierung in einer Luftströmung) die Fortpflanzungspartner orten und gegen den Wind anfliegen.

3. Wenn die Kanalkapazität für sehr kurze Distanzen hoch ist, sowie bei Arten, die im Kontaktfeld oder Nahfeld (von nur einigen Zentimetern) die Informationsübertragung vollziehen.

c)

In verschiedenen Fällen konnte nachgewiesen werden, daß unterschiedliche Mengen abgegebener chemischer Substanzen auch verschiedenartige Reaktionen des Empfängers auslösen. So werden besonders auch die Sekrete der Mandibulardrüsen bei den Hautflüglern (Hymenoptera) unter den Insekten in wechselnden Quantitäten abgegeben. Exakte Untersuchungen hierzu fehlen allerdings noch weitgehend. Entsprechend den möglichen Formen der Informationsverarbeitung könnte einmal eine diskrete Form der Abstufung vorliegen, so daß nur ganz bestimmte Intensitäten wirksam werden, während in anderen Fällen kontinuierliche quantitative Unterschiede effektiv sein könnten. Das Problem muß auch in Hinsicht auf den Signal-Rausch-Abstand gesehen werden; zahlreiche andere Substanzen können in der natürlichen Umwelt ein „Rauschen" bedingen, so daß sehr bestimmte Signal-Eigenschaften gefordert werden müssen, um eine Nachrichtenübertragung zu ermöglichen. Es gibt einige Hinweise, daß bei der Markierung von Territorien durch chemische Signale quantitative Unterschiede in Abhängigkeit von bestimmten Raumbeziehungen (sowie evtl. auch zeitlichen Faktoren) auftreten können. Es gibt bisher nur wenige quantitative Untersuchungen. Bei der Blattwespe *Diprion pini* genügen 0,004 μg gereinigtes Geschlechtspheromon, um 500 bis 1000 Männchen über Entfernungen von 35 bis 70 m innerhalb von 5 Minuten unter natürlichen Bedingungen anzulocken.

Zu einem bestimmten Zeitpunkt wurden für einige Insekten folgende ungefähre Werte von Pheromonen, von einem Tier abgesondert, bestimmt:

Apis mellifera, Geraniol (Attraktiv-Substanz für Arbeiterinnen) — 1,5 μg

Apis mellifera, Isoamylacetat (Alarmsubstanz) 1,0 μg

Solenopsis saevissima, Spursubstanz 10,0 μg

Trichoplusia ni, Sex-Attraktant 0,01—1,0 μg

Bombyx mori, Bombykol (Sex-Attraktant) 0,01—1,5 μg

(Bei den meisten Pheromonen wird das Molekulargewicht auf 80 bis 300 geschätzt.) Infolge der außerordentlich niedrigen Reizschwelle für Pheromone (etwa 10 Moleküle) würde die von einem Schwammspinner-Weibchen abgesonderte Menge des Bombykols (1,5 μg) ausreichen, alle überhaupt auf der Erde vorhandenen Männchen, wenn sie sich in Reichweite befänden, anzulocken (geschätzte Wirksamkeit: ca. 1 Trillion, also weit mehr, als es Männchen gibt).

d)

Qualitative Unterschiede können ermöglicht werden durch molekulare Isomerie-Formen, deren Möglichkeiten mit dem Molekulargewicht exponentiell zunehmen, wobei dann durch etwaige Doppelbindungen und Substitution von O-Atomen noch weitere Molekülstrukturen ermöglicht werden. Da Pheromone oft 10 oder mehr *C* enthalten, ist die potentielle Anzahl möglicher Pheromone größer als die wirklich vorhandene (Wilson 1968.) Multiple Pheromonsysteme (an denen mehrere Drüsen beteiligt sind) kommen bei Insekten recht häufig vor und gestatten verschiedene zusätzliche Kombinationsmöglichkeiten. Beim Biber ist nachgewiesen, daß sich das „Castoreum“ aus etwa 45 verschiedenen Substanzen zusammensetzt. Sie enthalten die unterschiedlichsten Anordnungen von Alkoholen, Phenolen, Ketonen, organischen Säuren, Estern, Solicylaldehyd und Castoramin ($C_{15}H_{23}O_2N$). Auch hier könnten wechselnde Kombinationen der verschiedenen Anteile zahlreiche Möglichkeiten der chemischen Informationsübertragung bieten. Allein aus Köpfen der Honigbiene (*Apis mellifera*) konnten bereits 32 Komponenten (bei Königinnen) nachgewiesen werden, die vorwiegend in der Mandibulardrüse auftreten. Manche sind wohl Vorstufen der eigentlichen Pheromone, bei vielen ist ihre Bedeutung jedoch noch unbekannt.

8.3. *Pragmatik*

Die wichtigsten Funktionen der chemischen Kommunikation lassen sich wie folgt einteilen:

1. Aggregation

Ishii und Kuwahara (1968) vermuten auf Grund ihrer Untersuchungen an der Schabe *Blattella*, daß hier eine Substanz mit dem Kot abgeschieden und über die Antennen perzipiert wird, die für die Aggregationen verantwortlich ist. Der auffällig gefärbte Käfer *Lycus loripes* bildet unter Einwirkung eines von den adulten Männchen abgesonderten Pheromons ebenfalls Aggregationen, besonders auch unter Feindeinwirkung, da die Zusammenballung der Tiere hier offenbar erhöhte Schutzwirkung hat. Ähnlich wie bei Schaben wird auch bei Termiten (die von den Schaben abstammen) mit dem Kot (der hier von Artgenossen wieder gefressen wird und viele Darmpassagen durchlaufen kann) ein Pheromon abgesondert.

Chemische Aggregationsmechanismen sind auch bei den Einzellern bekannt, so sondern Schleimpilze im vegetativen Amöboidstadium Acrasin ab, das auf andere Zellen derselben Art anziehend wirkt. Diese werden dadurch zugleich veranlaßt, die Substanz abzusondern, so daß ein „Verstärker-Effekt“ zustande kommt.

Zu den Attraktiv-Substanzen gehört auch der sogenannte „Flyfactor", eine Substanz, die Fliegen (*Musca*) absondern können, wodurch sich die Ansammlungen an bestimmten Stellen (z.B. an Nahrung) teilweise erklären. Ähnliches ist auch von Borkenkäfern (*Ips*, auch *Scolytus*, *Xyleborus*) bekannt. Wenn diese Käfer in das Phloem-Kambium des Wirtsbaumes eindringen, sondern sie eine flüchtige Substanz ab, die auf beide Geschlechter der Art attraktiv wirkt.

2. Dispersion

Während bei der Aggregation das affine System gegeben ist (Distanzverminderung zwischen den Kommunikanten), liegt bei der Dispersion das diffuge System vor. Bei dem Käfer *Tribolium* wirken die Quinone je nach Konzentration unterschiedlich. In geringen Mengen (wenn also nur wenig Käfer in einem Gebiet sind) haben sie attraktive Wirkung („Apellents"), in höherer Konzentration regeln sie eine bestimmte Distanz zwischen den Tieren ein, bei noch höherer Konzentration wirken sie abstoßend („Repellents"). Die Weibchen der Schlupfwespe *Trichogramma evanescens*, die ihre Eier in andere Insekten-Eier ablegen, erhalten chemische Informationen von Eiern, die schon parasitiert sind und vermeiden diese daraufhin.

3. Defensive

Den distanzvergrößerten Funktionen der vorgenannten Gruppe stehen die typischen Defensiv-Substanzen nahe, die „Wehr-Sekrete". Sie sind im innerartlichen Komment selten. Man kennt sie in diesem Zusammenhang bei Termiten, bei denen speziell die „Nasen-Soldaten" (Nasuti) über mächtige Drüsen verfügen, die bei manchen Arten fast den ganzen Körper ausfüllen und auf der Stirn ausmünden. Häufiger ist der Einsatz derartiger Sekrete im zwischenartlichen Komment (Raubtier-Beute-Verhältnis). Weit verbreitet sind Wehr-Sekrete bei Arthropoden. Sie wurden in den letzten Jahren eingehend von SCHILDKNECHT und Mitarbeitern untersucht. So haben die meisten Arten der echten Schwimmkäfer (Dytiscidae) paarige Komplexdrüsen im Prothorax. Wehrsekrete kommen auch bei vielen Laufkäfern (Carabidae) vor. Unter den Tausendfüßlern (Diplopoda) haben die Saftkugler (Glomeridae) ein sehr wirksames Wehrsekret. Laufkäfer (*Carabus*), die mit diesem Sekret in Berührung kommen, brechen ihren Angriff sofort ab und beginnen, ihre Mundwerkzeuge zu reinigen. Säugetiere, Vögel und Amphibien, die mit diesem Sekret Erfahrungen gesammelt haben, meiden später die *Glomeris*. Das Sekret übt auf Grund der darin enthaltenen Alkaloide eine toxische Wirkung aus. Diese beschleunigt den Lernvorgang als Grundlage künftigen Meideverhaltens.

Auch bei marinen Schnecken (*Velutina*, *Trivia*, *Lamellaria*, *Philina*, *Berthella*) wurden Wehr-Sekrete nachgewiesen, die vor allem vom Mantelrand her abgesondert werden und wohl besonders gegen Fische gerichtet sind (THOMPSON 1966).

4. Alarm

Alarm-Substanzen (auch „Schreckstoffe“ genannt) sind ebenfalls weit verbreitet und wurden durch v. FRISCH erstmals bei Fischen nachgewiesen. Ihre Funktion besteht generell darin, Artgenossen zu „alarmieren“. Dazu können sie entweder aktiv bei Einwirkung bestimmter Störgrößen oder aber nach Verletzung abgesondert werden. Bei den ostariophysen Knochenfischen liefern die Kolbenzellen die Alarm-Substanz, die nur durch Verletzung der Haut freigesetzt werden kann. Sie löst Fluchtverhalten aus, das erst in einem bestimmten Alter auftritt, und zwar wesentlich später als die Zellen in der Haut funktionstüchtig werden. Auch bei Larven der Erdkröte (*Bufo bufo*) wurden Alarm-Substanzen und fluchtauslösende Wirkung nachgewiesen. Alarm-Substanzen, die durch eigene Drüsen abgesondert werden, sind bei wirbellosen Tieren recht verbreitet und sowohl von einigen Schnecken (Gastropoda) als vor allem auch bei Arthropoden bekannt. Eine besondere Bedeutung haben sie bei sozialen Insekten. Derartige Funktionen sind von Mandibulardrüsen, aber auch Analdrüsen bekannt. Auch die bereits erwähnten Kopfdrüsen der Nasuti-Soldaten (Gattung *Nasutitermis*) unter den Termiten haben neben der Defensivfunktion Alarmwirkung auf Artgenossen. Auch Ameisen (z. B. *Atta*, *Acanthomyops*, *Pogonomyrmex*, *Odontomachus*) erzeugen Alarmsubstanzen. Stechende Honigbienen sondern ein Pheromon ab, das andere ebenfalls zum Angriff veranlaßt (FREE, SIMPSON 1968). Insgesamt sind bislang bei folgenden sozialen Hymenopteren Alarmsubstanzen gefunden worden (MASCHWITZ 1966): Apinae, einige Myrmicinae und Ponerinae, Camponotinae, Dolichoderinae, Dorylinae sowie Vespinae.

Neuerdings konnten diese auch bei Säugetieren nachgewiesen werden (MÜLLER-VELTEN 1966). Bei der Hausmaus (*Mus musculus*) wird die Substanz mit dem Harn abgesetzt („Schreckharn"); er wirkt von Männchen auf beide Geschlechter, während unter diesen Bedingungen von Weibchen abgesetzter Harn auf Männchen keine Wirkung ausübt. Das auf diesem Wege aktivierte Fluchtverhalten wird erst nach Erreichen eines Alters von etwa 18 Tagen ausgelöst.

5. Geschlechts-Attraktion

Geschlechts-Pheromone im Dienst der Attraktion der Fortpflanzungspartner sind in den letzten Jahren besonders eingehend untersucht worden. Sie können über große Entfernungen hin attraktiv wirken und stehen funktionell den Aggregationspheromonen nahe. Geschlechtspheromone wirken in das Distanzfeld hinein, hier liegt ihre spezielle Aufgabe (während die Aggregationspheromone vorwiegend im Nahfeld effektiv sind). Man hat bei Schmetterlingen Anflüge von Männchen auf

Weibchen aus Entfernungen von mehr als 2 km nachgewiesen. Die Abbildung 26 zeigt die Zusammenhänge für den Schwammspinner (*Porthetria dispar*).

Chemische Gradienten liefern bereits bei der Orientierung von Gameten vor der Kopulation (und Zygotenbildung) die entscheidenden Informationen. Bei Mehrzellern sind sexuelle Attraktivstoffe (Appellents) weit verbreitet und mit Sicherheit bei Nematoden, Arthropoden und Vertebraten nachgewiesen, sicher aber noch wesentlich weiter verbreitet (Mollusken). Bei dem Krebs *Portunus* scheiden die Weibchen zu bestimmten Zeiten mit den Exkreten (aus der Antennendrüse) Pheromone ab, die als Sex-Attraktants wirksam werden und Männchen anlocken. Unter den Insekten sind bei folgenden Ordnungen sexuelle Apellents nachgewiesen: Dictyoptera (Schaben), Heteroptera (Wanzen), Mecoptera (Schnabelhafte), Lepidoptera (Schmetterlinge), Hymenoptera (Hautflügler), Coleoptera (Käfer) und Diptera (Zweiflügler). Bei der Küchenschabe fanden STRÜRCKOW und BODENSTEIN (1966) ein solches Pheromon, das hier sowohl von larvalen als auch adulten Insekten abgesondert wird, bei geschlechtsreifen Weibchen jedoch in größeren Mengen. Es konnte vorwiegend im Bereich des Kopfes gefunden werden, so daß ein isolierter Weibchenkopf ausreicht, das Balzverhalten des Männchens auszulösen. Damit übt die Substanz allerdings auch Funktionen aus, die bereits der nächsten Funktionsgruppe (sexuelle Erregungs-Substanzen, „Aphrodisiaka") zukommen. Ähnliches gilt auch für ein Pheromon, das bei dem Kleinschmetterling *Grapholitha molesta* gefunden wurde (GEORGE 1965) und sowohl anlockt als auch sexuelles Verhalten stimuliert. Bei den Weibchen liegen die Drüsen wahrscheinlich im letzten Abdominalsegment. Bei einer anderen, bereits durch SHOREY und Mitarbeiter ausführlich untersuchten Schmetterlingsart (*Trichoplusia ni*) liegt die Pheromondrüse ebenfalls im Hinterleib (zwischen dem 8. und 9. Segment). Bei dieser und anderen untersuchten Arten (Noctuidae) erfolgt die Produktion der

Pheromone bereits während des vorangehenden oder des auf das Schlüpfen aus der Puppe folgenden Tages; so können gelegentlich auch schon Puppen mit Weibchen von den Männchen angeflogen werden. Die Männchen reagieren vornehmlich nur zwischen Mitternacht und Morgendämmerung. Die erste Reaktion ist ein Flügelzittern. Wahrscheinlich wirkt zusätzlich die Infrarot-Wärmestrahlung des weiblichen Körpers anlockend.

Bei der Trichine (*Trichinella spiralis*) werden Weibchen stärker von Männchen angezogen als umgekehrt (BONNER, ETGES 1967).

Bei der Honigbiene (*Apis mellifera*) ist der Sexual-Lockstoff seit 1962 bekannt (GARY). Das von den Königinnen aus den Mandibulardrüsen abgesonderte Pheromon wird auch „Queensubstance“ genannt. Die Drohnen reagieren darauf nur im freien Flug und in Höhen von 6 bis 20 m über dem Erdboden. Wie BUTLER et. al. (1967) zeigen konnten, werden die Männchen von *Apis mellifera* auch von Königinnen-Extrakten von *Apis cerana* und *A. florea* angelockt. In Wahlversuchen zwischen den arteigenen und artfremden Weibchen (*A. cerana*) hatten die arteigenen bei geringer sexueller Appetenz der Drohnen deutlich stärkeren Anflug (RUTTNER, KAISSLING 1968). Ähnlich wie bei verschiedenen Schmetterlingen hat also der Lockstoff eine Wirkung über die Artgrenzen hinaus (jedoch besteht bei artfremder Besamung eine physiologische Sterilität). Durch Kombination von zwei Pheromonen der Mandibulardrüse der Königin werden schwärmende Arbeiterinnen angelockt und zur Bildung der Schwarmtraube veranlaßt, (BUTLER, SIMPSON 1967). Im Bienenstock üben dieselben Pheromone diese Wirkung nicht aus. Damit wird ähnlich wie bei den Drohnen ein zusätzlicher Raum-Zeit-Faktor wirksam, wohl verbunden mit der eigenen Flugaktivität.

Bei dem Mehlkäfer (*Tenebrio molitor*) erzeugen nach den Untersuchungen von TSCHINKEL und Mitarbeitern (1967) beide Geschlechter Sexual-Pheromone, die jedoch nur auf Männchen attraktiv wirken, wobei das Maximum der Empfindlichkeit eine Woche nach dem Schlüpfen erreicht ist. Bei den Borkenkäfern (Scolytidae) erzeugen die Weibchen der Gattung *Dendroctonus* die Geschlechts-Pheromone offenbar in den Malpighischen Gefäßen, die als Anhänge des Enddarmes vor allem exkretorische Funktionen haben. Bei dem Schnellkäfer *Limonius* liegen die hochwirksamen Drüsen der Weibchen am 5. und 6. Abdominalsegment (Lilly et al. 1968).

Bei Fischen (Guppy, *Lebistes*) gibt es Hinweise, daß Ovarialhormone, die in das Wasser abgegeben werden, auf Männchen aktivierend wirken; diese Wirkung scheint ebenfalls über die Artgrenzen hinaus zu reichen, da auch Weibchen anderer Arten (*Xiphophorus*, *Platypoecilus*, *Gasterosteus*) sie hervorzurufen scheinen (Amouriq 1967).

Über Sexuallockstoffe ist bei höheren Wirbeltieren noch wenig bekannt. Hier erfolgt auch im Bereich des Fortpflanzungsverhaltens die Kommunikation zumeist über „Duftmarken", also räumlich fixierte Stellen, nicht mehr direkt vom Sender, der wohl meist nur im Nahfeld durch sexualspezifische Geruchsstoffe wirksam werden kann. So können Schafböcke, die operativ geruchsunfähig gemacht wurden, nicht mehr zwischen östrischen und anderen weiblichen Tieren unterscheiden. Bei manchen Arten sind olfaktorische Reize seitens des Männchens für die normalen Sexualzyklen der Weibchen wichtig, so daß diese ebenfalls nach Verlust des Geruchsvermögens verloren gehen (z. B. bei Schweinen oder Mäusen). Hier liegt eine typische Primer-Wirkung vor. Bestimmte Pheromone der Männchen der amerikanischen Taschenmaus *Peromyscus* fördern die Absonderung follikel-stimulierender Hormone (FSH) bei Weibchen, während die Weibchen anscheinend Sekrete absondern, die Sexualzyklen anderer Weibchen hemmen können. Vom Menschen ist bekannt, daß Frauen — korreliert mit dem Sexualzyklus — bestimmte Geruchssensibilitäten zeigen („Exaltolide"). Rhesusaffen-Männchen scheinen auf Sekrete (vaginaler Herkunft?) besonders olfaktorisch anzusprechen. Nach Ausschaltung des Geruchssinnes ist die

Tendenz, zu östrischen Weibchen zu gelangen, stark gemindert (MICHAEL, KEVERNE 1968).

6. Aphrodisiaka

Unter diesem Namen werden Substanzen zusammengefaßt, die von einem Geschlecht (meist dem Männchen) erzeugt werden, und die Funktion haben, auf den Fortpflanzungspartner als Stimulans für die Kopulation zu wirken, nachdem der Kontakt bereits auf anderem Wege (z. B. durch Sexuallockstoffe) hergestellt worden ist. Es gibt wohl funktionell Übergänge zwischen diesen beiden Funktionstypen, Aphrodisiaka sind bei Schmetterlingen weit verbreitet. Die Weibchen des Kaisermantels (*Argynnis paphia*) werden durch einen Duftstoff des Männchens im Falle der Paarungsbereitschaft veranlaßt, eine Drüse zwischen dem 7. und 8. Abdominalsegment auszustülpen und damit ein stimulierendes Sekret abzusondern, das die dann folgende Kopulation fördert (TREUSCH 1967). Bei manchen Arten stoßen die Männchen duftstoffbeladene Schuppen ab (Androconien), die — um das Weibchen verstreut — dieses zur Kopulation stimulieren. Durch die chemische Informationsübertragung, die in diesen Fällen über den Geruchssinn (olfaktorisch) wirksam wird, kann nicht nur das Kopulationsverhalten ausgelöst, sondern auch räumlich gesteuert werden. Das hat SHOREY (1964) für den Schmetterling *Trichoplusia* nachgewiesen. Wenn das Männchen nahe dem Weibchen gelandet ist, läuft folgende Verhaltenssequenz ab.:

1. Das Männchen verweilt im Luftstrom unmittelbar hinter dem Abdomen des Weibchens. Es verbleibt hier solange (fliegend), bis die Kopulation vollzogen, oder der Kontakt mit dem Weibchen verlorengegangen ist,

2. Das Männchen berührt die ausgestülpten Genitalsegmente des Weibchens mit beiden Antennen (nacheinander), und das wiederholt,

3. Das Männchen berührt die ausgestülpten Segmente mit einem seiner Vorderfüße (Tarsen),

4. Das Männchen bewegt sich schräg vorwärts, so daß es sich neben dem Weibchen befindet, es mit den vibrierenden Flügeln überdeckend,

5. Das Kopulationsorgan des Männchens wird ausgestülpt,

6. Das Abdomen des Männchens biegt sich zur Spitze des Hinterleibes des Weibchens. Wenn der Kontakt vollzogen ist, folgt die Kopulation, und das Paar begibt sich in eine Stellung mit abgewandten Köpfen.

Duftorgane, die oft mit komplexen Haarbüscheln versehen sind, wurden bei verschiedenen Schmetterlingen beschrieben, sie könnten selektiver sein als die Sex-Attraktants (vgl. APLIN, BIRCH 1968).

Über die Geschmacksrezeptoren werden die Aphrodisiaka wirksam, die viele Schaben-Männchen (Dictyoptera) aus dorsalen Abdominaldrüsen absondern. Das Männchen, durch Lockstoffe in die Nähe eines Weibchens gelangt, beginnt dann periodisch die Flügel anzuheben, wodurch die Drüsen freigelegt werden. Das Weibchen wird dadurch veranlaßt, auf das Männchen zu steigen und die Sekrete aufzulecken. Ähnliche Drüsen (am Metanotum) sind bei den Baumgrillen (*Oecanthus*) bekannt. Die Produktion der Pheromone, die das hier geschilderte Verhalten der Männchen auslösen, wird bei den Weibchen von endokrinen Drüsen, den Corpora allata, gesteuert.

7. Brutpflege

Chemische Kommunikation ist weit verbreitet bei der Steuerung, Regelung und Auslösung von Pflegehandlungen bei der Jungenaufzucht (oder dem Kontakt zu Eiern und Gelegen). Schafmütter kommen in den ersten 20 bis 30 Minuten nach der Geburt in chemischen Kontakt mit ihren Jungen, wobei vor allem auch das Lecken eine wichtige Verhaltenskomponente darstellt. Diese olfaktorische Prägung löst nicht nur das weitere Pflegeverhalten aus, sondern gewährleistet auch das individuelle Erkennen des eigenen Jungen. Diese Verhaltensbeziehung ist bei Säugetieren weit verbreitet, da bei ihnen gerade die chemische Kommunikation ursprünglich den Vorrang hatte (neben der taktilen im Kontaktfeld), während die akustische und visuelle erst im Verlauf der Stammesgeschichte (bei einzelnen Gruppen) an Bedeutung gewonnen haben. Fliegende Füchse (*Pteropus*) können aus den Ansammlungen von Jungtieren ihre eigenen auch dann herausfinden, wenn diese keine Laute äußern.

Kühme (1963) hat sehr eindrucksvolle Versuche bei Fischen (*Hemichromis bimaculatus*) durchgeführt. In der Versuchsanlage hatten sie Gelegenheit, zwischen verschiedenen, ihrem Becken über Silikonschläuche zugeführten, Wasserproben zu wählen. Weibchen, die gerade abgelaicht hatten, reagierten auf das Wasser, wenn in ihm ihre Larven- oder Jungfischbrut lebte, nicht aber, wenn nur Eier enthalten waren. Der Kontakt mit dem Wasser blieb über drei Wochen erhalten, das entspricht der Zeit, in der sie auch unter normalen Bedingungen die Brutpflege ausüben. Das wird von der chemischen Beschaffenheit des Brutwassers, also von Stoffen, die von den Jungen abgesondert werden, bestimmt. So lassen sich Weibchen von älterem Jungfischwasser wieder zum Larvenwasser zurückholen, womit die Pflegezeit verlängert werden kann. Die chemische Kommunikation enthält auch Individualinformationen, das Wasser der eigenen Jungen (bzw. der, an die sie gewöhnt wurden) wird auch von dem gleichaltriger arteigener Jungen unterschieden. Es liegt demnach auch hier eine Geruchsprägung vor.

Bei einem anderen Buntbarsch (*Etroplus*) sondern die Eltern Hautsekrete ab, die von den Jungen aufgenommen werden, wobei sie an den Flanken der Altfische entlang streifen. Auch hier dürften chemische Reize das Verhalten aktivieren (Ward, Barlow 1967).

8. Spuren, Territorialmarken

Hierbei handelt es sich um räumlich fixierte Duftstoffe (oder Pheromone), die dadurch eine Orientierung im Raum (und über Intensitätsänderungen auch in der Zeit) ermöglichen. Diese Informationsübertragung ist funktionell vom jeweiligen Kontext abhängig, da sie primär nur Raum-(und Zeit)-Koordinaten anbietet. Sie gestattet eine über die unmittelbare Wirkung des Senders hinausgehende raumzeitliche Ordnung des Verhaltens des Empfängers, wobei dessen Systemlage bestimmt, unter welchen Vorzeichen die Reaktion erfolgt. Territorialmarken können daher bestimmte Individuen (die in das Gebiet gehören) anlocken und in den Raum hineinsteuern, andere zur Umkehr veranlassen. Generell können daher auf diesem Wege wieder die drei Grundstatusformen ausgelöst werden: Beharren, Ausweichen, Annäherung. Typische Duftspuren dienen der Annäherung; sie sind bei vielen Insekten verbreitet, deren Verhalten stark räumlich gebunden ist (etwa durch Nester). So fanden LINDAUER und KERR (1958) bei verschiedenen stachellosen Bienen (Meliponini) ein Spurlegen, in dem Sammelbienen Duftsekrete aus den Mandibeldrüsen am Boden in kurzen Abständen absetzen und damit Neulingen den Weg zu Futterplätzen weisen. Ähnliches ist von Hummelmännchen bekannt, die immer wieder bestimmte Punkte anfliegen und markieren; dadurch wird hier das Finden der Männchen durch die Weibchen erleichtert. Viele Ameisen legen Duftspuren zwischen bestimmten Nahrungsquellen und dem Nest. Auch bei Termiten ist dieses Verhalten nachgewiesen. Dabei wird das Abdomen an die Unterlage gepreßt, wobei die Ventraldrüse unter dem vorderen Teil des 5. Sternites ein Sekret abgibt. Bei den Ameisen wurden sehr verschiedene Drüsen nachgewiesen, die zur Spurbildung eingesetzt werden können. Bei primitiven Arten stammt der Stoff aus dem Darmkanal, bei anderen aus der DUFOURschen Drüse, *Crematogaster*-Arten sollen Drüsen in den Hinterbeinen haben, die diese Funktion ausüben. Wieder andere Arten benutzen die Stacheldrüsen. Bei einer dieser Arten, *Solenopsis saevissima*, ist das Sekret so flüchtig, daß nach etwa 2 Minuten die Markierung wieder verschwunden ist. Dadurch wird gewährleistet, daß bei erlöschenden Futterquellen keine längere Nachsuche durch spurfolgende Ameisen mehr auftritt.

Duftspuren können polarisiert sein, wobei drei Methoden möglich sind:

1. Absetzen flüchtiger Substanzen (z. B. *Solenopsis*); entsprechend der Zeit, die benötigt wird, die Spur zu legen, wird ein Gradient entstehen,
2. Absetzen unterschiedlicher Mengen des Spur-Sekretes; so sollen die Meliponen nahe dem Futterplatz Duftmarken höherer Intensität absetzen,
3. Räumlich geordnete Drüsenfelder, aus denen die Laufrichtung des markierenden Individuums „abgelesen" werden kann; das wird bei Sohlendrüsen-Mustern mancher Säugetiere vermutet (z. B. Mäuse).

Die Orientierung in einem Duftgradienten kann über die Osmotropotaxis erfolgen (Tropotaxis = Symmetrieeinstellung: Richtungskorrekturen durch Intensitäts- oder Zeitvergleich zwischen den auf symmetrisch angeordneten Rezeptoren eintreffenden Reizen). So zeigen einseitig fühleramputierte (Fühler als Sitz der Geruchsrezeptoren) Ameisen (*Lasius*) Drehtendenzen zur intakten Seite, die sich mit Zunahme der Intensität der Geruchsstoffe verstärken. Tiere mit überkreuzten Antennen laufen in einem *T*-Weg, der nur in einem Schenkel mit Duft markiert wurde, in den duftfreien Weg (Hangartner 1967). Entsprechendes ist auch für Honigbienen nachgewiesen (Martin 1964).

Säugetiere können über zahlreiche Hautdrüsen Sekrete an das Substrat absetzen. Diese Duftmarken können verschiedene zusätzliche Informationen vermitteln, besonders auch über den Geschlechtsstatus, wahrscheinlich aber auch über den Individualstatus. Nach SCHAFFER sind vor allem aus den ursprünglicheren Talgdrüsen polyptyche Drüsen geworden, die chemische Signalsubstanzen absondern (Nagetiere, Raubtiere, Huftiere). Diese chemischen Signalstrukturen finden sich vor allem in solchen Bereichen des Körpers, die leicht in Kontakt mit dem Substrat gebracht werden können, so bei vielen Nagetieren, die in Gangsystemen leben, an den Flanken, bei vielen Raubtieren besonders im Bereich der Anogenitalregion, bei Huftieren außerdem speziell am Kopf (Reiben an vertikalen Strukturen) und an den Extremitätenspitzen; aber auch hier können Drüsen am Rumpf auftreten, besonders bei Arten, die sich häufig wälzen oder reiben (z. B. Schweine). Zudem gibt es auch Fälle, in denen über eine Kontaktkommunikation die Substanzen direkt auf den Partner übertragen werden. Einen Sonderfall hierbei stellt das auf Partner gerichtete Harnspritzen dar (z. B. Kaninchen, Mara, Füchse u. a.) oder auch das Verreiben von Harn mit den Händen (Primaten). Dabei kann der Harn (ebenso wie auch der Kot, der häufig der Markierung dient) Substanzen enthalten, die vor allem den sexuellen Status übermitteln können. Viele spezielle Verhaltensweisen bei Säugetieren (z. B. Nasal-Anal-Kontakt, Nasal-Genital-Kontakt, Naso-Nasal-Kontakt, Naso-Oral-Kontakt) sind speziell im Dienst der chemischen Informationsübertragung ausgebildet. Damit ist bereits eine weitere Form der chemischen Kommunikation angedeutet.

9. Individual- und Sozialkennzeichnung

Hierunter wären die Fälle zusammenzufassen, bei denen die Duftstoffe nicht an ein Substrat abgesetzt werden, sondern der Körper, bzw. bestimmte Bereiche desselben, zu Trägern der Duftmarken werden. Die Übertragung der Information kann dann auf zwei Wegen erfolgen:

a) Telekommunikation im Nahfeld, als Aufnahme von Geruchsstoffen mittels der Nase,

b) Kontaktkommunikation (im Kontaktfeld) über orale Aufnahme. So aufgenommene Stoffe können dem im Mundhöhlendach gelegenen Jacobsonschen Organ zugeführt (bei vielen Landwirbeltieren, von den Amphibien an entwickelt) oder auch parenteral (vom Darm resorbiert) wirksam werden.

Auf diesen Wegen können Informationen über den individuellen und sozialen Status vermittelt werden. Einen Sonderfall stellt die Trophallaxis dar, bei der die wirksamen Substanzen von Mund zu Mund weitergegeben werden; sie ist bei sozialen Insekten ein wesentlicher Regelmechanismus, wie neuerdings durch die sehr eingehende Analyse von MONTAGNER an Wespen (*Vespa*) bestätigt wurde. Bei der Honigbiene erfolgt die Beeinflussung des Verhaltens der Arbeiterinnen durch die Königin über die Geruchsrezeptoren, wie Elektroantennogramme gezeigt haben (BEETSMA 1967).

ROPARTZ (1968) konnte bei Zuchtmäusen die beiden entscheidenden Prinzipien der Gruppen- und Individualkennzeichnung ermitteln. Es ergaben sich zwei Faktoren:

a) Der Harn-Faktor (mit dem Urin abgeschiedene Substanzen); dieser ist die Grundlage des Gruppen-Geruches,

b) Der Plantar-Faktor, eine von den Sohlendrüsen abgesonderte Substanz; sie ist die Grundlage des Individual-Geruches.

Eine Gruppe von Mäuse-Männchen kann bei entsprechendem Geruchsangebot unterscheiden, ob es von einer Gruppe von Männchen oder einem einzelnen Männchen stammt. Bemerkenswert im Zusammenhang mit den Gruppenproblemen der Kommunikationsmechanismen ist die Feststellung, daß der Gruppen-Geruchsstoff von den Männchen nur bei taktiler Kommunikation abgesondert wird. Die Wirkung des Gruppen-Geruches läßt sich auch über Aktogramme nachweisen (Registrierung der lokomotorischen Aktivität). Sie fällt bei geruchsunfähigen

Männchen aus. Die Fähigkeit, Einzelindividuen innerhalb einer Gruppe unterscheiden zu können, bildet die Grundlage zum Aufbau sozialer Strukturen vom Typ der nicht anonymen geschlossenen Gesellschaften. KALKOWSKI (1968) konnte bei Mäusen tatsächlich nachweisen, daß ein Männchen allein am Geruch 18 Individuen voneinander unterscheiden konnte (von Kücken ist bekannt, daß sie — hier über optische und akustische Signale — bis zu 27 Partner individuell erkennen können). Derselbe Forscher konnte auch nachweisen, daß die Spuren der Mäuse zur individuellen Unterscheidung dienen können, wobei die Wirksamkeit der Fährten bis zu 24 Stunden (ausnahmsweise auch bis zu 48) anhalten kann. Diese Befunde decken sich mit den vorgenannten von ROPARTZ und bestätigen die Bedeutung der Plantardrüsen zur Übermittlung von Informationen über den Individualstatus.

8.4. Semantik

Die semantischen Aspekte der chemischen Kommunikation sind noch recht wenig untersucht, so daß über die möglichen Codierungsformen fast nur Vermutungen geäußert werden können, die sich im allgemeinen auf pragmatische und syntaktische Untersuchungen gründen. Zudem wird die Einsicht noch erschwert, da noch immer keine experimentell fundierte Einsicht in die Prinzipien der chemischen Informationsverarbeitung bestehen, gerade auch, was die Arbeitsweise der Rezeptoren selbst betrifft. So sind hier nur einige Hinweise möglich. WILSON (1962) hat errechnet, daß eine Ameise (*Solenopsis*) mittels einer Duftspur 0,1 bis 5 bit/s übertragen kann (Information über Raumbedingungen). Generell stellt ein (nachrichtenübertragendes) Duftmolekül eine spezifische Zeichen-Kombination dar. Diese muß im Organismus decodiert und in ein spezielles Erregungsmuster übertragen werden, die das Eingangssignal im System repräsentieren.

WRIGHT und Mitarbeiter haben einige Probleme dieser Vorgänge auf Grund der vorliegenden Untersuchungen erörtert. Dadurch scheinen bei den Duftmolekülen verschiedene primäre Zeichen mit den verschiedenartigen

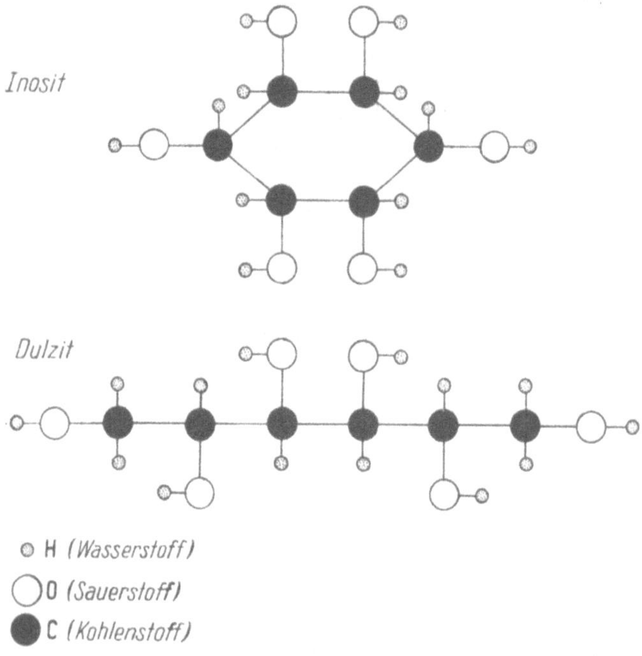

Abb. 27. Polyhydrierte Alkohol-Moleküle, die sich aus denselben Atomen, doch in verschiedener Anordnung zusammensetzen. Das Inosit (Zyklohexit) ähnelt in seiner Ringstruktur den Zuckern und löst daher bei der Schmeißfliege (*Calliphora*) Verhalten der Nahrungsaufnahme aus, während das Dulzit, das keine solche Ringstruktur aufweist, bei der Fliege eher abstoßend (als Repellent) wirkt (nach HODGSON 1961).

(niedrigen) Vibrations-Frequenzen der Moleküle korreliert zu sein. Bestimmte Rezeptorzellen scheinen jeweils nur auf bestimmte Qualitäten anzusprechen, während die quantitativen Eigenschaften des Signals durch die Frequenz der Spikes (im Erregungsmuster der Zellen bzw. ableitenden Elemente) codiert werden (s. S. **41**). Es hat sich nachweisen lassen, daß zwischen den molekularen Oszillationen der Geruchsstoffe sowie dem Frequenzmuster bei der Erregungsleitung der Riechbahn (bei Säugetieren) eine Korrelation besteht.

9. Thermische Informationsübertragung

Die Temperatur übt einen mannigfaltigen Einfluß auf alle Lebensvorgänge aus (Zusammenfassung: PRECHT et al. 1955). Auch auf der Ebene des Verhaltens wird sie in vielfältiger Weise wirksam und trägt zur raumzeitlichen Orientierung bei (Zusammenfassungen bei HERTER 1943, 1952, 1953).

Die elektrophysiologischen Untersuchungen der letzten Jahre lassen es zweifelhaft erscheinen, ob es überhaupt ausschließliche Thermorezeptoren gibt. Vielmehr deuten verschiedene Befunde darauf hin, daß wenigstens einige Rezeptoren „bimodal" arbeiten, also neben einer anderen Reizmodalität auch auf Temperaturen (oder Temperaturänderungen) ansprechen. Die Kaltrezeptoren auf den Antennen der Küchenschabe (*Periplaneta*) sowie der Honigbiene (*Apis*) werden als unimodale Thermorezeptoren angesprochen; ähnliches wird auch bei den Infrarot-Rezeptoren von Klapperschlangen (*Crotalus*) vermutet. Sicher sind jedoch die Chemorezeptoren bei Fröschen, die Seitenlinienorgane der Amphibien und Knochenfische (Teleostei), die Mechanorezeptoren bei Knochenfischen (speziell *Leuciscus*) und auch die Lorenzinischen Ampullen der Haie und Rochen (Elasmobranchii) auch Thermorezeptoren. Die Annahme, daß getrennte Warmfasern und Kaltfasern für die entsprechenden „Empfindungen" erforderlich seien, haben neuere Untersuchungen nicht bestätigt. Gegensätzliches Verhalten derselben Endorgane kann dem Zentralnervensystem die erforderlichen Informationen liefern. Allerdings gibt es bei Säugetieren zwei Fasertypen.

Hinweise auf echte kommunikative Bedeutung der Temperatur fehlen fast völlig. Lediglich die Infrarot-Wärmestrahlung scheint bei Reptilien und Insekten eine Bedeutung zu haben. Bei Schmetterlingen erhöht sich vor und während des Fluges die Körpertemperatur etwas. *Hylophila phylaeus* hat ein Eigengewicht von etwa 75 mg und erhöht die Temperatur im Flug um 2 bis 3 °C (KAMMER 1968). Dadurch können vielleicht manche Männchen (bei Schwärmern, Sphingidae) ihre Weibchen leichter finden. Doch sind hier noch viele Einzelheiten unklar. Sicher sind Temperaturgradienten bei der Kontaktkommunikation bedeutsam; ob auch bestimmte zeitliche Muster gesendet werden, ist noch unbekannt. Das Problem der thermischen Informationsübertragung im Rahmen der Kommunikation bedarf noch gründlicher Forschungen.

10. Elektrische Informationsübertragung

In diesem Kanal sollte man elektrische, elektromagnetische und reine Magnetfelder einstweilen zusammenfassen, da unsere Kenntnisse auf diesem Gebiet noch recht unzulänglich sind, besonders in Hinblick auf Probleme der echten Kommunikation.

Über die Wirkung elektrischer Felder auf lebende Materie gibt es zwar zahlreiche Untersuchungen, sie betreffen aber gewisse Grundprobleme; schon 1935 gab v. LEHOTZKY hierzu eine Zusammenfassung. Spätere Untersuchungen, die besonders an einzelligen Organismen durchgeführt wurden, haben einige wesentliche Zusammenhänge aufgeklärt. Über neuere Experimente berichten vor allem TEIXEIRA-PINTO und Mitarbeiter (1960) sowie PLIQUETT (1968). Dabei wurden vor allem hochgespannte elektromagnetische Gleichstromfelder verschiedener Frequenz eingesetzt. Dabei wurden elektromagnetische Felder im Frequenzbereich von 0,1 bis 100 MHz bei einer Feldstärke von 1000 V/cm erzeugt. Bei relativ niedrigen Frequenzen stellten sich die Einzeller (vor allem Euglenoidina) parallel zu den Feldlinien, bei bestimmten hohen Frequenzen dagegen quer. Das gilt auch für bestimmte Plasmastrukturen. PLIQUETT fand bei seinen Untersuchungen an Wimperinfusorien (*Oxytrichiden*) Feldeffekte, die bei vier bestimmten Spannungen auftreten:

1. Schnellere Bewegung,
2. Absonderung einer großen Vakuole,
3. Absonderung vieler kleiner Vakuolen,
4. Auflösung der Membran.

Die Spannungen, die diese Effekte erzielen, hängen bis zu etwa 100 Hz nicht von der Frequenz ab, bei höheren Frequenzen besteht eine Korrelation zwischen Spannung und Frequenz. Das elektrische Feld scheint nach diesen Untersuchungen bei bestimmten Substrukturen der Zelle wirksam zu werden, deren Molekulargewicht bei etwa 10^8 liegt, und die eine Resonanzfrequenz bei 645 Hz haben.

Untersuchungen am Menschen haben ergeben, daß schwache elektrische 10-Hz-Felder, wie sie ähnlich auch in der irdischen Atmosphäre vorkommen, einen Einfluß ausüben. Das Feld verhindert eine interne Desynchronisation, also das Auseinanderfallen von Aktivitäts- und vegetativen Perioden. Außerdem wirken die Felder beschleunigend auf die circadiane Periodik (circa diem = ungefähr einen Tag) (WEVER 1967).

Auch auf die Orientierung im Raum haben elektrische wie auch magnetische Felder einen Einfluß. Hierzu liegen Hinweise bei Maikäfern, Fliegen, Termiten, aber auch Zugvögeln vor. Auch Schnecken und Strudelwürmer zeigen Magnetfeld-Orientierung. Strudelwürmer (*Dugesia*) scheinen auch Quellen mit schwacher Gamma-Strahlung orten zu können (Cs^{137}) (BROWN 1963). Taufliegen orientieren sich in einem Feld mit einem elektrostatischen Gradienten von 3 V/cm (PICTON 1966).

Diese wenigen Hinweise sollen andeuten, daß elektrische (und magnetische) Felder perzipiert werden können, wobei sowohl primäre zelluläre Mechanismen in bestimmter Weise beeinflußt werden können als auch komplexe Leistungen vielzelliger Tiere. Vor allem durch LISSMANN, sowie später auch durch HAGIWARA, SZABO, BULLOCK, DIJKGRAAF und HARDER haben sich die Hinweise vermehrt, daß es auch spezielle Elektrorezeptoren gibt, die inzwischen bei einigen Arten ausführlich in Hinblick auf ihren Bau untersucht wurden (WALTMAN 1966, LISSMANN 1968, HARDER 1968). Darüber hinaus legen diese Untersuchungen auch nahe, daß eigene Sende-Systeme für schwache elektrische Felder bestehen, so daß eine echte Kommunikation wahrscheinlich gemacht werden konnte. Diese Hinweise beziehen sich auf Wasserwirbeltiere. Bei den Haien wurde nachgewiesen, daß die seit langem bekannten LORENZINIschen Ampullen offensichtlich nur Elektrorezeptoren sind. Die Reizschwelle konnte bei dem Rochen *Raja clavata* für elektrische Wechselpotentiale in der Frequenz von 5 Perioden/s bei 0,01 mV/cm Seewasser bestimmt werden. Streuende Muskelpotentiale anderer Tiere können damit perzipiert werden (z. B. die Bewegungen einer Scholle, *Pleuronectes*). Rochen und Haie ließen sich über Fütterung auf schwache elektrische Reize dressieren und können die Reizquelle elektrisch orten.

Die Nilhechte (Mormyridae) verfügen an der Körperoberfläche über mehrere Typen von Hautsinnesorganen („Knollenorgane", „Mormyromasten") (Abb. 28), die insgesamt ein „elektrorezeptorisches System" bilden. Es perzipiert sowohl Veränderungen des vom Fisch selbst erzeugten elektrischen Feldes als auch elektrische Impulse, die von anderen Fischen stammen. Elektrophysiologisch ist nachgewiesen, daß zwischen den Potentialen, die in den Knollenorganen auftreten, sowie den fortgeleiteten Potentialen bestimmte zeitliche Beziehungen bestehen und damit eine Übertragung der empfangenen Informationen auf das Zentralnervensystem möglich ist. Im Bereich der Elektrorezeptoren ist die Epidermis abgewandelt. Es ist möglich, daß sie ähnlich wie an den Kanalwänden der LORENZINIschen Ampullen der kapazitiven Abschirmung dient. Die Empfindlichkeitsschwelle liegt bei diesen Fischen anscheinend wesentlich höher als

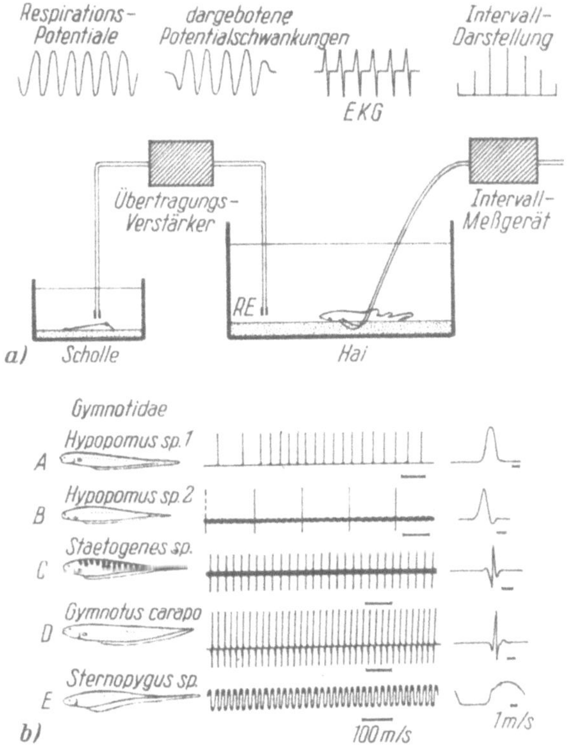

Abb. 28. a) Einfluß natürlicher Elektroreize (Respirationspotentiale) einer Scholle auf die Herzfrequenz eines Haies oder Rochen. *RE* Reizelektroden (nach DIJKGRAAF und KALMIJN 1966). b) Elektrische Impuls-Muster bei einigen Gymnotidae. Bei A ist die Entladung provoziert, sonst stammt sie von ruhenden Fischen. Rechts die Impulsform (nach HAGIWARA und MORITA 1963 aus MARLER und HAMILTON 1966).

bei den Rochen (und Haien); sie wurde mit etwa 0,7 mV/cm bestimmt (HARDER et al. 1967). Durch die große Anzahl der Sinnesorgane (etwa 3500 bei diesen Mormyriden) könnten Informationen über Größe, Entfernung, Richtung und Beschaffenheit eines Objektes gewonnen werden, bei eigenbeweglichen (z. B. Artgenossen) sicher auch über Lage zum eigenen Körper sowie Eigenbewegung.

Bei dieser Fischgruppe liegen die elektrischen Organe in der Schwanzregion. Hier sind zwei durch die Nervi electrici versorgte Muskeln zu diesem Organ umgebildet. Die elektrischen Entladungen von *Gymnarchus niloticus* können ohne Unterbrechung tagelang erfolgen, wobei die Frequenzen zwischen 260 und 340 Hz liegen. Bei einem der untersuchten Tiere wurden Unterbrechungen in der Sendetätigkeit festgestellt, die etwa 18,5 s dauerten und sich acht bis neunmal in der Stunde wiederholten. Sonst können Unterbrechungen durch Einwirkungen äußerer elektrischer Felder hervorgerufen werden. Bei einem homogenen elektrischen Wechselfeld veränderlicher Frequenz lag die Schwelle für Frequenzen von 50 bis 800 Hz bei etwa 20 mV_{ss}/cm (HARDER, UHLEMANN 1967). Werden diesen Fischen elektrische Signale im Umfeld angeboten, erhöhen sie den Signalabstand durch Änderung der Eigenfrequenz ihres elektrischen Organs. *Hypopomus* reagiert schon auf eine Impedenz-Änderung der Umgebung von 1%, wenn diese mit einem eigenen Impuls zusammenfällt. Bei Koinzidenz des angebotenen Musters mit dem eigenen des Fisches liegt hier die Schwelle um 120 mV/cm, bei deren Überschreitung eine Phasenverschiebung der Sendefrequenz des Fisches erfolgt. 2 bis 3 mV/cm sind jedoch erforderlich, wenn die Impulse des Reizmusters zwischen die eigenen fallen (LARIMER et al. 1968).

Diese wenigen Hinweise deuten an, daß dieser Form der Informationsübertragung zumindest bei bestimmten Wassertieren eine echte Kommunikationsfunktion zukommt. Es ist durchaus denkbar, daß der Kanal (unter Einschluß schwacher elektromagnetischer Felder) im

Organismenreich eine weit größere Bedeutung hat, als zur Zeit bekannt ist. Er könnte vor allem bei der Kontaktkommunikation und im Nahfeld („Schwarmverhalten“) wirksam werden, da bei der Verschlüsselung von Informationen im Organismus der elektrische Code eine vorrangige Bedeutung hat.

«Wer Frau und Kinder zu versorgen hat . . .

... muß freilich sein Geld klüger anwenden. Aber unsereins; ich bin so ein Ding, was man einen Hagestolz nennt. Das hat keine Frau; und wenn es schon dann und wann Kinder hat, so hat es doch keine zu versorgen. Was machte ich mit dem Gelde, wenn ich nicht Bücher kaufte? Schlecht Geld ist es ohnedies, herzlich schlecht Geld; so schlecht, daß man sich ein Gewissen daraus machen muß, seine alten Schulden damit zu bezahlen. Denn sonst könnte ich es auch dazu anwenden. Aber Gott behüte! – Lieber mögen meine alten Schulden bis auf das alte Geld meiner lieben künftigen Frau warten. Denn ich bin ein Hagestolz, der es nicht ewig bleiben möchte ... Haben Sie etwa eine gute Freundin mit altem Gelde, welches Sie recht hübsch untergebracht wissen möchten?»

Wer schrieb's?

(12–5–19–19–9–14–7 in einem Brief an Christoph Friedrich Nicolai; die Zahlen stehen für die entsprechenden Buchstaben des Alphabets.)

Günter Tembrock

Biokommunikation

Informationsübertragung im biologischen Bereich

Teil II

11. Mechanische Informationsübertragung

Der Begriff „mechanische Informationsübertragung" soll alle Zeichen (und Signale) umfassen, denen mechanische Energie zugrunde liegt. Eine Vielfalt von Informationen aus der Umgebung wird auf diesem Wege verarbeitet. Sie liefern entscheidende Parameter für die raum-zeitliche (vorwiegend räumliche) Einstellung und Ordnung lebender Systeme. Das gilt besonders für Schwerkraft- und Druckreize, für Spannungs- und Druckänderungen im Körper über aktive Einwirkungen (Eigenbewegung) sowie über passive Änderungen der Raumlage.

Die Mechanorezeptoren werden zumeist nach morphologischen Aspekten eingeteilt. Es lassen sich bei den wirbellosen Tieren etwa folgende Typen angeben:
Tangorezeptoren (physiologisch als „Berührungsrezeptoren" definiert)
Zellorganelle (bei Protozoen)
Epidermale primäre Sinneszellen
Cuticularsensillen
Chordotonalorgane
Statocystenorgane
Myotope Rezeptoren (in der Muskulatur)
Gelenkrezeptoren
Komplexe Mechanorezeptoren
Akustische Rezeptoren (physiologisch definiert)

Für die Wirbeltiere wird folgende Klassifizierung gebraucht (vgl. Hoffmann 1963):
Tastsinnesorgane
Haarzellensinnesorgane
Akustische Rezeptoren

Obwohl alle diese Rezeptortypen für Bewegungskoordinationen sowie die Orientierung sehr wesentlich sind und auch potentielle Information der Umwelt „ausbeuten“ können, sind nach unserem derzeitigen Wissen nur drei funktionelle Komplexe für die eigentliche Kommunikation von Bedeutung:

a) Tangorezeption,
b) Vibrations-Rezeption,
c) akustische Rezeption.

Die Tangorezeption dient der Aufnahme von Berührungsreizen, die Vibrations-Rezeption empfängt Erschütterungen des Substrates außerhalb des akustischen Bereiches und die akustische Rezeption dient dem eigentlichen „Hören“. Dementsprechend müssen also bei der echten Kommunikation auch Sendesysteme vorliegen, die eben diese Reiz-Modalitäten (oder -qualitäten) abstrahlen können.

11.1. Taktile Systeme

11.1.1. Grundlagen

Unter diesem Begriff wollen wir die beiden nichtakustischen Prinzipien der mechanischen Informationsübertragung im Dienste der Kommunikation zusammenfassen. Sie lassen sich danach unterteilen in

a) Übertragung ohne Medium (physischer Kontakt, Reiz und Erregungsort fallen zusammen),
b) Übertragung mit Medium (Schwingungen des Substrates).

In diesem Zusammenhang muß darauf hingewiesen werden, daß auch Strömungen perzipiert werden können (Anemotaxis), und es daher auch theoretisch möglich wäre, daß ein Sender Luft- und Wasserströmungen erzeugt und diese der Informationsübertragung dienen, wie etwa im Flug. Einzelheiten sind hierzu jedoch noch nicht bekannt, soweit es die echte Kommunikation betrifft; alle einschlägigen Untersuchungen beziehen sich immer auf die Orientierung im Raum.

Die kommunikativen Leistungen der taktilen Systeme stehen zwar außer Frage, sind aber experimentell in diesem Zusammenhang noch recht unzulänglich untersucht, so daß viele Fragen zur Zeit noch offen sind. Dabei wird die Einsicht noch erschwert durch die Mannigfaltigkeit der beteiligten Rezeptortypen. Hinzu kommt, daß beim physischen Kontakt zwischen den Kommunikationspartnern auch Propriorezeptoren innerhalb des Körpers mittelbar beteiligt sind, etwa durch Spannungsänderungen in der Muskulatur. Außerdem tritt besonders im Zusammenhang mit dem Fortpflanzungsverhalten Kontaktkommunikation auf, an der auch vegetative Systeme beteiligt sind, so daß die Phänomene der dabei entstehenden Erregungsmuster in ihrer Wechselbeziehung zum Partner fast unübersehbar werden. Die folgende Darstellung soll sich daher auf einige bereits analysierte Beispiele beschränken, da ein Gesamtbild dieses Übertragungsweges noch nicht entworfen werden kann.

11.1.2. Syntax

Zeitliche und räumliche Ordnungsprinzipien bei der taktilen Informationsübertragung werden grundlegend durch die zwei vorstehend bereits erwähnten Übertragungswege bestimmt. Bei dem physischen Kontakt zwischen den Partnern (Kommunikanten) sind sie so komplex, daß gegenwärtig eine überschaubare Ordnung noch nicht möglich ist. Sicher sind dabei die räumliche Anordnung der Rezeptoren, ihre physiologischen Arbeitsprinzipien (phasisch, tonisch, phasisch-tonisch), mögliche zeitliche Muster (Körpervibrationen) sowie auch die räumliche Anordnung des Kontaktes und seine Änderungen in der Zeit wichtige Elemente der Syntax. v. Békésy (1964) hat auf das Auftreten der lateralen Inhibition auch bei Hautreizen hingewiesen. Diese Hemmungsvorgänge können bei der taktilen Informationsübertragung sehr wesentlich werden (Abb. 29).

Die Vibrationsempfindlichkeit der menschlichen Haut ist in hohem Maße temperaturabhängig und bei niedriger Temperatur wesentlich gesteigert. Die höchste Empfindlichkeit liegt etwa zwischen 100 und 200 Hz. Die menschliche Haut vollführt auch Mikrovibrationen, deren Bedeutung noch unklar ist. Die Möglichkeit eines Sende-Empfangssystems bei physischem Kontakt ist also durchaus gegeben.

Die in bestimmten Mustern auf der Haut der Katze angeordneten taktilen Rezeptoren erweisen sich als langsam adaptierende Systeme, die mit elektrischen Potentialen antworten, deren Frequenz von der Reizstärke abhängt. Diese Rezeptoren scheinen bimodal zu sein und auch auf thermische Reize anzusprechen. Generell verfügen die Säugetiere über drei Rezeptor-Typen mit in der Haut gelegenen Nervenendigungen:

a) Freie Nervenendigungen,
b) mit Haarfollikeln verbundene Nervenendigungen und
c) capsuläre Nervenendigungen.

In bestimmten Bereichen des Körpers, die besonders dem unmittelbaren Kontakt ausgesetzt sind, treten solche Bildungen gehäuft auf. Besonders ausgedehnt befinden sich capsuläre Bildungen (KRAUSEsche Endkolben) in der Lippen-Nasen-Region, während in nicht behaarten Gebieten (Fußhaut, Anogenital-Region, Lippe) ein anderer Typ dieser Bildungen, die PACINIschen Endkörperchen vorkommen. Die Haare werden von sogenannten *A*- und *C*-Fasern innerviert, wobei die *A*-Fasern markhaltig sind und eine hohe Leitungsgeschwindigkeit haben. Die Informationen der Tangorezeptoren der Haut werden dann über drei Neuronen-Schaltungen im Rückenmark (Hinterstrang) und im Thalamus (Zwischenhirn) zu den Projektionsfeldern der Hirnrinde geleitet und damit räumlich und zeitlich ausgewertet. Bei vibratorischer

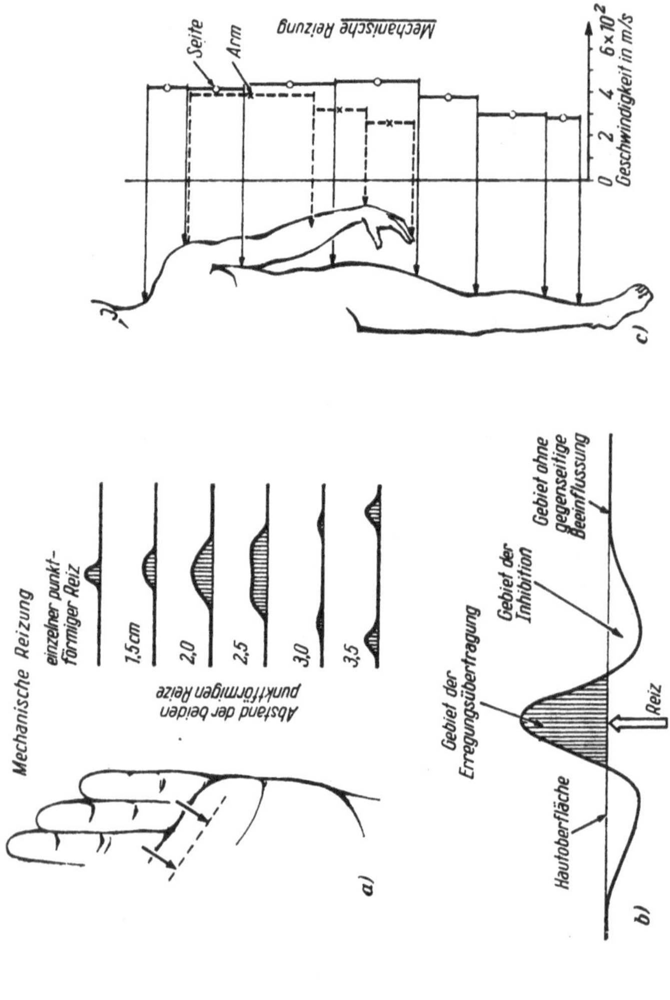
Seite
Arm
Mechanische Reizung
0 2 4 6×10²
Geschwindigkeit in m/s
c)
Mechanische Reizung
einzelner punktförmiger Reiz
1,5 cm
2,0
2,5
3,0
3,5
Abstand der beiden punktförmigen Reize
a)
Gebiet der Erregungsübertragung
Gebiet der Inhibition
Gebiet ohne gegenseitige Beeinflussung
Reiz
Hautoberfläche
b)

Abb. 29.

Reizung der Schnurrhaare der Katze konnten von EHRENBERGER und Mitarbeitern (1965) aus dem Rindenfeld SI Corticogramme abgeleitet werden, wobei die Ortung der Reizquelle über einen Intensitätsvergleich (zwischen den rechten und linken Vibrissen) vorgenommen wird. Der Zeitvergleich (der beim Hören für die Ortung wichtig ist) fällt hier fort, da Reiz- und Erregungsort bei der Kontaktkommunikation zusammenfallen.

Während bei Säugetieren taktile und Thermorezeption in der Informationsübertragung vielfach gekoppelt sind, kommt bei den Arthropoden eine Kombination zwischen der Tangorezeption und der Kontaktchemorezeption vor. Sie wird hier erreicht durch verschiedene Sinneszellen, die eine cuticulare Hilfseinrichtung (z. B. ein biegsames Haar) innervieren. Ausbiegungen solcher Haare können verschiedene Informationen vermitteln, wobei vor allem drei Parameter ausgewertet werden können: Richtung der Ausbiegung, Geschwindigkeit der Auslenkung sowie Grad der Beugung. Außerdem können durch die Biegung eines Haares leichte Verformungen auftreten (geringe Änderungen des Durchmessers), die in manchen Fällen offenbar auch das Erregungsmuster der Sinneszellen, die solchen Haaren zugeordnet sind, beeinflussen können.

Die Anzahl der berührten Haare kann ebenfalls ausgewertet werden. Bei Schmetterlingsraupen fand FRINGS, daß volle Reaktionen nur dann auftreten, wenn eine bestimmte Mindest-Anzahl von Haaren gleichzeitig gereizt wird.

←

Abb. 29. a) Zwei Druckreize auf die Haut können bei einem gewissen Abstand sich gegenseitig schwächen. In diesem Falle trat das bei einem Abstand von 3 cm ein. b) Aus diesen Messungen mechanischer Reizwirkungen auf die Haut wurde geschlossen, daß jeder Reiz im allgemeinen von einem Gebiet mit verminderter Empfindlichkeit umgeben ist. Jede Erregungsübertragung ist gleichzeitig von einer Hemmungsübertragung umgeben. c) Beobachtungen über die Geschwindigkeit der Nervenleitung für mechanische Reize der Haut (nach v. BÉKÉSY 1964).

Die eigenarten langen Becherhaare (Trichobothrien) der Spinnen (Abb. 30) können drei Rezeptorzellen aufweisen, die jeweils bestimmte Richtungscharakteristika haben. Vibrationen von etwa 10 Reizen/s im Netz lösen typische Reaktionen aus. Nach SCHWARTZKOPFF sollte man Folgen von weniger als 10 in der Sekunde noch den taktilen Reizen (im engeren Sinne), solche darüber (bis

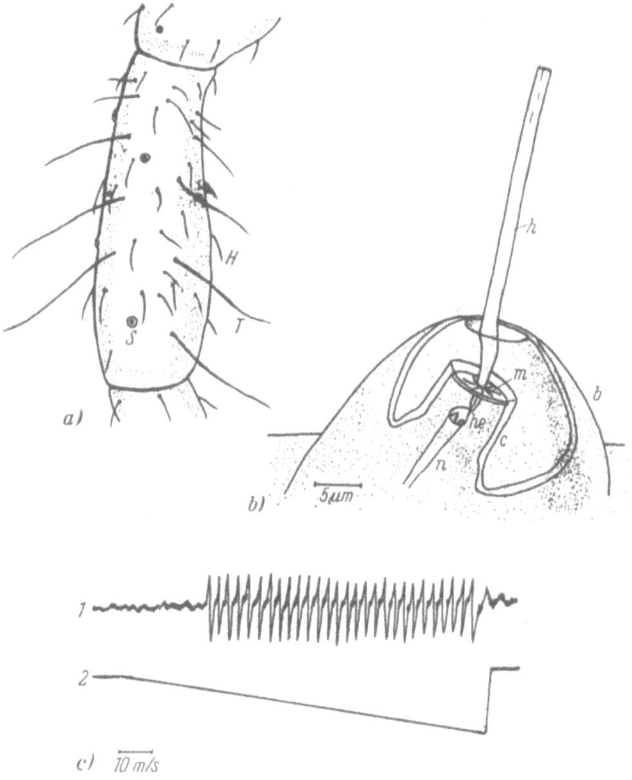

Abb. 30. a) Tibia des linken Pedipalpus der Spinne *Tegenaria derhawi*, eine vordere (links) und drei laterale Reihen von Trichobothrien zeigend (andere lange Haare wurden entfernt). b) Trichobothrium von *Tegenaria*; b – Bothrium, *c* – Zylinder, *h* – Haar, *he* – „Helm", *m* – Membran, *n* – distale Fortsätze der zwei bis drei Sinneszellen. c) *1* – Aktionspotential, *2* – Sägezahn-Spannung, die eine lineare Ausbiegung nach exponentieller Verstärkung bedingt. Totale Ausbiegung 10° (nach GÖRNER 1965).

zu mehr als 10 kHz) als Vibrationsreize bezeichnen, wenn es sich um Schwingungen fester Strukturen handelt. Eine scharfe Grenze zur akustischen Rezeption ist nicht immer möglich. Die Vibrationen können auf zwei Wegen zustande kommen:

a) Gedämpfte Schwingungen des Substrates in seiner Eigenfrequenz nach einem Stoß oder Schlag,
b) Schwingungen als Folge rhythmischer Bewegungen eines Körpers (oder von Körperteilen).

Beide Prinzipien können sich überlagern. Honigbienen werden durch Frequenzen zwischen 300 und 1000 Hz im Stock weitgehend immobilisiert; davon wird vielfach bei der Entnahme des Honigs Gebrauch gemacht; das Verfahren scheint besser anwendbar zu sein als Rauch.

Verschiedene Insekten (z.B. Termiten, Schaben, Heuschrecken, bestimmte Käfer und Staubläuse: „Totenuhr"), aber auch manche Winkerkrabben trommeln mit verschiedenen Körperteilen auf das Substrat und liefern damit Informationen an latente oder aktuelle Empfänger. Die folgende Zusammenstellung (nach SCHWARTZKOPFF 1964) bringt einige Beispiele für Vibrationsempfindlichkeit bei Insekten, gemessen über elektrische Antworten der Beinnerven:

Art	Optimale Frequenz (kHz)	Schwellen-Amplitude µm
Periplaneta americana	1,4	0,000004
Decticus verrucivorus	2,0	0,000036
Tachycines asynamorus	1,0	0,000068
Liogryllus campestris	1,5	0,000100
Melolontha melolontha	1,8	0,000100
Vanessa atalanta	3,0	0,000290
Carausius spec.	1,5	0,000350
Geotrupes sylvaticus	1,5	0,000480
Stenobothrus spec.	3,0	0,000620
Vanessa io	2,0	0,000680

Art	Optimale Frequenz (kHz)	Schwellen-Amplitude µm
Aeschna cyanea	3,0	0,000900
Apis mellifera	2,5	0,013000
Andrena nitida	1,0	0,018000
Camponotus spec.	2,0	0,019000
Forficula auricularia	1,2	0,019000
Bombus soroeensis	1,5	0,032000
Vespa crabro	1,5	0,036000
Pterostichus spec.	0,8	0,040000
Silpha obscura	1,0	0,045000
Agrotis spec.	1,2	0,057000
Pseudophonus spec.	0,75	0,061000
Reduvius personatus	0,25	1,00
Rhodnius prolixus	0,4	1,30
Eristalis spec.	0,2	6,59
Calliphora vicina	0,3	17,40

Die wichtigsten Rezeptoren für Vibrationen sind bei den Insekten die Subgenualorgane, die unter den „Kniegelenken" liegen. Nach Untersuchungen von HOWSE (1962) an Termiten scheint die Informationsübertragung verbessert zu werden durch Perioden-Bildung innerhalb der Sendung. So erweisen sich bei Schaben (*Periplaneta*) und Termiten (*Zootermopsis*) 5 bis 30 Pulse pro Sekunde (bei einer Trägerfrequenz von 1400 Hz) als wirksamer als ununterbrochene Übertragung. Termiten können diese Vibrationen wie aber auch Tastreize mit den Antennen empfangen. Bei *Reticulitermes flavipes* finden sich neben anderen Sensillenformen längere Sinneshaare auf den Fühlern; sie bilden gemeinsam mit ähnlichen Haaren auf den Beinen und am Körper einen funktionell einheitlichen Tastsinnesapparat.

Auch Propriorezeptoren sind bei Arthropoden vielfach im Dienst der Kommunikation, wie die schon erwähnten Subgenualorgane. Sie gehören zu den chordotonalen

Sensillen, denen PRINGLE als zweiten Typ die multipolaren Neurone gegenüberstellt. Bei Vogelspinnen haben die Gelenkrezeptoren (die vielleicht zur zweiten dieser Gruppe gehören) nach RATHMAYER (1967) folgende Informationen zu vermitteln:

1. Über das Einsetzen der Bewegung eines Beines,
2. über die Richtung dieser Bewegung,
3. über ihre Geschwindigkeit und
4. über die im Anschluß an diese Bewegung eingenommene Dauerstellung.

Solche Informationen sind bei komplexen Bewegungsabläufen während der Balz unerläßlich.

Da für die Nahfeldkommunikation die Ortung des Senders in vielen Fällen wesentlich ist, müssen die Eigenschaften der Reizmuster ebenso wie jene der Rezeptoren diese Funktion erleichtern. So können Fische, wie *Fundulus*, die sich oft an der Wasseroberfläche aufhalten, die dort entstehenden Wellenmuster vermittels der am Kopf liegenden Systeme der Seitenlinie (mit den Neuromasten) in ihrer Ausbreitungsrichtung erfassen, wenn die Quelle nicht über 15 cm entfernt ist. Dabei werden Zeit- und Intensitätsdifferenzen ausgenutzt. Bei *Aplocheilus lineatus* gestattet die symmetrische Anordnung Entfernungsbestimmungen von Oberflächenwellen, wobei transversale Wellen bis zu 100 Hz, bei maximaler Empfindlichkeit zwischen 10 bis 12 Hz, perzipiert werden können (SCHWARTZ 1965).

11.1.3. Pragmatik

Im Rahmen der Kommunikation lassen sich drei Haupt-Aspekte für die Bedeutung der taktilen Informationsübertragung nachweisen, die stammesgeschichtlich eine gemeinsame Wurzel haben dürften:

a) Partner-Kontakt bei der Fortpflanzung,
b) Kontakt während der Jungenaufzucht,
c) Nachrichten-Übertragung in sozialen Gruppierungen.

Dabei kann (besonders bei a und c) auch agonistisches Verhalten mit eingeschlossen werden, das vielfach durch den physischen Kontakt gekennzeichnet ist.

Bei Fischen und Amphibien ist bekannt, daß Vibrationen des Körpers, besonders des laichbereiten Weibchens, dem Männchen wichtige Informationen übermitteln können. Auch Männchen können durch Vibrations-Signale Weibchen zur Eiablage bringen. Unter den Schwanzlurchen sind die südamerikanischen *Pleurodema*-Arten besonders gut in dieser Beziehung untersucht. Hier bedeuten bestimmte Vibrationsmuster der Flanken bei den Weibchen, daß sie nicht begattungsbereit sind. Erst durch diese Signale werden die Männchen für das weitere Verhalten informiert.

In der sozialen Kommunikation ist bei den Honigbienen (*Apis mellifera*) der Schwänzeltanz eine Komponente des Verhaltens, in der den Artgenossen Richtung und Entfernung der Trachtquelle mitgeteilt werden. Dabei übermitteln das Tanztempo oder die Schwänzelzeit (vgl. Abb. 50) die Entfernung des Zieles. Hierbei sind Vibrationen des Substrates für die Informationsübertragung wichtig. Taktile Reize sind bei sozialer Kommunikation bei den sogenannten „staatenbildenden Insekten" überhaupt von großer Bedeutung. Die Klopfsignale von *Zootermopsis* werden von HOWSE (1964) als Warnsignale gedeutet.

Im Zusammenhang mit der Fortpflanzung stehen die Klopfgeräusche und Vibrationen des Substrates, die verschiedene Insekten erzeugen. Die Eichenschrecke *Meconema thalassinum* trommelt mit den Hinterbeinen auf dem Substrat, dadurch werden Weibchen angelockt. Die Sattelschrecke *Ephippiger* kann Weibchen durch Vibrationen des Substrates (Pflanzenteile) mit 20 bis 25 Schwingungen in der Sekunde anlocken, während die „Pochkäfer" (*Xestobium*, *Anobium*, Abb. 31) durch Auf-Ab-Bewegungen des Vorderkörpers mit dem Kopf auf die Unterlage klopfen. Hier werden wohl die Männchen von den Weibchen angelockt. Die ebenfalls unter dem

Namen „Totenuhr“ bekannten Staubläuse (*Atropos*, *Trogium*) klopfen mit dem Hinterleib auf die Unterlage, sie suchen dazu besonders resonanzfähige Stellen auf. Auch von Steinfliegen (Plecoptera) ist bekannt, daß Männchen mit dem Hinterleib trommeln; in allen diesen Fällen stehen die Vibrationen im Dienst der Fortpflanzung. Bei den Plecopteren haben eingehende Untersuchungen von RUPPRECHT (1968) die sexuelle Bedeutung bestätigt. Bei den von ihm untersuchten Perliden

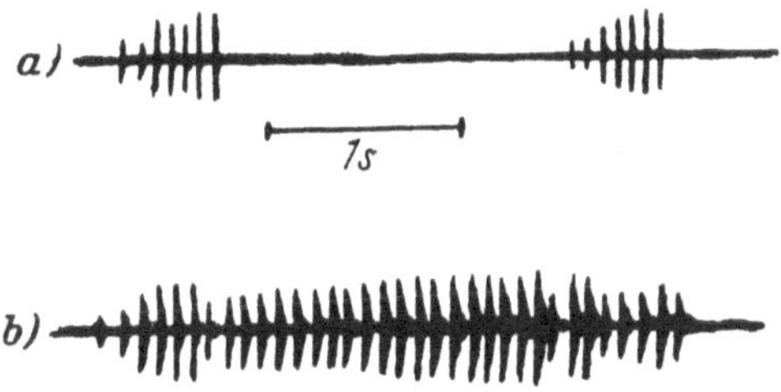

Abb. 31. a) Zwei Trommelrhythmen eines Pochkäfers (*Xestobium*), Aufschlagen des Vorderkörpers; b) Trommelrhythmus der Schabe *Leucophaea*, Aufschlagen des Hinterkörpers.

trommeln beide Geschlechter, wobei das Trommeln der Männchen der Erkennung und Auffindung der Weibchen dient, die nur mit Trommeln reagieren, wenn sie noch unbegattet sind. Immer beginnt das Männchen mit dem Trommeln, bei manchen Gattungen ist es ausschließlich der bewegungsaktive Teil, während bei anderen auch die Weibchen suchende Ortsveränderungen zeigen. Die Weibchen hören nach der ersten Kopulation mit dem Trommeln auf. Die Informationsübertragung erfolgt tatsächlich nur durch den Untergrund: jede der untersuchten Arten hat ein spezifisches Trommel-Muster in Hinblick auf Dauer und Frequenz.

Auch unter den Spinnen gibt es Arten, die im Zusammenhang mit der Fortpflanzung mit dem Hinterleib trommeln (*Pardosa*, *Pisaura*).

Bei Winkerkrabben (*Uca tangeri*) konnte ALTEVOGT (1964) mit künstlich erzeugten Klopfsignalen Antwort-Klopfen auslösen (antiphoner Klopfcode), wobei sich die höhlenbewohnenden Männchen der Klopfquelle annähern. Auch Weibchen lassen sich auf diese Weise anlocken, kommen bis zum Höhleneingang und zeigen Begattungsbereitschaft. Diese Krabben haben eine hochempfindliche Registriervorrichtung für den Substratschall. So scheint bei dieser Art während des Winkens mit der Schere (als optisches Signal) ein Vibrationsimpuls an das Substrat abgegeben zu werden; dieser kann für das synchrone Winken ganzer Populationen verantwortlich gemacht werden sowie für die Übertragung anderer Informationen innerhalb einer Gruppe von Individuen.

Fraglos ist die taktile Kommunikation von grundlegender Bedeutung bei der Kontakt- und Nahfeldkommunikation, auch bei Wirbeltieren, doch lassen die bisherigen Untersuchungen noch keine fundierte Klassifikation der pragmatischen Bezüge zu. Eine besondere Bedeutung hat in diesem Zusammenhang die manuelle taktile Informationsübertragung, wobei die Hand Sender und Empfänger sein kann. Mutuelle Körperpflegehandlungen (= bidirektionales Allopreening) ebenso wie das unidirektionale „Fremdputzen“ (allopreening) können auch der Signalübertragung dienen.

11.1.4. Semantik

Die bisherigen Untersuchungen zur taktilen Informationsübertragung machen wahrscheinlich, daß zumindest folgende Nachrichten übermittelt werden können: Artzugehörigkeit, Geschlecht, Alter, individueller Status, Motivation, räumliche Koordinaten, Gefahr sowie gewisse Bedingungen in der Umgebung (z. B. der Honigbiene Richtung und Entfernung der Tracht). Die Codierung erfolgt über zeitliche und räumliche Musterbildung sowie Kombinationen beider. WERNER und MOUNTCASTLE

(1965) haben versucht, einige Prinzipien der cutanen Mechanorezeption zusammenzustellen, wobei sie sich auf eigene Untersuchungen an Nervenfasern der IGGOschen Tastflecke (= PINKUSsche Haarscheiben) an Affen und Katzen stützen. Sie fanden folgende Beziehung zwischen der Reizantwort R und dem Reiz (Deformation der Haut in μm): $R = K \cdot S^n$, wobei S der Reiz und K eine Proportionalitätskonstante sind. Die Exponenten (n) betragen gewöhnlich weniger als 1. Es wird angenommen, daß im ZNS eine konstante Differenz in der Anzahl der Nervenimpulse als Unterschiedsmaß ausgewertet wird. Nach den vorliegenden Untersuchungen könnte eine cutane afferente Faser maximal 5 bis 10 bit/s übertragen, wenn die Antworten der Primärneurone auf schnell aufeinanderfolgende Reize unterschiedlicher Intensität unabhängige Ereignisse sind.

Nach den Messungen und Berechnungen von KOKJER (1966) wäre der gesamte cutane Informationsfluß (beim Menschen) mit 50 bit/s maximal anzusetzen. Für einen Finger liegt die erreichbare Rate bei schätzungsweise 0,05 bit/s, so daß der Informationseingang aller Finger (über die Haut) mit etwa 0,5 bit/s zu schätzen wäre.

11.2. Akustische Systeme

11.2.1. Grundlagen

Die akustische Kommunikation setzt spezielle Rezeptoren voraus, die imstande sind, Schallwellen, die von Wasser und Luft übertragen werden, als adäquaten Reiz zu empfangen und reizabhängige Erregungsmuster zu bilden. Je nachdem, ob ein Schallempfänger auf die Druckschwankungen im Medium, auf den Druckgradienten oder auf die Teilchenbewegung bzw. Teilchengeschwindigkeit anspricht, lassen sich folgende Typen unterscheiden:

a) Druckempfänger,
b) Druckgradientenempfänger,

c) Bewegungsempfänger (Schallschnelle),
d) Geschwindigkeitsempfänger.

Das Trommelfell der Landwirbeltiere ist vorwiegend ein Druckempfänger, doch schwingt es auch mit den Luftteilchen mit und ist damit auch ein Geschwindigkeitsempfänger. Die Schallgeschwindigkeit wird bestimmt über den Quotienten aus Weg (Länge) und Zeit und ist damit abhängig vom Medium. Während die Schallschnelle sich aus der Geschwindigkeit eines schwingenden Teilchens beim Durchgang durch die Ruhelage ergibt. Bei den Gliederfüßlern (Arthropoda) überwiegen Rezeptoren, die diesen Parameter zur Informationsübertragung verwenden.

Die wichtigsten Rezeptortypen für Schallreize sind:

a) Haarsensillen,
b) Atympanale Skolopidien,
c) Tympanalorgane.

Bei den Haarsensillen handelt es sich bei Arthropoden um cuticulare Haare, die von einer Sinneszelle innerviert und beweglich eingelenkt sind. Skolopidien sind stiftführende Sinnesorgane, aus mehreren Sinneszellen zusammengesetzt, die in ihrem rezeptorischen Teil sehr kompliziert gebaute cuticulare Strukturen („Stifte") enthalten. Die atympanalen treten ohne Verbindung mit einer spezialisierten schwingenden Membran (Tympanum) auf, haben aber gewöhnlich Kontakt mit bestimmten Bereichen der Körperoberfläche (Cuticula), während bei den Tympanalorganen der Insekten die Skolopidien in Verbindung mit einem Trommelfell auftreten. Dieses ist auch für die Tympanalorgane der Landwirbeltiere kennzeichnend. Daneben gibt es noch Sonderfälle der Schall-Leitung, speziell bei Wirbeltieren; bei manchen wirbellosen Tieren werden auch die Statocysten als mögliche Phonorezeptoren vermutet. So wurden bei Hummern (*Homarus*) in den Statocysten Fadenhaar-Rezeptoren gefunden. Bei den Spinnen liegt die Hörschwelle um 33 dB über der menschlichen, die höchste Empfindlichkeit wurde bei 2 bis 3 kHz nachgewiesen. Die Haarsensillen adaptieren im allgemeinen sehr schnell; Hörhaare werden durch tiefere Frequenzen angesprochen als Typanalorgane, so liegt bei Grillen der Bereich höchster Empfindlichkeit (der Cercalhaare) zwischen 0,03 und 3 kHz, während er bei den Tympanalorganen bis 8 kHz reicht. Die Haarsensillen sind bei den Feldheuschrecken um etwa 35 dB weniger empfindlich als das Tympanalorgan. Bei *Oxya japonica* lassen sich vom Cercalnerven (Cerci sind paarige Anhänge am Hinterleibsende, die oft Hörhaare tragen, auch bei Schaben z. B.) Potentiale ableiten, wenn die angebotenen Frequenzen zwischen 0,04 und 1,7 kHz liegen. Bei den Schaben (*Periplaneta*) sind die atympanalen Skolopidien äußerst empfindlich. AUTRUM bestimmte die Schwellenamplitude bei 1400 Hz mit $4 \cdot 10^{-10}$ cm, sie liegt damit dicht über dem thermischen Rauschen.

Bei einer ganzen Reihe von Insekten liegt im zweiten Basisglied der Fühler, dem Pedizellus, ein besonderer Rezeptor, das JOHNSTONsche Organ, das auch als atympanaler Phonorezeptor fungiert. Auf Mückenmännchen (*Aëdes*) wirken Sinustöne zwischen 300 und 800 Hz anlockend; das Fluggeräusch der Weibchen liegt zwischen 450 und 600 Hz.

Die tympanalen Hörorgane der Insekten sind bereits recht gut untersucht. Sie kommen bei verschiedenen Gruppen (Ordnungen) vor und können auch an sehr unterschiedlichen Körperstellen auftreten (Rumpf, Extremitäten). Bei der Wanderheuschrecke *Locusta migratoria* befindet sich auf den Innenseiten des Trommelfells ein Ganglion, das vier Sensillengruppen mit kompliziert gebauten Skolopidien enthält, die mit verschiedenen Orientierungsrichtungen an Einfaltungen befestigt sind. Es sind insgesamt 70 bipolare Sinneszellen, wobei ein Sensillum jeweils eine Sinneszelle und 3 akzessorische Zellen umfaßt. Während der Reizung entstehen langsame Potentiale (keine Mikrofon-Potentiale) etwa 1,3 bis 2 ms nach Einsetzen des Schalles, die als Rezeptorpotentiale dann die fortgeleiteten Nervenimpulse auslösen. Der absolute Energiebedarf dieser Organe liegt über der des Wirbeltier-Ohres. Die symmetrisch angeordneten Hörorgane können als richtungsabhängige Druckgradienten-Empfänger arbeiten und damit die Einfallsrichtung des Schalles bestimmen; bei der Wanderheuschrecke können zwischen den beiden Organen bei seitlichem Schalleinfall Differenzen bis zu 20 dB auftreten. Es wurden auch zwei Neuronentypen gefunden, deren einer seine maximale Empfindlichkeit bei 6 bis 7 kHz, der andere bei über 10 kHz aufweisen. Auch Ableitungen vom Gehirn bestätigen, daß hier eine Klassifizierung zwischen „hohen" und „tieferen" Frequenzen möglich ist. Dies sind bisher die einzigen Hinweise, daß auch die Hörorgane der Arthropoden gewisse Frequenzparameter auswerten können. Manche Nachtschmetterlinge (Noctuidae) können Ultraschall-Laute der Fledermäuse (25 bis 30 kHz) bis zu Entfernungen von 32 bis 40 m empfangen und bereits 45 bis 50 msec danach mit Körperwendungen reagieren. Bei Florfliegen (*Chrysopa*) liegen die Tympanalorgane (als Bulla tympanica) an den Flügelbasen. Sie perzipieren Frequenzen bis zu 100 kHz.

Die atympanalen Hörorgane der Wasserwirbeltiere haben im allgemeinen eine relativ niedrige obere Hörgrenze. Bei den Haien wird sie mit etwa 150 Hz angegeben, bei den Knochenfischen bestehen Unterschiede zwischen den Arten mit Weberschen Knöchelchen (die zwischen Schwimmblase und Hörorgan vermitteln) und jenen ohne diese, bei denen die oberen Hörgrenzen tiefer liegen. Wolff fand sie bei dem Barsch (*Perca*) bei etwa 250 Hz, beim Kaulbarsch (*Acerina*) bei 500 Hz und beim Zander (*Lucioperca*) bei 800 Hz, während Elritzen (*Phoxinus*) mit Weberschen Knöchelchen noch bis zu 4645 bis 6950 Hz hören können und Characiniden noch bis 10 kHz. Nach Enger (1967) sind die akustischen Rezeptoren hier mehr als Empfänger für Teilchenbewegungen anzusehen (weniger für Schalldruck).

Druckempfänger sind jedoch die tympanalen Hörorgane der Landwirbeltiere. Der Ochensfrosch (*Rana catesbayana*) hat mehrere Empfindlichkeitsbereiche; sie liegen insgesamt zwischen 200 und 1500 Hz. Für andere Arten (*Rana clamitans*, *Rana pipiens*) wurden Hörbereiche zwischen 30 und 15000 Hz nachgewiesen. Ebenso wie bei den atympanalen Organen (auch den Seitenlinien) der Wirbeltiere treten bei den tympanalen Hörorganen reizsynchrone Entladungen (Mikrophon-Potentiale) auf, amplituden-modulierte Rezeptor-Potentiale. Bei Krokodilen ergab Ableitung von bestimmten Kerngebieten des Gehirns (medio-dorsaler Bereiche des Striatums) Latenzzeiten von 20 bis 60 ms als frühe Antwort auf den Schallreiz und 90 bis 140 ms als späte Antwort. Dabei ließ sich innerhalb des gesamten Empfindlichkeitsbereiches zwischen 100 und 4000 Hz für bestimmte Frequenzen erhöhte Empfindlichkeit nachweisen. Bei dem Gekko *Ptyodactylus* konnte der Hörbereich mit 100 bis 10000 Hz nachgewiesen werden, der bei der Schildkröte *Coleonyx* über Hörneuronen in der Medulla oblongata zwischen 100 und 17000 Hz, wobei die Neuronen auf der Hörbahn zunächst vorwiegend tonisch, dann mehr phasisch arbeiten. Die höchste Empfindlichkeit wurde zwischen 800 und 2000 Hz gefunden.

Für die Vögel besteht ebenfalls kein sicherer Nachweis für ein Hörvermögen im Ultraschallbereich. Die untere Hörgrenze entspricht im allgemeinen etwa jener des Menschen. Bei den meisten untersuchten Arten kann die höchste Empfindlichkeit zwischen 1000 und 4000 Hz nachgewiesen werden. Die Fähigkeit zur Frequenzunterscheidung, die generell bei Wirbeltieren gut entwickelt ist, liegt bei den Vögeln teilweise unter der des Menschen (z. B. Taube), bei manchen Arten entspricht sie dieser (Papageien).

Für die Informationsübertragung sind hier bereits gewisse äußere Strukturen wichtig, so gibt es Zusammenhänge zwischen Federgröße, Federstruktur und der Schallortung bei Eulen und Greifvögeln.

Bei den Säugetieren, für die SCHRIEVER (1967) eine umfassende Zusammenstellung geliefert hat, lassen sich für die äußeren Ohren folgende Hauptfunktionen angeben:

a) Sammeln des Schalles (Erhöhung des Schalldruckes und der Lautheit),
b) Verbesserung des Richtungshörens (Erzeugung der Richtcharakteristika), dazu Stellbewegungen der Ohren, beim Pferd über 17 Muskeln,
c) Mitwirkung bei der Echo-Orientierung (Fledermäuse, manche Insektenfresser und Tenrecidae),
d) Schutz des Ohreinganges (gegen mechanische, aber auch extreme akustische Reize),
e) Signalbewegungen (optische Informationsübertragung).

Die Ortung der Schallquelle kann über drei Parameter erfolgen:

a) Binauraler Intensitätsvergleich,
b) Binauraler Phasenvergleich,
c) Binauraler Zeitvergleich.

Die Informationsverarbeitung (Zusammenfassungen bei SCHWARTZKOPFF 1963, TEMBROCK 1965, SCHRIEVER 1967) gestattet die Auswertung der Frequenzen und Intensitätsänderungen, zeitlicher Musterbildung und auch komplexer akustischer Reizmuster, wobei wohl schon auf tiefen Stationen der Hörbahn Lautstärken differenziert werden, während die Frequenzabstimmung im Zwischenhirn (Thalamus: Corpus geniculatum mediale) das Maximum erreicht. Die Hörrinde schließlich analysiert Klangmuster; sie bildet „Erregungsgestalten" (LILLY), die sich reizabhängig ändern. Bei einer Katze verläuft die Hörschwellenkurve ähnlich der des Menschen, aber um 20 bis 30 dB tiefer; höchste Empfindlichkeit tritt hier bei 2 kHz (10^{-5} dyn/cm^2) und bei 8 kHz auf. Die obere Hörgrenze scheint bei 30 bis 60 kHz zu liegen. Hier einige ungefähre Werte für obere Hörgrenzen bei Säugetieren:

Hamster	ca.	14 kHz
Hausratte	„	19 „
Goldhamster	„	23 „
Siebenschläfer	„	30 „
Weiße Ratte	„	35 „
Meerschweinchen	„	40 „
Gartenschläfer	„	45 „
Rötelmaus	„	60 „
Wanderratte	„	70 „
Zwergmaus	„	70 „
Haselmaus	„	75 „
Hausmaus	„	90 „
Fledermaus (*Myotis*)	„	100 „
Delphin (*Tursiops*)	„	150 „

Die Leistungspotenzen der Rezeptor-Systeme bestimmen maßgeblich die Prinzipien der Schallemission. Die Mechanismen der Schall-Erzeugung lassen sich vielleicht auf drei Grundformen zurückführen:

a) Kontaktgeräusche (vermittels eines Substrates, das (1) körpereigen, (2) körperfremd sein kann),
b) Stridulationsmechanismen,
c) Schallemission mit Hilfe von schwingenden Membranen,
d) Schallemissionen mit Hilfe gerichtet bewegter (strömender) Medien, die (1) flüssig, (2) gasförmig sein können.

In der Stammesgeschichte leiten sich die Schall-Signale von Funktionsgeräuschen von Gebrauchssystemen ab. Sie können vorwiegend mechanisch bedingt sein, wie die Bewegungsgeräusche oder physiologisch (meist Stoffwechselgeräusche). Besonders die physiologischen Geräusche stehen vielfach im Zusammenhang mit bestimmten Statusformen (z. B. beschleunigte Atmung bei Einwirkung von Störgrößen usw.); so können sie leicht zu Signalen für diese eingesetzt und weiter entwickelt werden, wenn die Informationsübertragung etwa die Beseitigung der Störgröße (Hilfe durch Kommunikanten) fördert.

Kontaktgeräusche, Stridulationsmechanismen und Geräusche durch schwingende Membranen sind im wesentlichen von Bewegungsgeräuschen abzuleiten. Sie entstehen entweder durch den Kontakt mit dem Substrat oder durch Berührung des eigenen Körpers. Bekannte akustische Signalsysteme, die sich davon ableiten lassen, sind die Klopfbewegungen mit dem Körper (s. S. 144) oder mit Extremitäten auf der Unterlage, das Stampfen, Trommeln und ähnliche akustisch wirksame Bewegungen bei Landwirbeltieren, aber auch das Brusttrommeln der Menschenaffen (besonders Gorilla). Stridulationsmechanismen entstehen durch reibenden Kontakt von Körperstrukturen gegeneinander, wobei für die Geräuscherzeugung besonders härtere Substanzen in Betracht kommen: Knochen, Schuppen, Hautpanzer (Cuticularstrukturen), Zähne, seltener auch Federn und Haare (hier besonders die daraus hervorgegangenen Stacheln).

Alle diese Signalsysteme haben sich gemäß der hier skizzierten Ableitung vor allem bei den Tiergruppen entwickelt, die eine erhöhte Beweglichkeit aufweisen („Raumbeherrschung") und im Zusammenhang damit Extremitäten (und evtl. auch Flügel) entwickelt haben. Damit sind Kontakt- und Stridulationsgeräusche fast ausschließlich auf Articulaten und unter ihnen besonders auf Arthropoden beschränkt. Fast immer kombinieren sie sich mit entsprechenden Rezeptortypen, nur selten dienen sie ausschließlich dem Schutz, sind also gegen artfremde Individuen (Raubtiere) gerichtet.

So können beispielsweise Spinnen (bei jeweils verschiedenen Arten) mit den Pedipalpen oder mit dem Hinterkörper (Opisthosoma) auf dem Boden trommeln, und es sind in dieser Gruppe wenigstens 6 verschiedene Typen von Stridulationsorganen entwickelt.

Auch bei den Krebsen kennt man wenigstens 17 Familien, die Geräusche erzeugen können. So reibt bei der Languste (*Panulirus*) ein längsgefurchtes Polster (Pars stridens) am Basalglied des zweiten Fühlerpaares über eine Fläche des vorderen Rumpfpanzers (Carapax), die dann als Plektrum bezeichnet wird. Pars stridens und Plektrum bilden das Stridulationsorgan; oft reibt die Pars stridens kammartig über eine Kante (Plektrum). Bei einem anderen Krebs, *Justitia longimanus*, werden Geräusche erzeugt, deren Frequenzen zwischen 85 und 12000 Hz liegen (Maxima zwischen 100 und 4000 Hz). Fast unübersehbar ist die Fülle der Stridulationsorgane bei Insekten. Es gibt hier wohl kaum gegeneinander bewegliche Körperteile, zwischen denen nicht bei irgendwelchen Arten auch lauterzeugende Systeme ausgebildet wurden, obwohl sie in vielen Fällen anscheinend hier nicht der Kommunikation, sondern dem Schutz dienen. Wenigstens 23 verschiedene Typen von Stridulationsorganen sind bei dieser artenreichsten Tiergruppe beschrieben. Dazu kommen hier noch andere Begleitgeräusche der Bewegung, vor allem Fluggeräusche sowie Geräusche, die durch Zusammenwirken der Brustmuskulatur und den Skelettelementen des Thorax zustande kommen.

Auch bei Wirbeltieren kommen Stridulationsgeräusche vor. Knochenfische können durch Reiben von Schlundzähnen, durch Zähne oder Kiefer, durch andere Skelettelemente oder auch durch Flossen Geräusche erzeugen, die meist zwischen 50 und 8000 Hz liegen. Bisher ist von mindestens 30 Familien der Teleostei Geräuscherzeugung bekannt.

Unter den Landwirbeltieren gibt es vergleichbare Prinzipien der Geräuscherzeugung bei Reptilien, Vögeln und Säugetieren. Bei den Reptilien können Schuppen gegeneinander reiben; einen Sonderfall stellen die Schwanzrasseln der Klapperschlangen dar, die ebenfalls von Schuppen (Häutungsreste) gebildet werden, wobei nach vielen Häutungen bis zu 14 Elemente der „Rassel" entstehen können, die bei großen Arten (*Crotalus*) bis auf 30 m für den Menschen hörbar sein kann. Unter den Vögeln können gelegentlich Federn so angeordnet sein, daß sie gegeneinander reiben; Sonderfälle sind hier

Schallschwingen und andere Federbildungen (Bekassine!), die während des Fluges Geräusche hervorrufen können. Bei den Säugetieren schließlich werden Stachelbildungen nicht selten zur Geräuscherzeugung eingesetzt und sind bei manchen Stachelschweinen eigens zu differenzierten Hohlkörpern im Dienst dieser Funktion umgewandelt. Die Geräusche können denen mancher Klapperschlangen sehr ähnlich klingen.

Schwingende Membranen im Dienst der Geräuscherzeugung finden sich ebenfalls wieder bei Insekten und Wirbeltieren. Bei den Insekten sind sie als Tymbal-Organe ausgebildet; dabei wird die schwingungsfähige Membran als Tymbal bezeichnet. Sie ist gewöhnlich eine Umbildung der cuticulären Körperwand, der von innen her ein Tymbalmuskel ansitzt. Auf diese Weise erzeugen viele Zikaden die bekannten Geräusche. Bei Krebsen sind Fälle bekannt, bei denen durch Muskeln die Magenwand in hörbare Schwingungen versetzt werden kann. Ähnlich sind die Schwimmblasenmechanismen vieler Knochenfische, die entweder durch ihnen anliegende Muskeln die Blasenwand schwingen lassen, oder aber eigene „Trommelmuskel“ aufweisen, die unmittelbar der Wand der Schwimmblase aufsitzen.

Aus dem Trichter ausgestoßene Flüssigkeiten können vielleicht bei den Cephalopoden unter den Mollusken Geräusche hervorrufen; auch manche Insekten stoßen Drüsensekrete hörbar aus. Häufiger wird dann aber der Luftstrom in den Dienst der Lautgebung gestellt, und das gilt natürlich besonders für die Landwirbeltiere. Hier können mannigfache Differenzierungen auftreten, die eine Stimmgebung fördern. Zusammenfassende Darstellungen zu diesem vielseitigen Fragenkomplex aus jüngerer Zeit finden sich bei Busnel, Haskell, Thorpe, Armstrong, Tembrock, Paulsen, Lanyon und Tavolga, Tavolga, Tuxen.

Zahlreiche Hilfseinrichtungen (Luftsäcke, Knochenräume usw.) können neben den wesentlichen stimmgebenden Systemen (Larynx, bei den Vögeln: Syrinx) eine fast unübersehbare Vielfalt von Schallemissionen bedingen, deren Reichtum sich aus der hohen Leistungsfähigkeit der Empfangssysteme erklärt, die eben alle wesentlichen Parameter des Schalles auswerten können (höhere Wirbeltiere).

Die wesentlichen Ursachenkomplexe, die an der Ausgestaltung der Lautmuster mitwirken können, lassen sich wie folgt zusammenfassen:

1. Die Prinzipien von Bau und Funktionsweise der lauterzeugenden Systeme,
2. Bau und Leistungsprinzipien der Phono-Rezeptoren,
3. Bedeutung der Laute im Gesamtverhalten der Art (Hierarchie-Stellung im Kommunikationssystem und sonstigem Verhalten),
4. Physikalische Eigenschaften des Lebensraumes der Art, welche die Schallausbreitung, Schall-Leitung und Schallreflexion beeinflussen,
5. Abiotische Faktoren (Licht, Temperatur usw.),
6. Die allgemeine „Geräuschkulisse" des natürlichen Lebensraumes,
7. Die Beschränkung der Wirksamkeit anderer Kommunikationsmittel,
8. Grundprinzipien der Informationsverarbeitung im Rahmen der Kommunikation,
9. Status des Senders,
10. Prinzipien der Codierung (syntaktischer Aspekt),
11. Die zu übertragenden Informationen,
12. Phylogenetische und ontogenetische (= hologenetische) Vorgeschichte des Senders (bzw. Kommunikationssystems).

Die intensive Forschung in den letzten zwanzig Jahren auf diesem Gebiet (der Bioakustik) gestattet es, schon einige Grundzüge für die akustische Informationsübertragung darzulegen. Ausgenommen ist dabei die „Autokommunikation“ der akustischen Echo-Ortung, da hier Sender und Empfänger zusammenfallen. Diese Problematik ist unlängst umfassend in einem Tagungsbericht dargelegt worden (Busnel 1967).

11.2.2. *Syntax*

Die physikalischen Parameter, die als Zeichen bei der akustischen Informationsübertragung wirksam werden können, werden durch die Kriterien mechanischer Schwingungen bestimmt. Es sind:

Die Schwingungsdauer T,
die Anzahl der pro Sekunde vollführten Schwingungen (Frequenz)
$n = \frac{1}{T}$, wobei die Einheit der Frequenz (= Hertz, Hz) = 1 Schwingung/s festgelegt ist (englisch: cps = cycles per second),
die Amplitude als maximale Entfernung der Masse von der Mittellage,
die Wellenlänge $= \lambda$,
die Fortpflanzungsgeschwindigkeit $= c$.
Daraus ergibt sich: $n \cdot \lambda = c$.

Reine Sinusschwingungen werden als Ton bezeichnet, während gleichzeitige Schwingungen ein Tongemisch liefern, das durch die Frequenz, Amplitude und Phase der beteiligten Töne bestimmt wird. Stehen hierbei die Frequenzen der Teiltöne im Verhältnis ganzer Zahlen zueinander, werden die Teiltöne als harmonisch (Harmonische) bezeichnet. Ein Gemisch harmonischer Töne wird Klang genannt. Geräusche liegen vor, wenn im Schall nichtharmonische Frequenzen enthalten sind.

Aus den genannten Eigenschaften der Schallausbreitung ergibt sich die Schallintensität (auch „Schallstärke“ genannt). Sie wird durch eine zur Schallrichtung senkrechte Flächeneinheit hindurchtretende Energiemenge pro Zeiteinheit bezeichnet (Leistung/Fläche; Maße: $erg \cdot s^{-1} \cdot cm^{-2}$ oder $Watt \cdot cm^{-2}$), wobei in der Praxis gewöhnlich der Schalldruck, das ist die Amplitude der durch die Schallschwingung gegenüber dem normalen Luftdruck entstehenden Luftdruckschwankung, gemessen wird (Maß: Mikrobar $\mu bar = dyn \cdot cm^{-2}$). Die Skala der Schallintensitäten wird gewöhnlich in Dezibel (dB) angegeben, wobei der Nullpunkt mit dem Schalldruck von $2 \cdot 10^{-4}$ μb bzw. der Schallintensität von 10^{-16} $Watt \cdot cm^{-2}$ vereinbart wurde. Das entspricht der menschlichen Hörschwelle bei 1000 Hz.

Für die Informationsübertragung ergeben sich daraus folgende Parameter:

A) Strukturelle Parameter
   Frequenz
   a) Reiner Ton
   b) Tongemisch
   c) Änderungen der Frequenzanteile in der Zeit („Tonhöhebewegungen", Änderungen der Phasenbeziehungen usw.)

   Intensität
   a) Anstiegszeit bis zur vollen Intensität („Flankensteilheit")
   b) Gleichbleibende Intensität
   c) Wechselnde Intensität

B) Räumliche Parameter
   a) Richtungscharakteristika
   b) Beziehungen zu Raumstrukturen

C) Zeitliche Parameter
   a) Dauer der Schallemission
   b) Zeitliche Perioden- und Musterbildung
   c) Beziehungen zu Zeitgebern (kosmische Zeit)

Eine Syntax wird von diesen objektiven Parametern ausgehen müssen. Versuche einer Klassifizierung von Lautformen unter syntaktischen Aspekten sind bereits gelegentlich unternommen worden, obwohl die meisten älteren Darstellungen auch pragmatische Gesichtspunkte mit verwendet haben (z. B. Warnlaute, Stimmfühlungslaute usw.). Auf Grund der Objektivierbarkeit sollte zunächst stets eine reine Syntax vorgenommen werden, die dann im zweiten Untersuchungsschritt mit den funktionellen Gesichtspunkten korreliert werden kann.

Für Stridulationsgeräusche liegen mehrere Vorschläge vor, die teilweise subjektive Eigenschaften der Laute umschreiben („Triller" usw.), teilweise physikalische Größen und zeitliche Parameter einsetzen. Eine solche Einteilung wäre die folgende:

a) Elementarschwingungen: sie werden durch die Resonanzfrequenz der stridulierenden Organe selbst bedingt
b) Impulse (Pulse): Sie entstehen durch Phasenwechsel oder kleine Pausen
c) Silbe (Phrase): Sie ist eine Folge von Impulsen
d) Vers: Eine Folge von Silben
e) Strophe: Eine Folge von Versen, die sich durch größere Pausen von der nächsten Versgruppe absondern
f) Strophenfolge: Eine Folge von Strophen („Gesang")

Leroy (1964) hat auf Grund ihrer Untersuchungen an Grillen eine etwas andere Nomenklatur zur syntaktischen Kennzeichnung der Lautäußerungen vorgeschlagen. Danach werden unterschieden:

a) Elementarschwingungen
b) Phonatom (entspricht den Impulsen, setzt sich aus Elementarschwingungen zusammen; bei Grillen: die einmalige Streichbewegung der Pars stridens über das Plektrum)
c) Rhythmische Einheiten (eine homogene Gruppe untereinander gleicher Phonatome)

d) Motiv (bildet eine strukturelle Einheit)
e) Kadenz (wird bestimmt durch die Anzahl der Laut-Einheiten während einer gegebenen Zeit; z. B. Motiv-Kadenz entspricht der Anzahl der in einer Minute geäußerten Motive; entspechend Phonatom-Kadenz = Folge der Phonatome in einer Sekunde)

Eine andersartige Klassifikation der Schallemission bei Grillen gibt ALEXANDER (1962):

I. Reversible Muster (beim Rückspielen unverändert)

A) Triller (ungruppierte Pulsfolgen oder lange Gruppen von Pulsen)

1. Irregulär unterbrochen
2. Regelmäßig unterbrochen
3. Ununterbrochen (hier noch weitere Unterteilungen nach Intensitätsverteilung in der Zeit)

B) Zirpgeräusche (kurze Gruppen von Puls-Sequenzen)

1. kurz (2 bis 3 Pulse, 300 bis 900/min)
2. intermediär (3 bis 7 Pulse, 100 bis 300/min)
3. lang (6 bis 15 Pulse, 50 bis 200/min)

C) Zirp-Gruppen

D) Kombinationen von Trillern und Zirplauten

II. Irreversible Muster (beim Rückspielen ganz anders)

E) Triller mit graduellem Wechsel der Puls-Folge und -Intensität

1. Zunehmende Anzahl und Intensität
2. Abnehmende Anzahl und Intensität
3. Kombinationen beider

F) Gruppen von Trillern, bei denen nur der letzte Wechsel aufweist

G) Leise, geräuschhafte Phrasen (nochmals in 5 Gruppen unterteilt),

Für die Wirbeltiere kann folgende Einteilung vorgenommen werden:

1. Kurzlaute
   a) ohne Intensitätswechsel
   b) mit Intensitätswechsel
   c) ohne Frequenzänderungen
   d) mit Frequenzänderungen
   e) mehrsilbig
   f) mit extrem verkürzter Anstiegszeit bei hoher Intensität („Explosivlaute")

2. Langlaute (über etwa 0,5 s)
   a) ohne Intensitätswechsel
   b) mit Intensitätswechsel
   c) ohne Frequenzänderungen
   d) mit Frequenzänderungen
   e) mehrsilbig

3. Lautfolgen
   a) Kurzfolgen (bis etwa 6 bis 7 Laute)
      I. homotyp (Laute = Elemente untereinander gleich)
      II. heterotyp (Laute = Elemente untereinander verschieden)
      III. arhythmisch (Intervalle wechselnd)
      IV. rhythmisch (Intervalle etwa gleich)
      V. Phrase (Zeitstruktur aus Elementen innerhalb von Strophen)
      VI. Strophe (aus Elementen und/oder Phrasen als Zeitstruktur zusammengesetzt)
      VII. Strophenfolge („Gesang")
   b) Lautfolgen (mehr als etwa 7 Laute)
      I. homotyp
      II. heterotyp
      III. arhythmisch
      IV. rhythmisch
      V. strophig

4. Mischlaute
   a) mit wechselnden Intensitäten der Anteile
   b) mit typischen Intensitäten der Anteile
5. Duette (Kombination der Lautäußerungen von zwei Individuen)
6. Chorlautäußerungen (Kombination der Lautäußerungen von mehr als zwei Individuen)

Im einzelnen können diese Lauttypen in mannigfachen Kombinationen auftreten, so daß vielfach aufwendige Analysen zur Syntax komplexer Lautmuster erforderlich sind (s. S. 42).

11.2.3. Pragmatik

Im Rahmen der zahlreichen Untersuchungen zur Lautgebung und akustischen Informationsübertragung liegen aus den letzten Jahren auch verschiedene Versuche vor, nach pragmatischen Gesichtspunkten zu klassifizieren. Viele dieser Ansätze werden durch spezielle Aspekte des jeweiligen Materials bestimmt. Im folgenden sollen hierfür zunächst einige Beispiele gegeben werden, ehe versucht wird, gewisse Prinzipien herauszustellen.

ANDREW (1962) hat aus seinen Primaten-Untersuchungen folgende prinzipielle Situationen zusammengestellt, die Lautgebung auslösen können:

1. Wahrnehmung eines erwünschten Objektes,
2. Begegnung mit Sozial-Partnern (von denen kein Angriff erwartet wird) nach Trennung (bei Kindern: Suche nach der Milchquelle),
3. beim Spiel mit einem Kumpan, auch beim Gekitzeltwerden; Annäherung des Weibchens zur Kopulation; Versuch der Mutter, das Kind zu erreichen,
4. Kontakt-Verlust mit der sozialen Gruppe; Versuch, ein stark angestrebtes Objekt zu erreichen,

5. Beim Gejagt- oder Ergriffen-werden durch einen „Ranghohen", bei Kindern Verlust des körperlichen Kontaktes.

Winter, Ploog und Latta (1966) konnten bei dem Totenkopfäffchen (*Saimiri sciureus*) 26 verschiedene Lautformen nachweisen, die sich in sechs Gruppen unterteilten, von denen fünf funktionell gekennzeichnet wurden (Abb. 32):

1. „Hohe" Erregung,
2. Gerichtete Aggression,
3. Allgemeine Aggression,
4. Distanz,
5. Kontakt,
6. Mischlaute.

Für den ebenfalls in Südamerika beheimateten *Callithrix jacchus* (Pinseläffchen) wies Epple-Hösbacher fünf relativ invariable und ausgesprochen funktionsspezifische Lautformen nach, die nach ihren Angaben etwa wie folgt unterteilt werden können:

1. Stimmfühlungslaute, bei engem Kontakt der Gruppenmitglieder kurz und leise; sie werden mit steigendem Kontaktverlust länger, lauter und z. T. rhythmisiert,

→

Abb. 32. Schematische Darstellung der fünf prinzipiellen Lautgruppen vom Totenkopfäffchen (*Saimiri sciureus*): I a) „Quietschlaute" bei Isolation, b) „Piepen", c) „Alarm-Quietschen", d) „Spiel-Quietschen", e) „Quieken", alles „Quietschlaute" in Kontakt-Situationen; IIa) „Zwitscherlaut", b) „Triller", c) „Zwitschern", d) „Glucken", die zwitschernden Laute dieser Gruppe, die alle untereinander Strukturähnlichkeiten zeigen, gehören in Distanz-Situation; IIIa) „Gackerlaut", b) „Gackern", c) „Kläffen" diese Laute werden als „Ha-Rufe" zusammengefaßt und sind generell aggressiv; IVa) „Arr-Laute", b) Fauchen, c) „Err-Laute", d) „Churr-Laute", e) „Grunzen", f) „Purr-Laute", diese Laute der „Arr-Rufe" sind direkt mit Aggression verbunden; Va) „Kreischen", b) „Chomping", diese Rufe werden in hoher Erregung geäußert (Gruppe der „Schreie"). Die Sonagramme lassen für die einzelnen pragmatisch geordneten Klassen Strukturverwandtschaft erkennen (aus Ploog 1967).

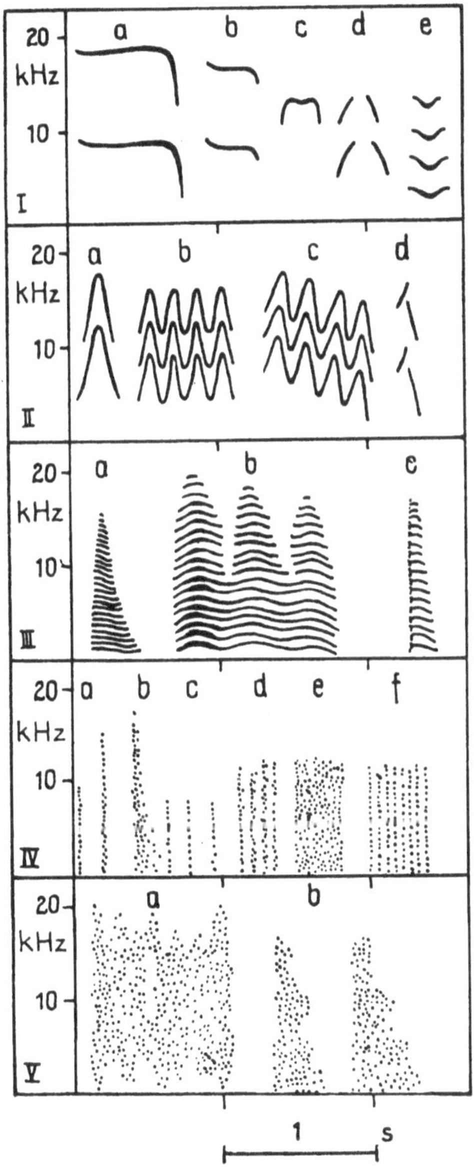

Abb. 32.

2. „Demutslaute“, vom unterlegenen Tier bei Annäherung Ranghoher geäußert,
3. „Wutkeckern“, bei Rangstreitigkeiten und „Futterneid“,
4. „Haßrufe“, kurze und scharfe „tsick-tsick“-Laute, durch „angsterregende“ Erscheinungen ausgelöst,
5. Warnlaute, bei plötzlich auftauchenden Boden- und Luftfeinden.

Itani (1963) hat das Lautmaterial vom *Macaca fuscata* unter folgenden Gesichtspunkten untersucht:

a) Fundamentale Einteilung nach den „emotionalen Obertönen“ in den Lauten,
b) Einteilung nach dem Alter der Tiere,
c) Einteilung der Laute nach bestimmten physiologigischen Bedingungen, denen sie zugeordnet sind,
d) Neuordnung der so abgeleiteten Einteilungen nach der Ähnlichkeit der Laute selbst.

Daraus leitet er dann die weitere Klassifikation ab:

1. Generelle Einteilung nach den „emotionalen Obertönen“ in den Lauten,
2. Einteilung nach dem Alter,
3. Einteilung der Laute, die bestimmten physiologischen oder psychologischen Bedingungen zugeordnet sind,
4. Neuordnung der so abgeleiteten Gruppen nach der Ähnlichkeit der Laute selbst.

Daraus ergibt sich dann die endgültige Klassifikation:

1. Laute, die generell in „friedfertigem Status“ der Emotion geäußert werden,
2. Defensivlaute,
3. Aggressionslaute,
4. Warnlaute,
5. Spezifische Laute der Weibchen während des Östrus,
6. Spezifische Laute der Neugeborenen und der Jungen.

Daraus wird für *Macaca fuscata* diese Übersicht entworfen:

	Kommunikationstyp	
	Einer zu Vielen	Einer zu Einem
Starke Erregung	Bellen	Schreien
Schwache Erregung	Rufen	„Murren“

Bei der nahe verwandten Makaken-Art *Macaca irus* hat GOUSTARD (1963) wiederum ein anderes Einteilungsprinzip abgeleitet:

1. Lautäußerungen in Verbindung mit dem täglichen Aktivitätszyklus,
2. Lautäußerungen in Verbindung mit einem Reiz außerhalb der Gruppe,
3. Lautäußerungen bei Unterdrückung oder Abwesenheit eines ungewöhnlichen Reizes (bei „Zufriedenheit“).

Im einzelnen unterscheidet GOUSTARD Laute in Verbindung mit der Dominanz sowie „Appelle“ bei erwachsenen Tieren und setzt sie in Verbindung mit dem Klangcharakter. Damit schließt er sich dem Vorschlag von ROWELL und HINDE (1962) an, die zwischen „musikalischen“ und „nicht musikalischen“ Lauten unterscheiden und die Schreie dem letzten Typ zuordnen. Die Appelle werden dagegen vornehmlich als „musikalische“ Lautformen bestimmt. Die sehr gründlichen Untersuchungen von STRUHSAKER (1967) an Meerkatzen (*Cercopithecus aethiops*) führten zu einer Einteilung nach folgenden Gesichtspunkten:

1. Reiz-Situation,
2. Laut-Kennzeichnung,
3. Alter und Geschlecht des Senders (Expedient),
4. Vermuteter Inhalt der Nachricht,
5. Mögliche Reaktionen der Empfänger (Perzipient).

Es war ihm möglich, 21 lautspezifische Situationen zu bestimmen.

Die Untersuchungen von Bartholomew und Collias (1962) am nördlichen See-Elefanten (*Mirounga angustirostris*) ergaben zwei Haupttypen von Lautformen unter pragmatischen Gesichtspunkten:

1. Attraktiv-Laute,
2. Drohlaute (Defensivlaute).

Die Attraktivlaute erwiesen sich als hoch oder variabel in der Frequenz und nicht aus Einzelimpulsen zusammengesetzt mit ausgeprägt harmonischer Struktur (Klangcharakter). Die Drohlaute dagegen weisen Kontrastreize auf: Sie sind hochgradig aus Impulsen zusammengesetzt, tief und ohne Tonhöhewechsel, rauh und auch ohne typische Harmonische. Zudem ließ sich eine positive Korrelation zwischen der Intervall-Länge (zwischen den Impulsen) und der Körpergröße nachweisen. Das hier sehr ausgeprägte Prinzip des Reizkontrastes zwischen Lautformen gegensätzlicher Funktion wurde von Andrew (1962) untersucht und konnte auch von Schusterman und Schmook (1966) im Zusammenhang mit Untersuchungen an Unterwasserlauten bei Seelöwen (*Zalophus*) bestätigt werden. Hier treten zwei scharf unterschiedene Lautformen auf: das Bellen und die „Klicks". Sie werden auf einen unterschiedlichen Arousal-Status („Wachheitsgrad", vornehmlich in der Formatio reticularis im Hirnstamm gesteuert) zurückgeführt, wobei das Bellen den höheren Vigilanzgrad ausdrückt. Diese Lautäußerung ist ja bei den Seelöwen (Männchen) auch auf Land typisch und hat hier Territorial-Funktionen, den Dominanzstatus des Männchens anzeigend. Kleinere Männchen werden dadurch nachweislich in ihrer motorischen Aktivität sowie den Lautäußerungen gehemmt. Angriffe und Bellen sind zumeist gegen die nächstgroßen Männchen gerichtet.

Tembrock (1967) schließt aus seinen Untersuchungen an verschiedenen Säugetieren auf folgende drei Grundprinzipien der akustischen Informationsübertragung:

1. Phonationen auf der Grundlage von Verhaltenstendenzen („Stimmungen"),
2. Mischlaute auf der Grundlage von mehreren (gewöhnlich zwei) Verhaltenstendenzen (Motivationsüberlagerungen),
3. Phonationen in Verbindung mit situationsspezifischen Verhaltensformen.

Im Zusammenhang mit den allgemeinen System-Eigenschaften der Kommunikation (s. S. 49) lassen sich für die akustische Kommunikation diese Zusammenhänge ableiten:

A) Nahfeld (permanente Kommunikation) (latente und aktuelle Informationsübertragung)
Kontaktlaute
„Behaglichkeitslaute"
Spiellaute
Warnlaute (= Störungslaute)
Alarmlaute
Defensivlaute
Distress-calls („Notrufe")
Dominanzlaute
Unterwerfungslaute (und Zwischenstufen)
Fortpflanzungs-Kommunikationslaute
Stoffwechsel-Kommunikationslaute

B) Übergangsfeld
Distanz-Defensivlaute
Territoriallaute

C) Distanzfeld (temporäre Kommunikation) (aktuelle Informationsübertragung)
Affine Distanzlaute („Ruflaute")
Alarmlaute

Im Kommunikations-System kann der funktionelle Aspekt auf zwei Wegen wirksam werden:

a) Auf der Grundlage verschiedener Lauttypen,
b) Durch Veränderung einer Lautform.

Beide Prinzipien können kombiniert auftreten, so daß etwa im Status der Unterwerfung zwar verschiedene Lauttypen eingesetzt, alle aber nach einem bestimmten Prinzip (Frequenzverschiebung) abgewandelt werden.

Aus den Untersuchungen von HINDE (1962) am Rhesus (*Macaca mulatta*) im Systembezug Dominanz — Unterwerfung (der reversibel in Defensivverhalten übergehen kann) lassen sich folgende Zusammenhänge ableiten:

1. Starkes Überwiegen tiefer Frequenzen bei dem ranghohen und angriffsbereiten Tier,
2. Breites Frequenzspektrum mit höchster Amplitude beim Lauteinsatz im Defensivverhalten, dabei Wiederholungstendenz, solange der Systembezug gegeben ist,
3. Überwiegen hoher Frequenzen (mit Tendenz zur Zeitdehnung) bei unterlegenem Status; bei völlig erschöpftem und unterlegenem Tier extrem hohe Frequenzen (über 4 kHz).

Auch aus den Befunden von STRUHSAKER (1967) an *Cercopithecus aethiops* lassen sich zahlreiche Zusammenhänge zwischen Lautstruktur und Situationsbezug ableiten. Das Keckern gehört in das soziale Übergangsfeld als Defensivstatus, der auch ins Nahfeld übergehen kann. Es sind Stoßlaute mit kurzer Anstiegszeit und breitem Frequenzspektrum (Geräuschcharakter). Nur ranghohe Tiere zeigen dieses Verhalten. So ist den Lauten noch ein tiefer Frequenzanteil unterlagert (Mischlaute), der bei Lauten innerhalb der Gruppen in verschiedenen Situationen (auch Aggression) bei den ranghohen Tieren stets enthalten ist.

Ein sehr schmales Frequenzband, das von 2 kHz schnell auf 8 kHz ansteigt und am Schluß des Langlautes dann wieder abfällt, zeigen die sogenannten „Quieklaute“ dieser Meerkatze. Sie treten in verschiedenen Situationen auf, die aber alle im Kommunikationsfeld eine Gemeinsamkeit haben, sie sind affine Distanzlaute (soziale Isolation).

Generell lassen sich nach den gegenwärtigen Untersuchungen folgende Trends der Phonationsprinzipien in Anhängigkeit von der Systemlage erkennen:

1. Im Nahfeld dominieren im Bereich der Stimmfühlung bzw. im „entspannten Feld“ (Spiel, „Behaglichkeit“ = kein unbefriedigtes Triebbedürfnis) Kurzlaute, die wiederholt werden und (bezogen auf das artspezifische Spektrum) mittlere Frequenzen aufweisen (hier wäre wohl die stammesgeschichtliche Wurzel der menschlichen sprachlichen Kommunikation zu suchen).
2. Tiefe Frequenzen überwiegen im Status der Dominanz bei agonistischem Verhalten sowie beim Warnstatus. Im letzten Fall ist ein anderes Individuum eine Störgröße durch Unterschreiten einer kritischen Distanz; es ist wohl vornehmlich dem Ruhesyndrom zugeordnet und wird von anderen Lauten überlagert oder schließlich ersetzt, wenn der Effekt nicht erreicht wird.
3. Defensivlaute, die aus Warnlauten hervorgehen können (diffuge Systemlage), sind kurz, setzen mit starker Amplitude ein und haben ein breites Frequenzspektrum; alles Eigenschaften, die Adaptationen des Perzipienten erschweren und distanzvergrößernd (diffug) wirken.
4. Unterwerfungslaute, die sowohl aus Defensiv- wie Warnlauten hervorgehen können, haben hohe Frequenzen, oft Tonhöhewechsel und zeigen Tendenzen zur zeitlichen Dehnung. Sie sind wie die Defensivlaute unidirektional.
5. Ruflaute im Distanzfeld (affine Systemlage) zeigen ebenfalls hohe Frequenzen und zeitliche Dehnung (vgl. Tembrock 1969).

Thorpe (1961) hat vorgeschlagen, bei den Vögeln funktionell folgende Rufformen zu unterscheiden:

1. Rufe des Wohlbefindens,
2. Bettellaute bei Nesthockern,

3. Revierverteidigungsrufe,
4. Störungsrufe,
5. Fluchtrufe,
6. Futterrufe,
7. Nestrufe,
8. Schwarmrufe,
9. Angriffsrufe,
10. Allgemeine Alarmrufe,
11. Spezialisierte Alarmrufe (Bodenfeind, Luftfeind usw.).

Für die Arthropoden hat ALEXANDER (1967) auf Grund der vorliegenden Untersuchungen die Funktionen der akustischen Signale in folgende Typen unterteilt:

1. Störung und Alarm (Feind-Abwehr und konspezifische Alarmsignale),
2. Ruf-Signale (Paar-Bildung, Aggregation) („Phonationsrespondieren"),
3. Aggressive Signale (Rivalen-Trennung, Dominanz-Errichtung),
4. Balz-Signale (Bahnung und zeitliche Festlegung der Begattung),
5. Balz-Unterbrechungs-Signale,
6. Kopulations-Signale,
7. Nach- und Zwischenkopulations-Signale (Paar-Erhaltung),
8. Erkennungs-Signale (Aufrechterhaltung von Paaren oder Familien, beschränkt auf subsoziale und soziale Arten),
9. Futter- und Nestplatz weisende Signale (begrenzt auf soziale Arten).

In Anlehnung an ALEXANDER (1960) kann noch ein anderer pragmatischer Aspekt für die Klassifizierung von Lautäußerungen herangezogen werden:

A) Reaktive Lautäußerungen

a) der Kommunikation dienend
b) Abwehrlaute (Störlaute, Alarmlaute)

B) Spontanlaute

a) affin, also distanzvermindernd
    1. Solitärlaute (von einem Tier geäußert)
    2. Gruppenlaute
b) diffug, also distanzvergrößernd (Aggression, agonistisches Verhalten)

Wir wollen für die folgende Darstellung das Kommunikations-System (s. S. 49) zugrunde legen und hierfür im Zusammenhang mit der akustischen Kommunikation einige Beispiele erörtern.

A) Nahfeld

Hier liegt eine latente Kommunikation vor, die allerdings auch über nicht-akustische Kanäle gehen kann, in der dann von Fall zu Fall aktuelle Kommunikation eingesetzt wird. Die Kontaktlaute werden in der Literatur im allgemeinen als „Stimmfühlungslaute“ bezeichnet. Viele in Gruppen lebende Tierarten verfügen über diese Laute, die besonders auch bei der Fortpflanzung und Jungenaufzucht eingesetzt werden können, z. B. von Hühnerkücken fortgesetzt geäußert werden. BERMANT (1963) hat an Kücken unter diesem Gesichtspunkt genaue Untersuchungen durchgeführt. Sie ergaben, daß Kücken die typischen „Stimmfühlungsrufe“ (hier „soft calls“ genannt) nur in 5,4% bei völliger Isolierung äußern, dagegen in 40,5%, wenn akustische Kommunikation mit einer Henne ohne optische gegeben war und in 97,5%, wenn volle Kommunikation möglich war. Ähnlich ist es auch unter den Säugetieren bei Arten, die vergesellschaftet in Lebensräumen wohnen, die sichtbehindernde Strukturen aufweisen. So hört man diese Laute bei den Mangusten (*Crossarchus*) und verwandten Arten (*Suricata*) während der Aktivität dieser Tiere ständig. Sie sind hier kennzeichnende Kurzlaute. Sie können multidirektional, unidirektional (z. B. auf die Mutter gerichtet) oder bidirektional sein.

„Behaglichkeitslaute“ haben wohl autokommunikativen Charakter, werden spontan geäußert und sind auf keinen Adressaten gerichtet; sie sind bislang nicht planmäßig untersucht und haben wohl als Status Beziehungen zu den Spiellauten, die insofern besser definierbar sind, als sie eben im Spielverhalten auftreten; daher ist in diesem Falle Voraussetzung, daß es möglich ist, dieses Verhalten eindeutig zu kennzeichnen. Auch diese Lautformen sind noch wenig exakt untersucht, ihr kommunikativer Charakter ist unklar.

Warnlaute sind hier definiert als Lautformen im Nahfeld einer schon bestehenden Kommunikation, wenn ein Partner im gegebenen Augenblick zu einer Störgröße wird. Sie sind daher besonders dem Status der Ruhe zugeordnet, bei dem ja am häufigsten diese Situation auftreten kann, vor allem auch durch zufällige Annäherung auf Grund der minimalen Signalabgabe des ruhenden Tieres. Typisch sind in diesem Kontakt langanhaltende geräuschhafte Schallemissionen, wie Zischen, Fauchen oder Knurren und ähnliche Geräusche. Sie können leicht in die folgende Klasse von Lauten übergehen, wenn räumlich oder/und zeitlich bestimmte Werte überschritten werden (die vorgegebene Wirkung also nicht erreicht wird). Neurophysiologische Untersuchungen an Katzen weisen auf eine Beziehung zur Formatio reticularis im Hirnstamm und damit zum Wachheitsstatus hin. Diese Laute sind oft „rauh“, bei der Streifenhyäne (*Hyaena hyaena*) mit etwa 80 Impulsen/s bei einer Trägerfrequenz von etwa 1 kHz, die bei Intensitätszunahme des Verhaltens („höhere Erregung“) bis fast 2 kHz ansteigen kann.

Bei vielen Insekten wird die Stridulation (gewissermaßen das Analogon zum „Knurren“) ebenfalls als Störungslaut aufgefaßt, hier vornehmlich auch gegen artfremde Feinde gerichtet. Doch gibt es zur Zeit wenig

Versuche, die speziell für die Störungssignale eindeutige Funktionen nachweisen. Diese plötzlich mit relativ hoher Intensität geäußerten Geräusche (z. B. Zikaden) werden gewöhnlich dahin gedeutet, daß mögliche Verfolger dadurch irritiert werden, und damit die Fluchtchance des Senders erhöht wird. Damit stehen solche Laute schon den Defensivlauten nahe. Eine zweite Möglichkeit ist jedoch, daß durch diese Laute Artgenossen alarmiert werden, damit ergeben sich Übergänge zu den Alarmlauten.

Außer den Untersuchungen an Termiten (Howse, s. S. 142), deren Alarmsignale bei etwa 1000 Hz liegen, und die in Schüben von etwa 2 bis 8 Pulsen etwa 24mal in der Sekunde (bei 20 bis 21 °C) geäußert werden, hat Markl (1967, 1968) an Blattschneiderameisen (*Atta cephalotes*, *Acromyrmex octospinosa*) eingehende Untersuchungen über die Stridulation durchgeführt, die hier ebenfalls Alarmfunktion hat. Die Tiere stridulieren, wenn sie sich in einer Zwangslage befinden, aus der sie sich allein nicht befreien können, so etwa, wenn sie im Nest verschüttet werden. Andere Individuen (Arbeiterinnen) werden von der Stridulation angelockt, wenn sie diese als Bodenvibration perzipieren können. Die Substratschallkomponente hat ein Maximum zwischen 1 und 4 (bis 5) kHz, während der Luftschall ein breites Maximum zwischen 20 und 60 kHz aufweist.

Ein eigentümliches — funktionell noch nicht ganz klares — Verhalten zeigen schwärmende Honigbienen (Esch 1967). Schwirrläuferinnen vibrieren alle 0,5 bis 3 s mit den Flügeln (Frequenz: 180 bis 250); bei Kontakt mit einer Stockgenossin erzeugen sie ein Dauergeräusch, in dem die Frequenz auf 200 bis 500 Hz ansteigt und eine zweite Frequenz mit 4 bis 5 kHz auftritt. Bienen eines Volkes, das nicht in Schwarmbereitschaft ist, reagieren auf Abspielen dieser Geräusche mit einer „Stillhaltereaktion" (s. auch S. 141).

Bei Vögeln haben Luftfeind-Warnrufe gewisse übereinstimmende Eigenschaften (Marler 1956), die vor allem die Ortung des Senders erschweren, Artgenossen aber alarmieren können. Sie haben hohe Frequenzen, sind zeitlich gedehnt, doch ohne Unterbrechungen und weisen ein schmales Frequenzspektrum auf (Abb. 33). Anders verhält es sich mit dem Sondertyp des „Hassens" (owl-mobbing) auf Eulen und Greifvögel; sie haben ganz andere akustische Eigenschaften, sind kurz, unterbrochen und weisen ein breites Frequenzspektrum auf (Abb. 33). Alarmlaute sind allerdings häufig auch in das Distanzfeld hineingerichtet. Beide Systembezüge sind bei manchen Arten deutlich erkennbar. So hat der Rotfuchs (*Vulpes vulpes*) im Nahfeld das „geschlossene Bellen" als Warnlaut, ein Signal, das fast ohne Öffnung des Maules ausgestoßen wird, dumpf und leise klingt und nur auf geringe Entfernung hin hörbar ist. Die Altfüchse äußern es am Bau, wenn die Jungen sich vor dem Bau aufhalten; die Jungen reagieren darauf mit sofortiger Flucht in den Bau. Bei isoliert aufgezogenen Füchsen konnte dieselbe Reaktion nachgewiesen werden (TEMBROCK). Befinden sich die Altfüchse während der Nahrungssuche entfernt vom Bau, dann äußern sie in Alarmsituationen das „offene Bellen", das weithin hörbar ist und dem „Schrecken" des Rehes ähnlich klingt, das ja auch ein Alarmsignal darstellt. Funktionelle Konvergenz hat ähnlich wie bei Vögeln auch bei Säugetieren bei den Alarmsignalen zu immer wieder ähnlichen Lautformen geführt; so gibt es Bell-Laute bei Beuteltieren, Primaten, Carnivoren und Huftieren.

Die typischen Defensivlaute sind „keckernde" Lautfolgen oder Einzellaute („Explosivlaute") mit breitem Frequenzspektrum, kurz und mit steilem Anstiegswinkel auf die maximale Amplitude (TEMBROCK 1966). Oft sind sie mit vorstoßenden Bewegungen des Körpers verbunden oder Konturänderungen, die ähnliche raumzeitliche Parameter aufweisen wie die Laute.

Distress-calls werden im allgemeinen bei extremer physischer Bedrohung geäußert, wenn der Sender durch eigenes Verhalten sich aus der Situation nicht mehr be-

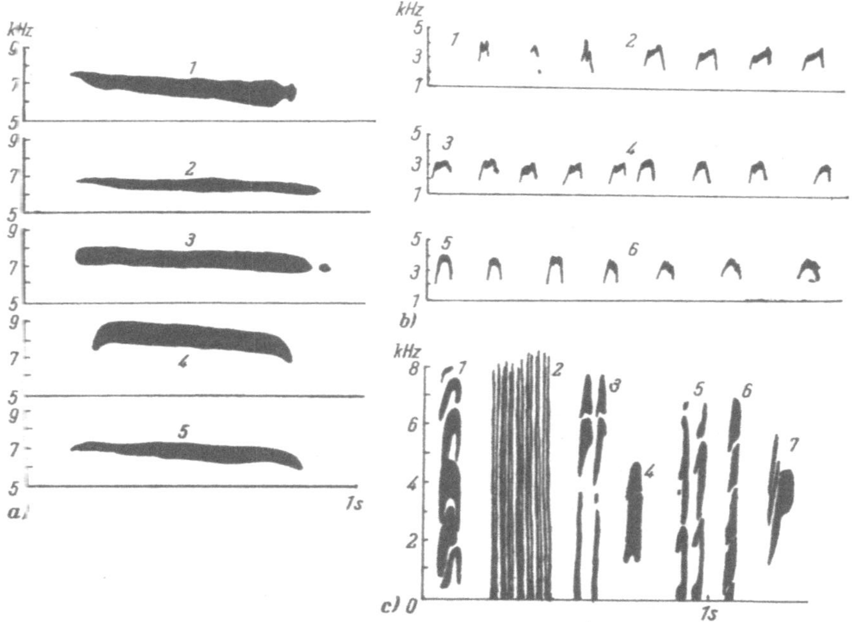

Abb. 33. a) Sonagramme von „Luftfeind-Alarmrufen“ (überfliegender Habicht) von (1) Rohrammer (*Emberiza schoeniclus*), (2) Amsel (*Turdus merula*), (3) Kohlmeise (*Parus major*), (4) Blaumeise (*Parus caeruleus*), (5) Buchfink (*Fringilla coelebs*); b) Distress-Calls (Notrufe) von 6 Gänse-Arten (Junge, 1 Tag alt), die Ähnlichkeit zwischen den Rufen zeigend: (1) *Branta nigricans*, (2) *Branta sandvicensis*, (3) *Anser* (*Eulabeia*) *indica*, (4) *Chen caerulescens*, (5) *Chen rossii*, (6) *Cygnopsis cygnoides*; c) Alarmrufe verschiedener Vögel, durch eine Eule ausgelöst („Owl-Mobbing“): (1) Amsel (*Turdus merula*), (2) Misteldrossel (*Turdus viscivorus*), (3) Rotkehlchen (*Erithacus rubecula*), (4) Gartengrasmücke (*Sylvia borin*), (5) Zaunkönig (*Troglodytes troglodytes*), (6) Schwarzkehlchen (*Saxicola torquata*), (7) Buchfink (*Fringilla coelebs*) (kombiniert nach MARLER 1959 und KEAR 1966 aus HOOKER 1968).

freien kann und lebensgefährdet ist. Daher kann man sie pragmatisch auch als „Notrufe“ bezeichnen, gelegentlich sind sie auch in der Literatur „Angstlaute“ genannt worden. Auch hier lassen sich gewisse übereinstimmende Eigenschaften nachweisen (Abb. 33). Zu den Kennzeichen gehören extreme Lautstärke und ein meist breites Frequenzspektrum mit starken hohen Anteilen, die weit in den Ultraschall hineinreichen können.

Der Komplex der Dominanz-Unterwerfungs-Laute wurde bereits kurz angesprochen (S. 171). Hier kann sowohl ein spezifisches akustisches Signalsystem bestehen als auch ein Einsatz von verschiedenen Lauttypen aus speziellen Systemlagen, die dann durch bestimmte Änderungen Dominanz oder Unterwerfung signalisieren.

Da dieser Verhaltensbezug letztlich dem agonistischen Verhalten zuzurechnen ist, das durch Sozialstrukturen in eine Hierarchie („Rangordnung“) überführt wird, sind es vor allem natürlich Aggressions- und Defensivlaute, die hier eingesetzt werden. Bei Grillen stridulieren bei Begegnung zwischen zwei Männchen die überlegenen Individuen häufiger als die unterlegenen, die nach dem Kampf durch große Zirppausen den veränderten Status anzeigen. Wird einem Männchen aggressives Zirpen vorgespielt (bei gleichzeitigem Antennenkontakt), beginnt es sofort mit entsprechendem Aggressions-Zirpen. Wird ein Grillenmännchen auf experimentellem Wege wiederholt zur Unterlegenheit gebracht, kann es auch den Dominanzstatus gegenüber einem bis dahin unterlegenen Männchen einbüßen (Alexander 1969).

Durch Motivationsüberlagerungen können im agonistischen Kontext häufig Mischlaute auftreten (Tembrock 1963 und 1969). Unterwerfungslaute sind durch hohe Frequenzen gekennzeichnet (bei Vögeln und Säugetieren). Dabei werden vielfach infantile Lautmuster (z. B. Bettellaute) eingebaut, zumindest aber die Frequenzen arteigener Jungenlaute. Diese wirken aggressionshemmend. Sie könnten daher analog zu bestimmten visuellen Signalen, die Lorenz „Hemmkleider“ nennt, als „Hemmlaute" bezeichnet werden. Sie werden auch oft von Weibchen bei der Paarung eingesetzt. Die Korrelationen zwischen Frequenz, Intensität und Systemlage werden vielfach mit dem nicht eindeutig definierbaren Begriff der Emotion in Zusammenhang gebracht (neueste Übersicht hierzu: GLASS (Edit.) 1967). OSTWALD (1961) hat versucht, Lautäußerungen im Zusammenhang mit emotionalen Störungen beim Menschen zu analysieren (Zusammenfassung: TROJAN 1969). GRÜNEWALD (1957) legte die Typen-Einteilung von KRETSCHMAR zugrunde und fand bei „Athletikern" die höchste Intensität bei 71 bis 80 dB, bei den „Leptosomen" Hauptgipfel bei 81 bis 90 dB, einen Nebengipfel zwischen 121 und 130 dB und bei den „Pyknikern" den Hauptgipfel bei 91 bis 100 dB und einen Nebengipfel bei 101 bis 110 dB.

Die Kommunikationslaute der Fortpflanzung können im einzelnen verschiedene Funktionen haben:

a) Rufsignale (dann gehören sie in das Distanzfeld),
b) Territorialsignale (Übergangsfeld),
c) Balzsignale,
d) Kopulationssignale,
e) Identifizierungssignale,
f) Pflegesignale.

Nur die drei letztgenannten gehören in das eigentliche Nahfeld. Dabei dienen die Identifizierungssignale der Paarbildung sowie Partnerbindung und damit zugleich der sexuellen Isolation. Sie können dadurch zu entscheidenden Faktoren für die Genverteilung innerhalb von Populationen werden, da sie zur Auslese bestimmter Fortpflanzungspartner führen und Bastardierungen zwischen Unterarten (und Arten) verhindern können. Die Abbildung 34 zeigt Lautmuster einheimischer Feldheuschrekken (*Chorthippus*), die im gleichen Lebensraum auftreten können. Auch bei Grillen hat sich nachweisen lassen, daß Arten im gleichen Verbreitungsgebiet (sympatrische Arten) sich eindeutig durch ihre Lautmuster (Balzlaute) unterscheiden, während Arten, die in verschiedenen Gebieten leben (allopatrisch), mitunter fast identische Muster aufweisen (ALEXANDER 1967). Bei Kleinzikaden hat STRÜBING (1965) Identifizierungssignale, die Artbastardierung verhindern, auch bei Weibchen nachweisen können. Ähnliche Befunde liegen bei verschiedenen Amphibien vor (BLAIR 1968).

Bei den verschiedensten Tierarten weisen zahlreiche Versuche auf die Funktion der Identifizierung hin (Zusammenfassung: SEBEOK et al. 1969). Nach TAVOLGA haben bei dem Fisch *Bathygobius soporator* bestimmte Laute des Männchens, deren Frequenz zwischen 100 und 500 Hz liegt und die im Mittel 150 bis 350 msec dauern, deutliche Wirkungen auf das Verhalten der Weibchen. Die maximale Intensität dieser Laute beträgt in 20 cm Entfernung etwa 10^{-3} μbar. Die Häufigkeit der Laute ist positiv mit der Motivationslage des Männchens korreliert. Über Hormon-Applikationen kann bei den Männchen dabei eine Stimulation der Lautgebung erzielt werden. Interessant sind in diesem Zusammenhang die Befunde von SCHMIDT (1966) an Laubfröschen. Hier konnten Weibchen zu Paarungsrufen veranlaßt werden, nachdem sie ovarialektomiert und ihnen Testes implantiert sowie Epiphysen-Extrakte injiziert worden waren. Eindeutige Attrappenversuche haben MARTOF und THOMPSON durchgeführt. Geschlechtsreife Weibchen von *Pseudacris nigrita* suchten eine Schallquelle auf, von welcher der männliche Paarungsruf abgestrahlt wurde. Auch bei Reptilien (Gekkonen) und Vögeln liegen zahlreiche Hinweise dieserart vor, weniger dagegen von Säugetieren, bei denen zumeist noch andere Kommunikationskanäle an

→

Abb. 34. Oszillogramme von Arten der Feldheuschrecken-Gattung *Chorthippus*, deren Stridulations-Geräusche an zwei Biotopen aufgenommen wurden, *a*–*e* in einer Kiesgrube, *f*–*i* auf einer Waldwiese. Die im gleichen Biotop vorkommenden Arten unterscheiden sich deutlich in ihrer Syntax. *k* = *Chrysochraon dispar*, hygrophil; *l* = *Omocestus haemorrhoidalis*, xerophil.

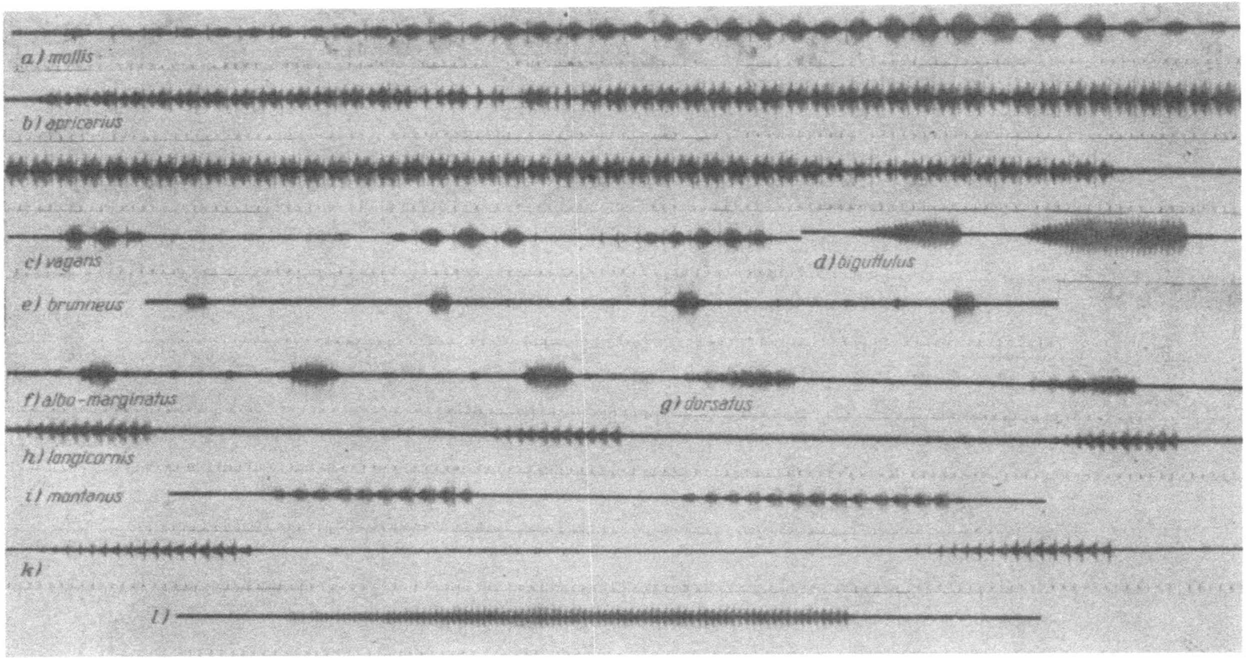
a) mollis
b) apricarius
c) vagans
d) biguttulus
e) brunneus
f) albo-marginatus
g) dorsatus
h) longicornis
i) montanus
k)
l)

der Identifizierung des Fortpflanzungspartners beteiligt sind. So weit sich zur Zeit übersehen läßt, scheinen jedoch bei Meeressäugern (Delphine, Robben) akustische Signale auch in diesem Zusammenhang wirksam zu sein.

Balzsignale dienen der raumzeitlichen Ordnung des Verhaltens vor der eigentlichen Samenübertragung, sie synlokalisieren und synchronisieren die Bewegungsmuster der Partner und stimmen auch die komplimentären Verhaltensformen aufeinander ab. In sehr vielen Fällen werden allerdings auch hierbei die akustischen Signale im Rahmen weiterer Kommunikationsmechanismen (optische, olfaktorische, taktile) eingesetzt, sie sind ja auch phylogenetisch „jünger“ (s. S. 91). Da die Balz weitgehend ritualisierte Komponenten agonistischen Verhaltens (Angriff, Defensive, Flucht, Unterwerfung) enthält, sind auch die akustischen Signale vielfach hier aus solchen Funktionsbezügen übernommen und „sekundär-ritualisiert“ (also nochmals in diesem Bezug zu spezifischen Signalsystemen umgewandelt = sekundäre Signalsysteme, die aus anderen primären Signalsystemen hervorgegangen sind). Balzsignale haben überwiegend Releaser-Effekte, können aber auch über das Hormonsystem des Empfängers Primer-Effekte ausüben (s. S. 24).

Bei vielen Arthropoden-Weibchen sind keine akustischen Balz-Signale bekannt. Bei Männchen treten sie unter den Feldheuschrecken (Acrididae), den Grillen (Gryllidae), den Zikaden (Homoptera) auf, wahrscheinlich auch bei einigen Wanzen (Heteroptera) sowie auch Krebsen. Dabei besteht die Funktion oft nur darin, daß die Männchen zur Kopulation „zugelassen“ werden. Feldheuschrecken-Weibchen, die experimentell ertaubt wurden (durch Zerstören der Tympanalorgane), hinderten die Männchen am Kopulieren (Haskell 1961). Bei dieser Insekten-Gruppe haben die meisten Weibchen Stridulationsorgane. Den „Werbegesängen“ als Balz-Signalen gehen bei *Chorthippus* Spontangesänge (auch Ruf- oder Lockgesang genannt) voraus, darin können Wechselgesänge mit dem Weibchen folgen, ehe der eigentliche

Werbegesang des Männchens einsetzt, der Kommunikation über einen anderen Kanal (hier vor allem den optischen) voraussetzt. Das Weibchen bleibt während dieser Phase nur dann ruhig, wenn es kopulationsbereit ist, und das nur, wenn eine Eiablage und damit starke Gewichtsabnahme vorausgingen. Dann folgt schließlich der „Anspringlaut“ des Männchens, verbunden mit der Einleitung der Kopulation (Aufsprung). Grillenweibchen reagieren auf abgespielte Männchen-Gesänge mit ungerichteten Laufbewegungen, erst taktile Reize (über die Fühler) orientieren das Verhalten auf einen Partner. ALEXANDER hat zwei Grillenweibchen in einen Behälter gesetzt und ihnen über Lautsprecher Balz-Gesänge der Männchen vorgespielt; sie liefen daraufhin in taktilem Kontakt im Kreis umeinander. ALEXANDER (1962, 1967) hat unter 15 von ihm untersuchten Grillenarten 11 nachweisen können, die mehrfach untereinander (in Zeitabständen) kopulieren und dabei spezielle akustische Balz-Signale einsetzen.

Unter den Wirbeltieren sind bei verschiedenen Gruppen, vor allem aber bei den Vögeln, entsprechende akustische Signal-Systeme bekannt, die während der Balz und des der Samenübertragung vorangehenden Verhaltens wirksam werden. Die speziellen Funktionen können dabei unterschiedlich sein, zumeist gehört zu ihnen die Fluchthemmung, da Flucht sonst durch die extreme Distanzverminderung ausgelöst werden kann. So äußern die Männchen der Riesenschildkröten (*Testudo*) kräftige Langlaute vor der Kopulation. Motivationsüberlagerungen führen bei den Vögeln und manchen Säugetieren in diesem Verhaltens-Ablauf vielfach zu einem recht heterogenen Lautsystem. Im allgemeinen überwiegen bei diesen beiden Gruppen in diesem Zusammenhang rhythmische (bis strophige) Lautfolgen. Bei Säugetieren treten in diesem Kontext häufig leise rhythmische Folgen von Lauten bei den Männchen auf, die eine tiefe Frequenz aufweisen (bei den Caniden das „Muffen“). Ähnlich den „Wechselgesängen“ zwischen den Balzpartnern bei Insekten gibt es derartige bidirektionale akustische Kommunikations-Systeme auch bei Wirbeltieren. Manche Spechte haben in diesem Zusammenhang ein alternierendes Trommeln vor der Bruthöhle. Eine amerikanische Zaunkönig-Art (*Troglodytes aedon*) konnte zu Begattungsversuchen an einem unverpaarten Weibchen durch Imitation der Begattungslaute veranlaßt werden. Manche Vogelarten haben besondere Laute des Nestweisens; die Männchen des Webervogels *Textor cucullatus* äußern einen bestimmten Ruf, wenn sie eine Stelle zum Sammeln von Nistmaterial gefunden haben (Collias 1959).

Sehr eingehend analysiert wurde das Paarbildungsverhalten der Graugans durch H. Fischer (1965), das hier als ein Beispiel für viele stehen soll, weil die akustische Kommunikation in diesem Fall besonders bedeutsam ist. Dabei ist jedoch zu berücksichtigen, daß bei dieser Art das Verhalten durch den sozialen Rahmen, in dem es sich vollzieht, besonders prägnant ist, weil es zugleich auch dazu dient, Sozialstrukturen zu stabilisieren. Die kennzeichnende Lautform ist das sogenannte „Triumphgeschrei", das in verschiedenen Ausprägungen vorkommen kann. Dabei werden folgende Motivationen angenommen:

a) Der dem Schnattern zugrunde liegende Bindungstrieb,
b) der Konflikt zwischen Bindungs- und Fluchttrieb, der das „Rollen" hervorruft (bei dem das Männchen den Hals weit nach vorn und oben streckt und ein lautes obertonreiches Geschrei hören läßt, das aus komplexen Lautmustern besteht),
c) bei allen Formen, mit Ausnahme des Nestgeschreis, eine Eigenmotivation, die für die regelmäßige Abfolge von Rollen und Schnattern verantwortlich ist.

Entsprechend treten Schnattern (und Stimmfühlungslaute) in der ersten Phase der Paarbildung auf, während in der zweiten außer Warnlauten dann das Rollen (Warn- und Distanzlaute, gefolgt von Schnattern, das Ganze sekundär-ritualisiert) beim Männchen auftritt, mit echten und „Scheinangriffen" gegen andere Individuen der Gruppe verbunden. In das Schnattern nach dem Rollen kann dann auch das Weibchen einfallen.

Solche „antiphonalen“ Lautmuster sind bei verschiedenen Vogelarten (Abb. 35) im Zusammenhang mit der Balz beschrieben worden. Weißbauchrallen (*Laterallus*

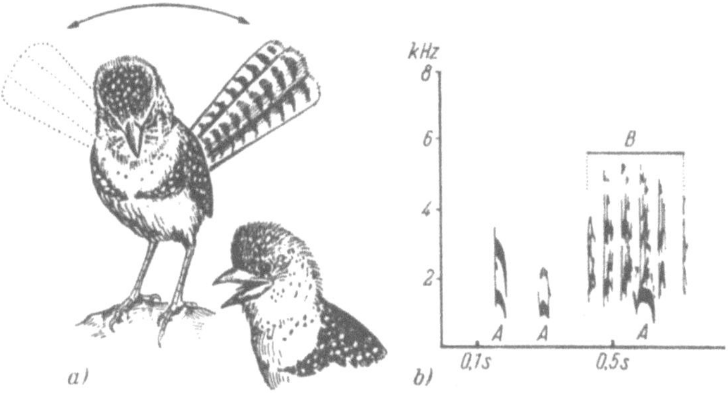

Abb. 35. „Begrüßungszeremonie“ des Schmuckbartvogels (*Trachyphonus d'arnaudii*). Bei der Begrüßung der Paar-Partner (und wahrscheinlich auch weiterer Familienmitglieder) wird ein Duettgesang geäußert, den diese Art mit einem auffälligen Verhalten begleitet, wobei wahrscheinlich das Weibchen das Pendelschwingen des Schwanzes ausführt (a). Das Sonagram (b) zeigt zwei Gesangsteile (A und B). Anscheinend singt das Weibchen Teil A, das Männchen Teil B (nach ALBRECHT und WICKLER 1968).

leucopyrrhus) äußern sie nur im Nahfeld mit Sichtkontakt, bei optischer Isolation treten andere Lautformen auf (Abb. 36). STOKES und WILLIAMS (1968) haben bei den nordamerikanischen Odontophinae (Zwergwachteln) solche antiphonalen Rufe untersucht, wobei diesen Lautformen verschiedene Funktionen (Paarbildung, Ortung der Männchen, Wiedervereinigung getrennter Partner) zugeschrieben werden.

Bei *Laniarius erythrogaster* dient das antiphonale Duett dem Paarzusammenhalt, wenn die Partner keinen optischen Kontakt haben. THORPE und seine Mitarbeiter haben diese Form der bidirektionalen Kommunikation auch zur Bestimmung akustischer Reaktionszeiten benutzt. So fand GRIMES (1965) für *Laniarius barbarus* eine mittlere Reaktionszeit (des Partners) von 118 m/s (mit

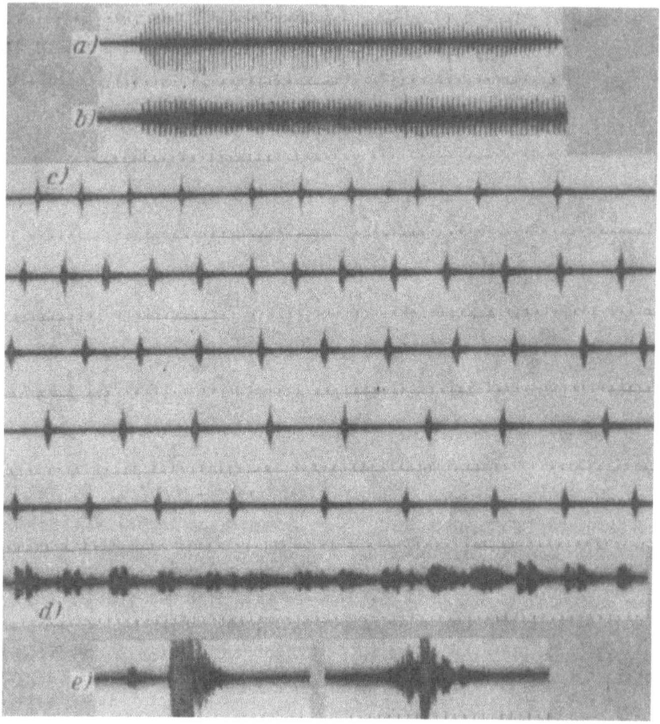

Abb. 36. *a – c*) Weißbauchralle (*Laterallus leucopyrrhus*): a) homotype Langfolge, eine modifizierte Lautäußerung der „Stimmfühlung" im Nahfeld. b) Dieselbe Lautform als Paar-Duett. Die Intervalle sind geringfügig verlängert. Beide Tiere stehen im Rufen nebeneinander. c) Rufe im Distanzfeld (Partnerkontakt besteht nicht), in der ersten Zeile spontan; die drei weiteren Zeilen zeigen die Rufform nach Abspielen der vorhergehenden Laute („Partner" hat also geantwortet); während vorher die Intervalle unregelmäßig schwanken, sind sie jetzt zunächst verkürzt und werden zunehmend länger, nach dem 31. Laut setzt wieder unregelmäßiger Wechsel der Pausenlänge ein. Aktuelle Kommunikation verkürzt und stabilisiert hier also die Intervalle (nach Aufnahmen im Tierpark Berlin). d) „Honiganzeiger" (*Indicator*): Eine Folge von zweisilbigen Rufen (Einzelheiten im Text S. 190) (Nach einer Bandaufnahme von Prof. BUSNEL). e) Tiger (*Panthera tigris*): typischer Defensivlaut (diffuger Laut) mit minimaler Anstiegszeit, dann typischer affiner Ruflaut (Distanzfeld) mit langer Anstiegszeit (Aufnahmen: Tierpark Berlin, Zoo Leipzig). Die Kurvenzüge sind Oszillogramme, sie geben den Zeitverlauf und die Amplituden-Schwankungen wieder (das Sonagramm, z. B. Abb. 32, 33, 35, zeigt dagegen die Frequenzverteilung in der Zeit).

einer Standard-Abweichung von 30 m/s). Das antiphonale Duett ist generell dadurch gekennzeichnet, daß verschiedenartige oder ähnliche Phrasen oder Silben von den Partnern alternierend geäußert werden; eine andere Form ist das simultane Duett, bei dem ein „Unisono" vorliegt, beide Partner zugleich rufen oder singen (Beispiele bei POWER 1966).

Typische Primer-Effekte von Balz-Signalen sind experimentell unter anderem beim Wellensittich (*Melopsittacus undulatus*) nachgewiesen. So wird bei Paaren, die Laute anderer Paare hören können, die Gonaden-Entwicklung bei beiden Geschlechtern stimuliert (FICKEN et al. 1960). Nach BROCKWAY (1962) beschleunigen offenbar die Männchen-Laute bei den Weibchen die Nestbau-Tätigkeit, die Entwicklung der Ovarien sowie die Eiablage.

Kopulations-Signale sind bei Arthropoden und Wirbeltieren ebenfalls recht verbreitet. Dabei zeigen sie oft enge Beziehungen zu den Balz-Signalen, mitunter sind es abgeänderte Abwehrsignale (ritualisiert), manchmal werden auch unmittelbar nach der Kopula Laute geäußert, die dann auch ein Gemisch verschiedener Lautformen sein können. Das ist beispielsweise für die katzenartigen Raubtiere (Felidae) sehr kennzeichnend. Sie sind dabei oft mit bruchstückhaften Elementen des agonistischen Verhaltens (Pfotenschlagen, Beiß-Intentionen usw.) verbunden. Über den eigentlichen funktionellen Wert dieser Signale ist jedoch wenig bekannt. Die pragmatische Kennzeichnung erfaßt hier lediglich den Situationsbezug, nicht aber die Funktion, die erst experimentell bestimmbar ist.

In den Funktionskomplex des Fortpflanzungsverhaltens gehören auch die akustischen Signale im Zusammenhang mit der Jungenaufzucht (Pflege-Signale). Im engeren Sinne gehören hierher solche Laute, die eine spezifische, im Zusammenhang mit der Aufzucht (also Ernährung), notwendige Kommunikation ermöglichen. Daneben können natürlich auch andere Signale, wie Stimmfühlung, Warnlaute, Alarmlaute, Ruflaute usw. eingesetzt werden. Die speziellen Kommunikationslaute im Dienste der Jungenaufzucht sind demnach affin, also distanzvermindernd zwischen Mutter (Eltern) und Jungen und gewährleisten damit den Vollzug bestimmter Pflegehandlungen (Futterübergabe, Körperpflege und andere Kontaktformen, speziell auch bei „Tragsäuglingen"). Bei den Wirbellosen ist hierzu wenig bekannt. Die Zuckerkäfer (Passalidae) leben in Familien. Hier scheint eine Kommunikation zwischen den Eltern und den Larven zu bestehen, die vornehmlich durch Stridulation ermöglicht wird.

Unter den Wirbeltieren sind es vor allem die Vögel und die Säugetiere, die für dieses Kommunikations-System im Nahfeld zahllose Beispiele liefern. Füchse locken die Jungen mit rhythmischen Lautfolgen („Muffen") zum Futter, Leoparden-Mütter lassen ebenfalls rhythmische Lautfolgen hören, sobald sie die Jungen locken oder sich ihnen nähern, ähnlich auch manche Bären. Umgekehrt können Mütter ihre eigenen Jungen auch speziell an den Lauten erkennen, wie beispielsweise manche Fledermäuse, deren Junge sich in Gemeinschaften in den „Wochenstuben" befinden. Bei verschiedenen Arten, besonders Nestflüchtern unter den Vögeln, sind diese Lautformen auch für die Prägung wichtig, die zur Eltern-Kind-Bindung führt, und bei den Jungen das Folgeverhalten auslöst und steuert. Stockentenkücken bevorzugen bei der Prägung arteigene Laute gegenüber artfremden. In der 40. bis 50. Lebensstunde lassen sich junge Stockenten zu 85% durch Lockrufe zum Folgen veranlassen, in der 240. nur noch zu 50% (wenn sie die Rufe dann zum erstenmal hören). Bei den amerikanischen Tauchenten der Gattung *Aythya* (*valisiniera* und *americana*) werden die Jungen durch imitierte Elternrufe angelockt und (ohne vorherige Erfahrung) durch Alarmrufe zur Flucht veranlaßt (Collias 1956). Die Laute pflegender Hennen oder führender Enten sind rhythmische Folgen, haben „weichen Einsatz" (lange Anstiegszeit), relativ niedrige Hauptfrequenzen und lassen sich dadurch gut orten.

Verschiedene Singvögel müssen in sensiblen Perioden

ihrer Entwicklung den elterlichen Gesang hören, um ihn dann später artgerecht wiedergeben zu können (z. B. Buchfink). In diesen Fällen hat die akustische Kommunikation freilich eine Sekundärfunktion, indem sie über die Pflegephase die Tradierung gewährleistet, damit also nicht nur die optimale physische Entwicklung der Nachkommen, sondern auch die optimale Ausstattung mit bestimmten Informationen, die erst im späteren Leben funktionell werden.

Eine funktionell besondere Gruppe von Kommunikationslauten während der Jungenaufzucht dient der Informationsübertragung zwischen den Eltern, wenn sich beide in die Aufzucht teilen. Hierher gehören bei Vögeln die speziellen Brutablösungslaute, die meist in ein komplexes Verhaltensmuster eingebaut sind.

Akustische Signale im Zusammenhang mit dem stoffwechselbedingten Verhalten sind vornehmlich als Futter-Signale (Anzeige von Nahrung) ausgebildet. In diesem Zusammenhang sind die Honigbienen (*Apis mellifera*) zu erwähnen (s. S. 239). Während des Schwänzeltanzes, der ja Richtung und Entfernung der Tracht weist, wird ein Ton von etwa 250 Hz geäußert. Diese Schallerzeugung wurde von Wenner (1959) entdeckt und inzwischen durch weitere Untersuchungen bestätigt (Esch 1961, Wenner 1962). Über die Funktion herrscht allerdings noch Unklarheit. Diese Laute werden mittels der Flugmuskulatur erzeugt. Bei den stachellosen Bienen (Meliponae) konnte Esch (1967) nachweisen, daß entfernungsabhängige Lautsignale erzeugt werden.

Laute, die bei Nahrungsmangel geäußert werden (Hungerlaute), sind bei Jungtieren Auslöser des Pflegeverhaltens und gehören damit funktionell in das schon besprochene Kommunikations-System. Unter gewissen Bedingungen können solche Laute aber auch bei erwachsenen Tieren auftreten, das gilt speziell für soziale Arten (in Gefangenschaft vor Fütterungszeiten). Ferner äußern erwachsene Tiere Futterlaute, die das Verhalten der Jungtiere (oder von anderen Erwachsenen) im Sinne einer Bereitschaft zur Futterabnahme beeinflussen. So werden manche Nestlinge bei Vögeln durch bestimmte Laute zum Sperren veranlaßt (z. B. *Dendroica petechia*, *Empidonax minimus*). Auch von vielen Primaten ist bekannt, daß sie vor und während der Nahrungsaufnahme bestimmte Laute äußern. Bei Raubtieren, die in Gruppen jagen, kann durch akustische Signale eine Koordination des Verhaltens ermöglicht werden (z. B. Caniden).

Einen eigentümlich spezialisierten Typ der Kommunikation im Zusammenhang mit dem Nahrungserwerb haben die afrikanischen „Honiganzeiger“ (*Indicator*). Diese Vögel äußern eigenartige Laute, durch die sie den Honigdachs, Paviane und auch den Menschen aufmerksam machen. Die Laute werden in Folgen erzeugt (Abb. 36), bis sich eines dieser Säugetiere nähert. Dann fliegt der Vogel etwa 15 bis 20 m weiter, durch Rufe und optische Signale (Schwanzbewegungen) ortsanzeigend. Erst in der Nähe eines Bienennestes wird er stumm. Eingeborene locken den Vogel, indem sie wie ein Honigdachs grunzen (auf den das Verhalten offenbar primär spezialisiert ist); dadurch locken sie den Vogel an, der nun seinerseits wieder mit Honiganzeigen reagiert.

B) Das Übergangsfeld

Das Übergangsfeld ist im akustischen Kommunikations-System jener Bereich, in dem Laute sowohl auf das Nahfeld als auch auf das Distanzfeld gerichtet sind. Hierher gehören die aposematischen Laute (= Distanz-Defensiv-Laute); sie können sowohl im Nahfeld als auch im Distanzfeld wirksam sein. Sie sind dadurch gekennzeichnet, daß sie über eine größere Distanz hinweg wirken als die Defensivlaute im Nahfeld und zugleich aposematische Wirkung haben, da ihnen aggressives Verhalten folgen kann, wenn der Effekt nicht erreicht wird. Während Defensivlaute im Nahfeld einer sozialen Struktur nur von unterlegenen Individuen oder solchen, die einen bestimmten Ort verteidigen, geäußert werden, sind es bei sozialen Gruppen gerade die Ranghohen, die im

Übergangsfeld die aposematischen Laute äußern. Zu diesem Typ gehören einmalig (oder doch nur in größeren unregelmäßigen Abständen) geäußerte Stoßlaute, die von heftigen vorstoßenden Bewegungen des Körpers begleitet sind; besonders auffällig sind sie bei sehr wehrhaften Arten wie Caniden oder Feliden. Beim Fuchs ist dieser Laut das „Stoßkeckern“ mit Beißintention, aufgerichtet und nach vorn gestellten Ohren, kurzem Lippenspalt und Vorstoßen des Körpers. Das Defensivverhalten im Nahfeld dagegen ist ein schnell wiederholtes Keckern (kurzer Stoßlaut), das mit verschiedenen Verhaltensweisen kombiniert werden kann (Frontalstellung, Aufstellen, Frontalliegen, Wälzlage, Bauchlage, je nach der sozialen Struktur zwischen den jeweiligen Partnern).

Das kennzeichnende akustische Kommunikationssystem im Übergangsfeld sind jedoch die Territorialsignale. Hierbei handelt es sich um akustische Signale, die zur Anzeige eines Territoriums dienen; damit haben sie polyvalente Bedeutung; es hängt vom Status des Empfängers ab, wie er auf diese Nachricht reagiert. Gehört er in das Territorium (z. B. als Fortpflanzungspartner, Familien- oder Gruppenangehöriger), dann dient das Signal der Stabilisierung dieses Systems oder auch der Rückorientierung; ist der Empfänger fremd in diesem Territorium, dann kann es aposematisch wirken, und sein weiterer Status bestimmt, ob er angreift (Dominanz der Annäherungstendenz) oder sich zurückzieht (Dominanz der Ausweichtendenz). Territorial-Signale müssen infolge dieser Polyvalenz verschiedene Informationen enthalten. Vielfach werden hierfür mehrere Übertragungskanäle benutzt. Dominiert aber der akustische (wie bei vielen Vogelarten), dann muß dieses Signal-System um so komplexer sein, je dichter die Territorien innerhalb einer Population liegen und je stärker diese Population ist. Das ist eine der Erklärungen für die Vielfalt der Vogelgesänge, da zu den wichtigsten Informationen, die sie zu übermitteln haben, die Individualkennzeichnung gehört. Sie setzt einmal ein reiches Muster voraus, zum anderen die konstante Beibehaltung dieser Syntax über längere Zeit hinweg. Die Wahrscheinlichkeit, daß zwei identische Muster bei Reviernachbarn auftreten, wird damit auf ein Minimum gesenkt. Die Unwahrscheinlichkeit des Lautmusters des Einzelindividuums kann zudem noch (bei verschiedenen Arten) durch Imitationen erhöht werden. TRETZEL (1965, 1967) konnte Spottmotivprädispositionen bei Heidelerchen und Gartengrasmücken nachweisen. Bei der Gartengrasmücke einer bestimmten Population wurde die Übernahme von Buchfinkenschlägen auch zu einer Gesangstradition. SCHUBERT (1967) fand beim Fitislaubsänger (*Phylloscopus trochilus*) deutliche Unterschiede zwischen territorial benachbarten Individuen und konnte auch keinerlei Angleichungstendenzen nachweisen. Das Ansingen bedingt eine hohe und ausgeglichene Häufigkeitsrate der Gesänge bei den betreffenden Individuen. Im Tagesgang zeigt bei einem einzelnen Individuum der Gesang in Hinblick auf Gesangslänge, Häufigkeit von Wiederholungen, dem Auftreten von Doppelstrophen sowie dem prozentualen Anteil einzelner Variationen bestimmte Änderungen, wobei der Gesang in den frühen Morgenstunden sowie den späten Abendstunden am kürzesten ist. Wenn der Laubsänger aus dem Winterquartier zurückgekehrt ist, singt er zwar bereits, doch steigt die Gesangsrate signifikant an, wenn er ein Territorium besetzt hat und erreicht nach Eintreffen des Weibchens den Höhepunkt. Mit Abklingen des Territorialverhaltens wird der Gesang länger, leiser, weicher und verliert an Prägnanz und Strophigkeit, er zeigt zunehmend den Typus des „Subsong", demgegenüber der eigentliche Reviergesang als „Motivgesang" bezeichnet wird. Die akustische Signalisierung des Territoriums unterliegt dem stärksten „Gestaltdruck", wirkt also extrem strukturierend.

Es gibt bei vielen Tiergruppen Territorial-Signale, allerdings sind sie (im akustischen Kanal) bei Wirbellosen recht selten; hierher gehören jedoch bestimmte Formen des Trommelns mit den Scheren bei Winkerkrabben.

C) Distanzfeld

Auf die Alarmlaute, die ja auch im Nahfeld — wenn auch häufig abgewandelt — wirksam werden können, wurde bereits hingewiesen (S. 176). Hier sollen speziell die Ruf-Signale (affine Signale) erörtert werden, deren Funktion darin besteht, eine aktuelle Kommunikation zwischen Partnern herzustellen, zwischen denen vor der Sendung keine Kommunikation besteht. Diese Sendungen haben Adressaten, einen oder auch mehrere. Die wichtigsten Verhaltensbezüge, in denen diese Ruflaute auftreten können, sind:

a) Fortpflanzung (Signalisierung der Bereitschaft, Anlockung der Partner),
b) Erhaltung der Pflege-Beziehungen,
c) Erhaltung von Sozial-Strukturen (soziale Aggregations-Signale). Die sexuellen akustischen „Locksignale" (Appelle) lassen sich in zwei Gruppen unterscheiden:
   a) Unidirektionale sexuelle akustische Locksignale,
   b) Bidirektionale sexuelle akustische Locksignale.

Bei Insekten finden wir häufig den ersten, und dann auf die Männchen als Expedienten beschränkten Signaltyp, so bei Grillen, Laubheuschrecken (Tettigoniidae), Zikaden, Mücken (Culicidae, Ceratopoginidae), vielleicht auch Käfern (Trogidae). Auch bei Winkerkrabben (*Uca*) unter den Krebsen kommt dieser Typ vor. Bidirektionale sexuelle akustische Appelle, die dann zu einer wechselseitigen Annäherung (beiderseitige Distanzverminderung) führen, sind besonders bei Feldheuschrecken (Acrididae) bekannt, kommen aber auch bei Laubheuschrecken, einigen Zikaden und sogar Rüsselkäfern (*Conotrachelus*) vor (vgl. ALEXANDER 1967).

Häufig kommt es dabei zu „Gruppengesängen" (speziell bei unidirektionalen Appellen), wodurch die Wirksamkeit erhöht wird. So regen sich die Männchen der Wasserwanzen *Sigara striata* und *Callicorixa praeusta* zum

Stridulieren an, wodurch eine Synchronisation der Fortpflanzungszeit und der Aktivität der Population sowie gleichzeitig eine Stimulation der Weibchen erreicht werden (FINKE 1968). Dieserart „Gesänge“ werden bei den Insekten als „Normalgesänge“ oder auch „Spontangesänge“ bezeichnet; die letzte Bezeichnung ist sinnvoller, da sie andeutet, daß hier der Partner noch keine auslösenden Signale sendet, wie es bei den Balz-Signalen der Fall ist.

Weit verbreitet sind diese unidirektionalen Signale auch bei den Froschlurchen (Anura), auch hier oft als „Chorgesänge“ ausgebildet. Vergleichbar sind auch die akustischen Signale bei manchen Vögeln, wie beispielsweise den Birkhähnen, die ja in Gruppen „balzen“ und dabei die Weibchen durch ihre weithin hörbaren Signale anlocken. Bei den höheren Wirbeltieren können auch Territorial-Signale die Funktion sexueller Appelle (= Rufsignale) haben.

Im allgemeinen handelt es sich bei diesen Lautformen um Rufreihen, meist heterotype, vielfach auch Langfolgen. Die Rückmeldung aus dem Distanzfeld liegt zeitlich nicht mehr im Bereich des Kurzzeitgedächtnisses, es besteht also im Gegensatz zur Nahfeld-Kommunikation kein vorgegebener zeitlicher Grenzwert für das Eintreffen der Antwort. Daher können die Distanzlaute zeitlich gedehnt werden oder über längere Zeit hinweg geäußert werden, wie es bei den Zikaden ja kennzeichnend ist. Nur tageszeitliche Muster sind hier selektiv wirksam, sie verlegen die Schall-Emission in die Zeitphasen, in denen die potentiellen Empfänger (z. B. Weibchen) aktiv und damit reaktionsbereit sind. Daher kann generalisierend abgeleitet werden, daß Lautäußerungen mit starker zeitlicher Dehnung, Langlaute, Langfolgen oder „Gesänge“ sowie über längere Zeit hinweg wiederholte Lautmuster entweder der Stimmfühlung (bzw. der sozialen Aggregation s. u.) dienen, oder aber in das Distanzfeld hineinwirken. Da Stimmfühlungslaute im allgemeinen über das Nahfeld hinaus kaum zu hören sind, lassen sie sich relativ leicht von den schallstarken Distanzlauten unterscheiden. Ob Distanzlaute sexuelle Ruf-Signale oder soziale Aggregations-Signale sind, kann aus den Wirkungen abgelesen werden, ist also pragmatisch definierbar. Im Sinne der klassischen Ethologie haben Ruflaute den Charakter eines Appetenzverhaltens, sie werden solange geäußert, bis eine bestimmte Reizkonstellation erreicht ist (z. B. Signale eines sich nähernden Weibchens); somit besteht eine negative Rückkoppelung mit den zugeordneten Rückmeldungen; sie beenden (oder modifizieren) das akustische Verhalten des Senders, sofern es sich um unidirektionale Rufsignale handelt. Der hohe Zeitfaktor, der in dieses Verhalten eingeht, hat die Ausgestaltung zu komplexen Lautmustern gefördert, wobei die Strukturierung auch der Optimierung des Signalabstandes gegenüber dem Rauschen der Umwelt dient. Dadurch wurde zugleich die Möglichkeit einer Codierung verschiedener Nachrichten geschaffen und das Kommunikationssystem weiter ausgestaltet. Dies ist einmal durch den Funktionsdruck bestimmt, der beim Fortpflanzungsverhalten naturgemäß sehr groß ist, zum anderen aber auch dadurch, daß die Überwindung größerer Distanzen (zum Sender hin) für den Empfänger zahlreiche Absicherungen gegen Störungen und Übertragungsfehler erforderlich macht. Daher sind diese Lautmuster vermutlich reich an Redundanzen. Schließlich sind im Zusammenhang mit der Fortpflanzung, die extremen Partner-Kontakt erfordert, verschiedene ethologische Schranken zu überwinden (besonders bei nicht vergesellschafteten Arten), die einer solchen Annäherung entgegen stehen und sonst vielleicht Kampfverhalten bedingen.

Die bidirektionalen sexuellen Rufsignale leiten funktionell zur Nahfeld-Kommunikation über, da sie bereits über längere Zeit hinweg eine aktuelle Kommunikation herstellen, die mit Distanzverminderung verbunden ist. Daher kann in manchen Fällen diese zeitliche Reihenfolge auftreten: Unidirektionale (sexuelle) Rufsignale — bidirektionale (sexuelle) Rufsignale — Stimmfühlung. Das ist möglicherweise der umgekehrte Weg, über den die Distanzkommunikation sich einmal herausgebildet hat. Sinngemäß kann das zugleich auch auf die nicht-sexuellen Kommunikations-Systeme übertragen werden. Die Pflege-Signale wurden ja bereits besprochen (S. 187). Die unter diesen Bedingungen geäußerten Jungenlaute werden auch als „Laute des Verlassenseins" bezeichnet. Bei Unterbrechung der permanenten Kommunikation werden sie zu Rufsignalen, für die im Prinzip die gleichen Zusammenhänge gelten, wie für die sexuellen Rufsignale, nur daß bestimmte andere Informationen (Alter, Verhaltensstatus) vorrangig sind.

Auch die sozialen Aggregations-Rufsignale entsprechen diesen Bedingungen. Sie sind besonders häufig bidirektional, so daß im Sinne von BUSNEL ein „Phonorespondieren" vorliegt. Die Funktionen können über eine akustische Anregung (zur eigenen Lautgebung) bis zur echten strukturellen Integration („Chorlautäußerungen") führen, wobei im Distanzfeld zugleich die Distanzverminderung zwischen den Kommunikanten auftritt, die Ortungsmechanismen erfordert („Phonotaxis"). ALEXANDER (1967) erörtert für die akustischen Aggregationsmechanismen (mit Phonorespondieren) folgende vier Funktionskomplexe:

1. Auditorische Rückkoppelung bei rhythmischen über längere Zeit fortgesetzten Lautfolgen,
2. Erhöhung der Prägnanz durch alternierende oder synchrone Lautmuster in der Gruppe,
3. Erhöhung der Verpaarungsaussicht für Männchen in Gruppe durch Anlocken von Weibchen,
4. Verbesserung der Signalisierung der Artzugehörigkeit.

Aggregations-Rufsignale können aber vor allem auch bei solchen Arten von Bedeutung sein, die in bestimmten Verhaltensabläufen eine Gruppe räumlich soweit trennen müssen, daß die permanente Kommunikation verloren geht. So können die Rufreihen der Löwen einem solchen Zusammenhalt der Gruppe über eine temporäre aktuelle Kommunikation dienen. THEBERGE und FALLS (1967) haben für das Heulen der Wölfe diese Funktion wahrscheinlich gemacht. Da die Heulstrophen auch individualtypisch ausgebildet sind, nehmen sie diese Funktion an: Artidentifizierung, Anzeige des Individualstatus, Ortung des Senders, und damit generell Distanz-Koordination der sozialen Strukturen.

11.2.4. Semantik

Im akustischen Kommunikations-System stellt die Distanzregulation zwischen den Kommunikanten eine grundlegende Funktion dar. Die distanzverringernden Laute haben damit affine, die distanzvergrößernden diffuge Wirkungen.

Affine Laute haben eine relativ lange Anstiegszeit bis zur vollen Amplitude, eine größere zeitliche Erstreckung, die entweder durch Lautdehnung (Langlaut) oder durch Bildung von Lautfolgen erreicht wird. Bei den Wirbeltieren haben diese Laute vorwiegend Klangcharakter mit dominierenden Frequenzen. Diffuge Laute haben eine kurze Anstiegszeit bis zur maximalen Amplitude, sie sind Kurzlaute und werden — wenn überhaupt — dann unregelmäßig wiederholt. Sie weisen zumeist Geräuschcharakter auf mit sehr breitem Frequenzspektrum.

Diffuge Laute haben Eigenschaften, die eine Adaptation beim Perzipienten verhindern oder doch weitestgehend einschränken. Sie lösen Schutzverhalten aus, das in den meisten Fällen auch in einer Distanzvergrößerung gegenüber dem Sender besteht. Bei vielen Tieren lösen sie bestimmte (akustische) Schutzreflexe aus, zu denen auch der bei verschiedenen Säugetieren auftretende Ohrmuschelreflex gehört. KÖHLER (1969) hat bei Meerschweinchen über elektronische Registrierung den Ohrmuschelreflex bei Reinton- und Geräusch-Beschallung mit verschiedenen Anstiegszeiten untersucht. Für beide Impulsarten werden die Latenz- und Reflexzeiten mit wachsender Anstiegszeit tatsächlich länger, wobei die Intensität des Reflexes bei Geräuschimpulsen größer ist. Bei einer Reintonbeschallung beträgt die Latenzzeit bei einer Anstiegszeit des Tones von 1 ms 24,8 s, bei einer Anstiegszeit von 36 ms 30,0 s und bei einer Anstiegszeit von 360 ms 130,0 s. Beim Geräusch sind die entsprechenden Werte für die drei Anstiegszeiten: 35,3 s, 116,0 s und 248,0 s.

Ratten, die sich wahlweise selbst beschallen konnten, bevorzugten signifikant lange Anstiegszeiten (Spittka 1969). Nach diesen Untersuchungen konnten drei physikalische Parameter als für die Distanzregulation relevant nachgewiesen werden: Affin: lange Anstiegszeit (= niedrige Flankensteilheit der Hüllkurve), Lautlänge über 0,5 s und rhythmische Wiederholung. Diffug: kurze Anstiegszeit, Lautlänge unter 0,5 s und arhythmische Wiederholung (Abb. 36).

Auch Busnel (1963) und Moles (1963) wiesen speziell auf Grund von Untersuchungen an Insekten (Orthopteren) darauf hin, daß für den Informationsgehalt weniger die innere Struktur eines Lautelementes (Absolutwerte der Frequenz und Amplitude sowie Phasenbeziehungen) als vielmehr Änderungen in der Zeit („transients") vorrangige Bedeutung haben, wobei Busnel speziell die Beziehung $\Delta i/\Delta t$ im Hinblick auf die auslösende Wirkung untersuchte (Intensitätsänderungen in der Zeit).

Experimente über weitere semantische Aspekte liegen bisher kaum vor. Dem Problem der Artcodierung ist bei Vögeln in einigen Versuchen nachgegangen worden. Bremond (1966, 1968) konnte beim Rotkehlchen (*Erithacus rubecula*) und Zaunkönig (*Troglodytes troglodytes*) nachweisen, daß der Syntax für die Informationsübertragung (Artzugehörigkeit) eine vorrangige Bedeutung zukommt, wobei im Falle des Rotkehlchens vor allem der Tonhöhewechsel aufeinanderfolgender Elemente (die im übrigen austauschbar sind ohne Informationsverlust, wenn nur die Syntax erhalten bleibt) entscheidend ist. Die wichtigsten Befunde dieser eingehenden Untersuchung sind:

1. Das Reviersignal des Rotkehlchens ist nicht mit menschlichen Sprachen vergleichbar, die verschiedenen Gesänge enthalten immer dieselbe Information (Territorialanzeige, Artkennzeichnung, Individualstatus, Aggressionsbereitschaft).
2. Jeder Informationstyp stützt sich auf mehr als einen Parameter. Das Muster wird als Ganzes vom Empfänger erkannt.
3. Das Signal ist ein „geschützter Code",
   a) hohe Redundanz,
   b) Wirkung des Musters als Ganzes schwächt Effekte individueller Schwankungen ab,
   c) ein großer Vorrat an Motiven gestattet schnelle Korrektur bei Einsatz eines mit einer anderen Art verwechselbaren Motivs,
   d) Bruchstücke (die noch die wirksame Struktur enthalten) genügen zur Auslösung der Reaktion des Empfängers.

Der Status der Aggressivität wird vor allem durch Motiv-Reichtum und Dominanz hoher Frequenzen angezeigt.

Tretzel (1965) fand bei der Heidelerche (*Lullula arborea*) im Motiv (— Superelement) die kleinste isolierbare Einheit, auf die noch eindeutig angesprochen wird, wobei die Reaktion durch Wiederholung von Einzelmotiven gesteigert werden kann. Diese Tendenz ist noch ausgeprägter beim Weidenlaubsänger (*Phylloscopus collybita*), den G. Schubert (1968) untersuchte. Hier löst ein Element allein vollständige Reaktionen (Territorialverhalten) aus. Entsprechende Versuche ergaben, daß nur die Frequenzlage und die spezifische Struktur und Länge des Elements die Parameter enthalten, über welche der Artgesang als solcher erkannt wird. Anzahl der Elemente, Auswahl und Rhythmus der Reihung haben keinen deutlichen Einfluß. Das schließt nicht aus, daß in dem natürlichen gegliederten strophigen Gesang dieses Laubsängers nicht andere Informationen codiert sind (z. B. Individualstatus, Verhaltensstatus, Ortsanzeige). Beim Fitislaubsänger (*Phylloscopus trochilus*), der einen strophigen Gesang mit mehreren Teilstrukturen (Phrasen) aufweist, erfolgt die Artcodierung nach anderen Prinzipien (M. SCHUBERT 1968). Die Gesangselemente, die angeboren sind, haben die geringsten Strukturkriterien, während Phrase und Strophe strukturelle Eigenschaften haben, die über prädisponierte Lernvorgänge, von TEMBROCK „Angeborene Gestaltbildende Mechanismen" genannt, aufgebaut werden. Die reaktionsauslösende Wirkung der Phrasen wird in ihrer Stellung in der Syntax mitbestimmt, es gibt eindeutige Zwischensymboleinflüsse. Die Phrasen selbst können nicht ohne Reaktionsverlust (also Informationsverlust) verkürzt werden.

Für die Prinzipien der Individualkennzeichnung gibt es bislang einige Hinweise. THORPE (1968) hat auf die Probleme der akustischen Signale zur Kennzeichnung des Individualstatus in organisierten Gruppen hingewiesen, wobei zur Zeit die meisten Angaben von den Vögeln stammen. Sie gründen sich jedoch vorwiegend auf die Lautanalysen unter Berücksichtigung der Eigenschaften im Schallmuster, durch das Individuen eindeutig voneinander unterschieden sind. Experimentelle Untersuchungen über diese Codierungsprinzipien fehlen aber noch weitgehend. Kennzeichnend ist für viele Arten, daß einzelne Individuen nicht nur ein für sie typisches Lautmuster entwickeln, sondern dies auch im Verlauf des ganzen Lebens beibehalten. Bekannt sind die individualtypischen Ausformungen des Krähens bei Haushähnen, wobei besonders die Schlußphrase diese Kennzeichen trägt, so daß hier anscheinend (aber das ist noch nicht exakt nachgewiesen) der erste Abschnitt die Artzugehörigkeit, der zweite die Individualität anzeigen. Untersuchungen an Seeschwalben (*Sterna sandwicensis*), zeigten eine hohe Übereinstimmung zwischen aufeinanderfolgenden Lauten eines bestimmten Individuums; THORPE fand für 6 verschiedene Parameter der Laute einen Korrelationskoeffizienten zwischen 0,92 und 0,98, nur bei einem weiteren Parameter bei 0,82. Das bedeutet also eine hohe Übereinstimmung zwischen den betreffenden Rufen des Einzelindividuums, das eine individuelle Form dieses Rufes hat und beibehält. THORPE schließt aus seinen Untersuchungen, daß auch hier die „Gestalt" des Lautes entscheidend ist.

Bei der Lumme (*Uria aalge*) ist der Lockruf eine fast eineinhalb Sekunden dauernde komplexe Lautgestalt, die zwar beim Einzeltier in kleinen Varianten auftreten kann, die sich jedoch zwischen den Einzeltieren deutlich unterscheidet, vor allem durch Dauer und Struktur (Syntax der Impulsfolge). Experimentelle Veränderungen der Impulsfolge können die Wirkung des Lockrufes, den die Jungen sehr schnell erlernen, aufheben (TSCHANZ 1968). Auch hier wird eine Wirkung durch die „Rufgestalt" postuliert, man kann demnach ebenfalls als rezeptorisches Korrelat (Grundlage des speziellen prädisponierten Lernvorganges) einen Angeborenen Gestaltbildenden Mechanismus vermuten. Die Kücken binden sich dabei bereits durch die im Ei unmittelbar vor dem Schlüpfen gehörten akustischen Signale an ihre Eltern.

Bei den Säugetieren unterscheidet TEMBROCK (1965) folgende Formen der intraspezifischen Variabilität im Bereich der Lautgebung:

Intraindividuelle Variabilität,
Interindividuelle Variabilität,
sexualspezifische Variabilität (Sexualdimorphismus),
subspezifische (geographische) Variabilität.

Der letzte Typ kann dann zur interspezifischen Variabilität überleiten. Über die interindividuelle Variabiliät als Grundlage für die akustische Kennzeichnung des Individualstatus gibt es auch bei Säugetieren auf Grund dieser Untersuchungen einige Hinweise. Bei Füchsen (*Vulpes*) ergaben Attrappenversuche, daß Individuen allein auf

Grund ihrer Stimme erkannt werden, und zwar auch bei verschiedenen Lautformen. Es wird vermutet, daß hierbei die „Klangfarbe“ (das individualtypische Frequenzspektrum) einen wichtigen Faktor für die Codierung darstellt. Außerdem können sich Rufreihen in ihrer Länge und inneren Struktur zwischen einzelnen Individuen einer Art deutlich unterscheiden. TEMBROCK fand auch bei neugeborenen Füchsen bereits individualspezifische Unterschiede. Wesentlich ist in diesem Zusammenhang der Hinweis, daß die Artcodierung im allgemeinen angeborenen Rezeptormechanismen zugeordnet ist (die richtige Codierung beim Empfänger also nicht erlernt wird), während bei der Individualkennzeichnung der Perzipient die speziellen Signale erst erlernen muß, wofür er jedoch Prädispositionen aufweisen kann, die sich dann auch durch sensible Phasen (gesteigerter oder ausschließlicher Lernbereitschaft für die speziellen Signale) auszeichnen. In diesem Zusammenhang kann es auch zu einem besonders spezialisierten Kommunikations-Mechanismus kommen, wie er von Papageien, Rabenvögeln, der Schamadrossel und anderen Arten bekannt ist. Hier werden nicht nur bestimmte akustische Muster individuell erlernt („Nachsprechen“ usw.), sondern sie dienen in der Gruppe auch dazu, einen bestimmten Adressaten „anzusprechen“, indem dessen spezielle Lautmuster eingesetzt werden. Die hier permanent bestehende Imitationsfähigkeit dient demnach dazu, durch individualspezifisches Phonorespondieren innerhalb der Gruppe bestimmte Adressaten erreichen zu können, um mit ihnen eine aktuelle Kommunikation herzustellen. Es wird damit der Signalabstand zu allen latenten Empfängern (Abb. 9) gewährleistet. Bei Delphinen, die sehr individualtypische Lautformen haben, ist die Möglichkeit der Lautimitation (auch der menschlichen Sprache) noch immer umstritten.

Neben der Individualerfahrung kann das Ansprechen auf Jungtiere aber auch erfahrungslos möglich sein, was bei Arten, deren Junge auf Pflege angewiesen sind, einen arterhaltenden Wert hat. Es stellt sich damit die Frage, ob es so etwas wie ein „akustisches Kindchenschema" (im Sinne des optischen von LORENZ) gibt. TEMBROCK hat Versuche durchführen lassen, bei denen Menschen mit ihnen teilweise unbekannten Tierstimmen getestet wurden, unter denen sich auch solche junger oder neugeborener Säugetiere befanden. Die von BRENNER (1968) durchgeführten Untersuchungen hatten folgende Ergebnisse: Die 210 getesteten Versuchspersonen (ab 13 Jahre) zeigten keine signifikanten Unterschiede in Abhängigkeit von Alter oder Erfahrungsgrad, aber:

1. Lautäußerungen werden dann als menschliche Kinderstimme angesprochen, wenn ihre Hauptfrequenzen um 1700 Hz liegen.
2. Laute werden dann vornehmlich als „jung" klassifiziert, wenn ihre Frequenzen über 1000 Hz liegen.
3. Laute werden dann vorwiegend als Abwehr eingestuft, wenn sie den Charakter von Knurrlauten haben oder in minimaler Anstiegszeit eine hohe Amplitude erreichen und keine längere Dauer aufweisen (unter 0,5 s). Laute, die über 0,5 s anhalten und/oder eine längere Anstiegszeit bis zur vollen Amplitude haben, werden vorwiegend als „Rufe" eingestuft.
4. Mit wenigen Ausnahmen werden die Ruflaute als „angenehm" und die Abwehrlaute als „unangenehm" klassifiziert. Die Ausnahmen werden anscheinend durch das Frequenzspektrum mitbestimmt. Korrelationsuntersuchungen ergaben, daß bei Frequenzen von etwa 800 bis 2000 Hz die Kombination „jung" — „Ruf" — „angenehm" auftrat, bei Frequenzen unter 800 Hz dagegen die Kombination „erwachsen" — „Abwehr" — „unangenehm".

Es gibt also auch im akustischen Bereich Reizkonstellationen, die auf den Menschen eine ähnliche Wirkung wie das optische „Kindchen-Schema" von LORENZ ausüben. Hier wären aber sicher Kombinationen mit optischen Signalen wesentlich, um dieses komplexe Reaktionssystem voll erfassen zu können.

12. Visuelle Informationsübertragung

12.1. Grundlagen

Die Herausbildung von Sehorganen (Photorezeptoren) in der Stammesgeschichte der Tiere hat die Entwicklung des optischen Kanals im Dienste der Zeichen- und Signalübertragung entscheidend gefördert. Dabei wird das Prinzip der Informationsübertragung maßgeblich bestimmt durch die Leistung der Rezeptoren. Die wichtigsten Parameter, die dabei ausgewertet werden können, sind:

a) Lichtintensität
b) Wellenlänge im Bereich des sichtbaren Spektrums
c) räumliche Beziehungen (Sehschärfe, Minimum separabile)
d) zeitliche Beziehungen (kritische Flimmerverschmelzungsfrequenz)
e) Richtung
f) Entfernung
g) Bewegung
h) Schwingungsebene des (polarisierten) Lichtes.

Es gibt nur wenige Tiergruppen, deren Lichtsinnesorgane einen Teil oder alle diese Parameter auswerten können. Das sind vor allem die Mollusken, die Arthropoden und die Vertebraten. Unter den Weichtieren (Mollusca) haben die Kopffüßer (Cephalopoda) die am stärksten differenzierten Augen, die sie auch zu komplexen Sehleistungen befähigen, wie es vor allem durch ausgedehnte Untersuchungen der letzten Jahre nachgewiesen wurde. Bei den Gliederfüßern (Arthropoda) sind besonders die Facettenaugen zu einer hohen Informationsausbeute auf Grund der oben genannten Faktoren geeignet. Entsprechendes gilt auch wieder für das Wirbeltierauge. Doch gibt es ähnlich wie bei den Hörorganen auf

Grund unterschiedlicher Entwicklung und damit auch Bauprinzipien bei den großen Gruppen gewisse Unterschiede in den Leistungen. So können wahrscheinlich nur die Augen der Cephalopoden und Arthropoden die Schwingungsebene des polarisierten Lichtes perzipieren, verfügen also über einen „Analysator" in ihren Augen.

In den letzten Jahrzehnten haben intensive Forschungen eine Vielfalt von Einzelheiten über die Seh-Physiologie erarbeitet, die manche herkömmliche Vorstellung grundlegend revidieren und wichtige Anhaltspunkte für das Verständnis der visuellen Informationsverarbeitung liefern. Ohne Kenntnis und weiteren Ausbau dieser Einsichten wird es nicht möglich sein, die Prinzipien für die Entwicklung der visuellen Signal-Systeme einigermaßen zu übersehen (s. S. 65).

Optische Signalsysteme haben sich aus Gebrauchssystemen entwickelt. Unter diesen beziehen drei Funktionsbereiche auch Strukturen der Körperoberfläche mit ein:

a) die Somatomotorik,
b) die Visceromotorik (Wirbeltiere),
c) vegetative Funktionen.

Die Somatomotorik liefert die Grundlage für alle ortsverändernden (lokomotorischen) Bewegungsformen, von den peristaltischen Bewegungen eines „Hautmuskelschlauches" bei den Regenwürmern (Annelida) bis zu den komplexen Bewegungsmustern mit Hilfe von Extremitäten (und Flügeln). Ortsveränderungen können im Dienst verschiedener Grundfunktionen (Gebrauchsfunktionen) des Körpers vollzogen werden, so zum Nahrungserwerb (stoffwechselbedingtes Verhalten), zur Fortpflanzung, zum Ruheverhalten oder zum Schutzverhalten, für das die Komfortbewegungen (Körperpflege) ja einen Sonderfall darstellen. Auch Erkundung und Orientierung verbinden sich mit (meist ortsverändernden) Koordinationen. So sind die drei elementaren Raum-Zeit-Status-Formen (s. Abb. 5) — wenn auch unterschiedlich — mit diesen Funktionskreisen verknüpft. Im Einzelfall kann man der „gemeinsamen Endstrecke“ (z. B. Schritt im Kreuzgang bei einem Säugetier) nicht ansehen, welchem Funktions-System sie dient; erst eine Bestimmung aller relevanten Bedingungen im Raum-Zeit-System erlaubt die pragmatische Zuordnung (z. B. auf einen Fortpflanzungspartner gerichtet). Sobald sich das Bewegungsmuster einer solchen Endstrecke im Zusammenhang mit einem bestimmten Funktionsbezug ändert, enthält sie zumindest potentielle Informationen (s. S. 29); kennt man den Kontext, in den sie gehört, kann man dann in Zukunft allein aus der Bewegung bereits auf den Funktionszusammenhang schließen. Damit kann sie auch in ein aktuelles Informationssystem eingebaut werden, echte Signal-Bedeutung für einen Empfänger erhalten. Die klassischen Untersuchungen der Ethologie zur Evolution der Signalbewegungen, also zum Problem der Ritualisation, beruhen vornehmlich auf visuell wirksamen Verhaltensmustern (s. S. 73). Das Schrifttum enthält eine fast unübersehbare Fülle von Untersuchungen hierzu. Im Folgenden sollen daher die Grundprinzipien von Syntax, Pragmatik und Semantik an Hand ausgewählter Beispiele erörtert werden.

12.2. *Syntax*

Den Versuch einer umfassenden Syntax des kommunikativen Verhaltens gibt es noch nicht (vgl. TEMBROCK 1969). Vier Parameter müssen dabei vorrangig berücksichtigt werden:

a) räumliche Muster (z. B. Haltungen),
b) räumliche Beziehungen der Kommunikanten (z. B. Stellungen in ihrer Orientierung auf den Empfänger),
c) raumzeitliche Muster (Bewegungen),
d) zeitliche Muster (Dauer, Ordnung in der Zeit).

Für die somatomotorischen Systeme können vielleicht folgende Körperhaltungen klassifiziert werden (Abb. 37):

a) Horizontalhaltungen
   1. tief (Ducken)
   2. hoch (Flachhaltung)
   3. konvex („Buckel“)
b) Vertikalhaltungen
   1. Aufrechthaltung
   2. Abwärtshaltung
c) Intermediärhaltungen
   1. Vornniedergehen
   2. Hintenniedergehen

Für die räumlichen Beziehungen kann man folgende Stellungen unterscheiden:

1. Frontalstellung
2. Parallelstellung (1 und 2 = teil- und ganz-parallel)
3. Antiparallelstellung (1 und 2 entsprechend)
4. Tandemstellung
5. Lateralstellung („Querstehen“)
6. Schrägstellung

Die Bewegungen im somatomotorischen System lassen sich wie folgt unterteilen:

I. Körperbewegungen
   a) Auf-Ab-Bewegungen
      1. unidirektional (horizontal hoch-tief)
      2. bidirektional (horizontal — vertikal)
   b) Schaukelbewegungen
      1. horizontal
      2. vertikal
   c) Pendelbewegungen
      1. vorn: Pendeln des Vorderkörpers
      2. hinten: Pendeln des Hinterkörpers
   d) Schüttelbewegung (axial)
   e) Kreisbewegung (weiträumiges Axialkreisen, speziell bei bipeden Arten)
   f) Vor- und Zurückbewegung.

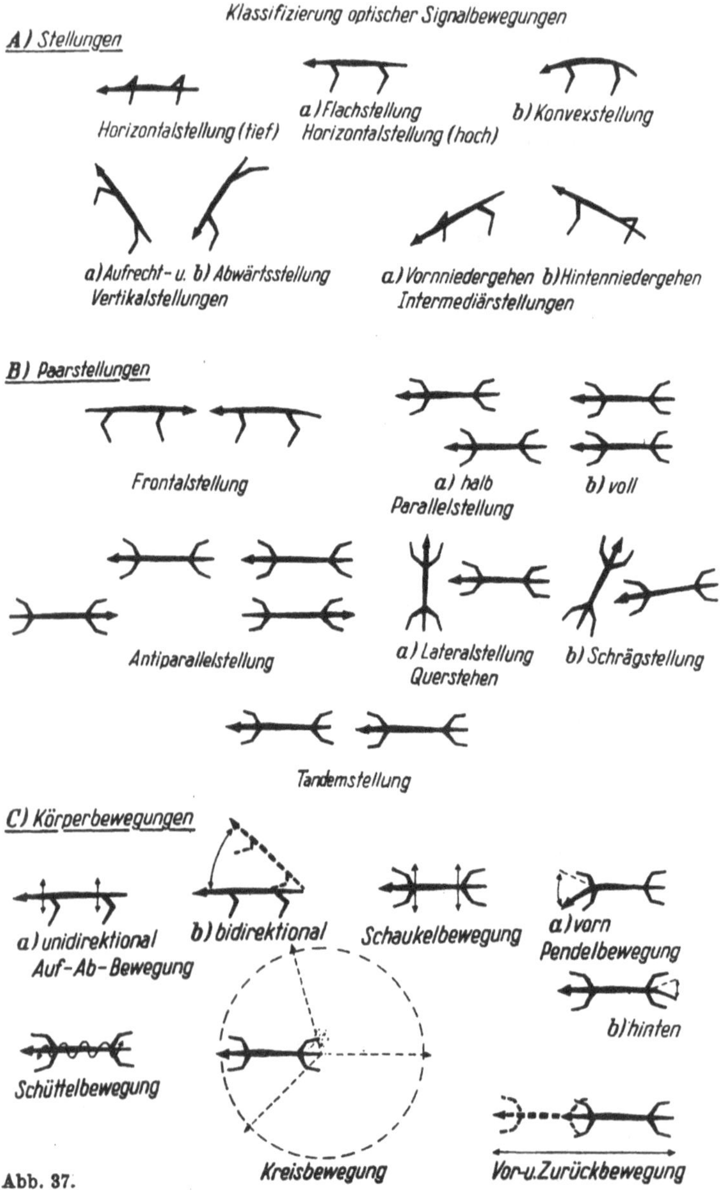
Klassifizierung optischer Signalbewegungen
A) Stellungen
Horizontalstellung (tief)
a) Flachstellung
b) Konvexstellung
Horizontalstellung (hoch)
a) Aufrecht- u. b) Abwärtsstellung
Vertikalstellungen
a) Vornniedergehen b) Hintenniedergehen
Intermediärstellungen
B) Paarstellungen
Frontalstellung
a) halb
b) voll
Parallelstellung
Antiparallelstellung
a) Lateralstellung
b) Schrägstellung
Querstehen
Tandemstellung
C) Körperbewegungen
a) unidirektional
b) bidirektional
Auf-Ab-Bewegung
Schaukelbewegung
a) vorn
Pendelbewegung
b) hinten
Schüttelbewegung
Kreisbewegung
Vor-u. Zurückbewegung

Abb. 37.

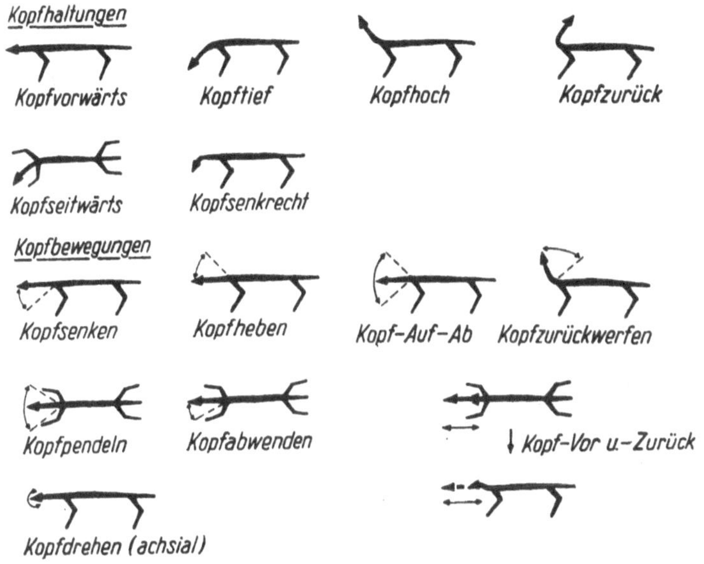

Abb. 37. Schematische Darstellung der Syntax von Haltungen, Stellungen und Bewegungen. Einzelheiten im Text.

Die räumlichen Beziehungen zum Kommunikanten können ähnlich wie bei den Stellungen klassifiziert werden, allerdings wäre dann noch die Kreisbewegung hinzuzufügen. Diese Abläufe können einsinnig, also nur von einem Partner ausgeführt werden, während der andere eine Stellung hat, oder beidseitig.

II. Extremitäten-Bewegungen

a) Treteln (Bewegungsrhythmus am Ort)
b) Trommeln
c) Stampfen
d) Schlagen
e) Klatschen
f) Ausschlagen
g) Boxen
h) „Flaggen“ (Flügel bei Vögeln)
i) Scharren

Diese Übersicht erfaßt nur die grundlegenden Möglichkeiten; bereits zwischen diesen ist eine Vielfalt von Kombinationen möglich (Haltung und Bewegung). Hinzu kommen aber noch die viscero-motorischen Systeme:

I. Oraler Bereich: peroral — exoral (Aufnahme — Ausstoßen)
   a) Kieferbewegungen
   b) Zungenbewegungen
   c) Lippenbewegungen

II. Rezeptor-Bereich (optimaler Einsatz — Schutz)
   a) Nase
   b) Augen
   c) Ohren

In räumlicher Orientierung lassen sich unterscheiden:

1. Lateralmuster (voll effektiv in Lateralstellung, daher oft unilateral: Halbseitenmimik)
2. Frontalmuster (volle Wirksamkeit in Frontalstellung)

Auch im visceralen Bereich können noch Haltungen von Bewegungen unterschieden werden (z. B. bestimmte Kiefer-, Zungen- und Lippenhaltungen, oder Augen: geöffnet — enger Lidspalt — geschlossen, Ohren: auf-ab, seitwärts, kreisend, verschiedene Haltungen).

Hinzu kommt die kombinierte Motorik, die sich vor allem auf Kopfhaltungen und Kopfbewegungen bezieht.

1. Kopfhaltungen
   a) Kopfhoch
   b) Kopftief
   c) Kopf-Frontalhaltung (Stirn horizontal)
   d) Kopf-Vertikalhaltung (Stirn senkrecht zur Achse)
   e) Kopfzurück
   f) Kopfseitwärts

2. Kopfbewegungen
   a) Kopfpendeln
   b) Kopfkreisen
   c) Kopf-auf-ab
   d) Kopf-vor-zurück
   e) Kopfzittern
   f) Kopfstoßen

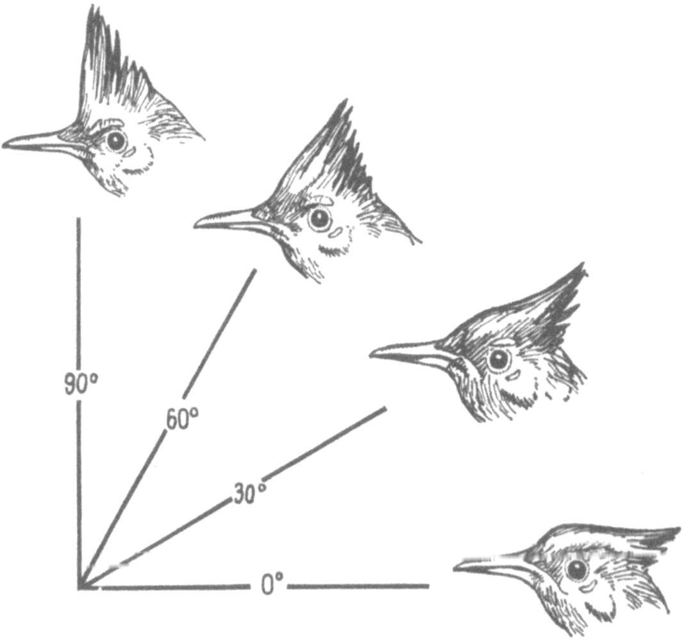

Abb. 38. Beim Schwarzkopfhäher (*Cyanocitta stelleri*) zeigt das Aufrichten der Federhaube den Grad des agonistischen Status an (nach BROWN 1964 aus MARLER und HAMILTON 1966).

Dieser motorische Komplex kann nun wieder in mannigfacher Weise mit den verschiedenen Körperhaltungen, Körperstellungen und Körperbewegungen kombiniert werden. Trotz der großen Vielfalt zeichnen sich bestimmte

Prinzipien ab: Ohne eine exakte Kennzeichnung der Syntax, die alle subjektiven Bezeichnungen (die meist pragmatisch definiert sind) ausschließt, ist eine Analyse der visuellen Signalübertragung nicht möglich.

Die vegetativen Funktionen sind durch die Steuerung über hormonale oder autonom-nervöse Systeme vielfach

Abb. 39.

Abb. 39. Darstellung einiger typischer mimischer Ausdrucksformen bei Primaten (die Skizzen beziehen sich nicht auf eine bestimmte Art, sie zeigen etwa die Gesichtsproportionen der Meerkatzen (*Cercopithecus*), wobei rechts jeweils die wichtigsten Muskelkontraktionen angedeutet sind); um den Mund: Musculus orbicularis oris; Oberlippe-Nase: M. naso-labialis; Mund-Wangen: M. zygomaticus; Augenregion: M. orbicularis oculi; Stirn: M. frontalis; Wange: M. triangularis: a) Pragmatischer Bezug: Spielverhalten (Ausdruck als „Lachen“ bezeichnet); b) pragmatischer Bezug: Flucht-auslösende Reize, aber Fluchthemmung („Horror“); c) pragmatischer Bezug: Starke Verhaltenshemmung (speziell Handlungsunfähigkeit im sozialen Bereich: „Niedergeschlagenheit“; Herabziehen der Lippenwinkel durch den M. triangularis); d) pragmatischer Bezug: aggressionsauslösende Reizkonstellation („Wut“); e) pragmatischer Bezug: agonistisches Verhalten auslösende Reizkonstellation („Drohen“); diese Mimik könnte auf Überlagerung von aggressiven und defensiven Tendenzen zurückgeführt werden (BOLWIG spricht von „Zorn“ und „Furcht“) (verändert nach BOLWIG 1964).

ganz bestimmten Statusformen zugeordnet. Soweit sie Oberflächenstrukturen einbeziehen, können sie daher ebenfalls zur Grundlage von visuell wirksamen Signalsystemen werden. Das gilt besonders für alle Hautdifferenzierungen und Hautanhänge wie Haare, Federn

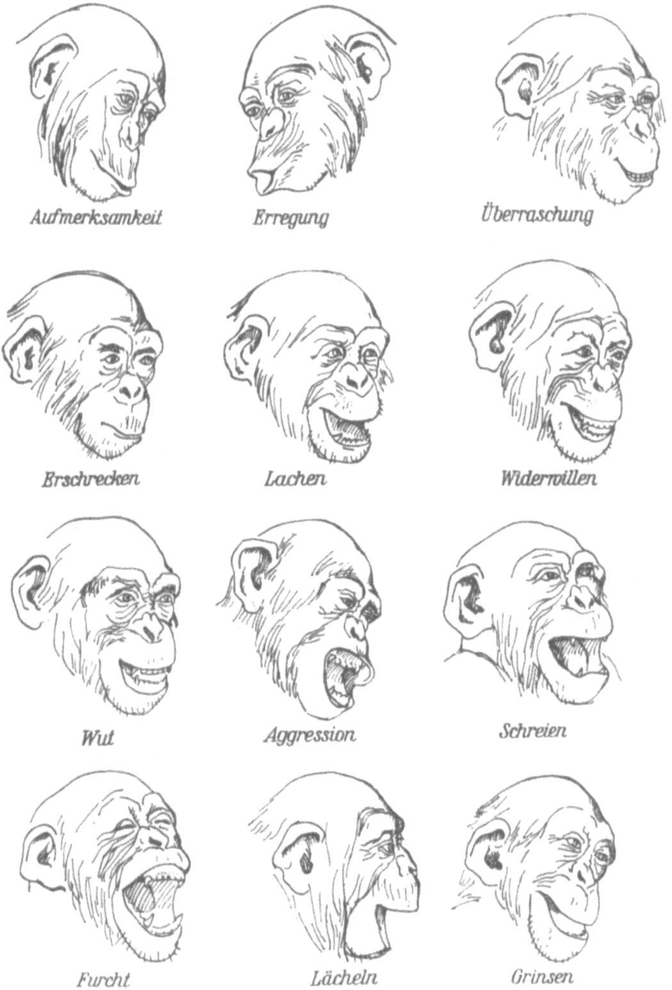

Abb. 40. Mimische Ausdrucksbewegungen beim Schimpansen (nach KOHTS 1935 aus MARLER 1961, verändert).

und Schuppen, die zu mannigfachen Konturänderungen am ganzen Körper oder bestimmten Teilen führen und damit hohen Signalwert gewinnen können. Es gilt aber auch für Hautpartien, die durch Änderungen der Blutzirkulation Form und Farbe verändern. Schließlich können auch Drüsen auf verschiedene Weise wirksam werden. In manchen Fällen verfärben Drüsensekrete bestimmte Hautpartien (Schläfendrüse der Elefanten z. B.), ein weithin sichtbares Signal für den Status. Auch Veränderungen der Drüsenöffnungen können optisch auffällig werden. Auch die Pupillomotorik wird maßgeblich vom vegetativen Status beeinflußt. Ihre semantische Bedeutung ist noch unzulänglich untersucht, obwohl sie bei vielen Arten wohl kaum zu bezweifeln ist. Auch für den Menschen werden ja neuerdings Hinweise auf konkrete Verhaltensbezüge der Pupillomotorik gefunden.

12.3. Pragmatik

Eine Klassifizierung visueller Signale unter funktionellen Gesichtspunkten liegt bis heute noch nicht vor. Die meisten Untersuchungen haben nur Teilsysteme erfaßt oder aber die Funktionskreise insgesamt untersucht. Auf Grund der hier vorgekommenen Kennzeichnung des Kommunikations-Systems bietet sich für den visuellen Kanal diese pragmatische Einteilung der Signale an:

1. Nahfeld
   a) Sichtkontaktsignale
   b) Spiel-Sichtsignale
   c) Warn-Sichtsignale
   d) Alarm-Sichtsignale
   e) Defensiv-Sichtsignale
   f) agonistische Sichtsignale
   g) Dominanz-Sichtsignale
   h) Unterwerfungs-Sichtsignale

i) Fortpflanzungs-Sichtsignale
Balz-Sichtsignale
Identifizierungs-Sichtsignale
Pflege-Sichtsignale
j) Komfort-Sichtsignale
2. Übergangsfeld
k) Territorial-Sichtsignale
3. Distanzfeld
l) Ruf-Sichtsignale („Sicht-Appelle")

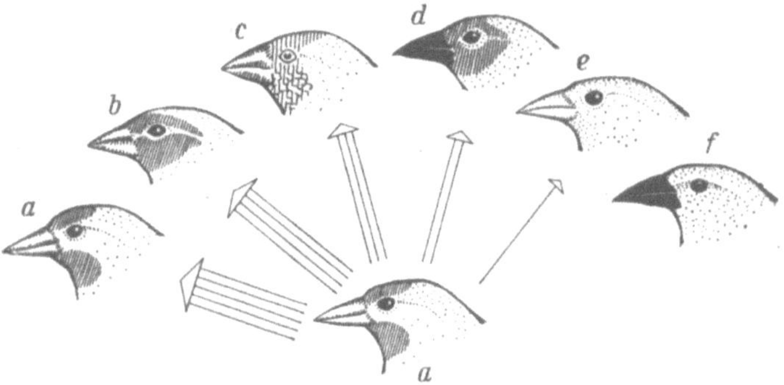

Abb. 41. Schematische Darstellung der summativen, aggressionsauslösenden Wirkung des roten Schnabels und roter Kopfmaske. Auf die Männchen der mit beiden Merkmalen ausgestatteten *Pytilia melba* wirkt deren Kombination als stärkstes Signal. Rote Kopfmaske (bei schwarzem Schnabel) wirkt stärker als roter Schnabel allein. a) *Pytilia melba*, b) *P. afra*, c) *Bathilda ruficauda*, d) *P. hypogrammica*, e) *P. lineata*, f) *P. phoenicoptera* (nach NICOLAI 1968).

1. Nahfeld

Sichtkontaktsignale sind bislang noch relativ wenig experimentell untersucht: Sie haben Beziehungen zu den Identifizierungssignalen, doch dienen diese zur Signalisierung bestimmter Individuen (Sender) und sind damit zugleich auch auf bestimmte Adressaten beschränkt, während die Sichtkontaktsignale wie die Stimmfühlungslaute (denen sie funktionell entsprechen) ein permanentes Kommunikationssystem schaffen (mit latenter Kommunikation). Die wichtigsten Parameter, die hierbei wirksam werden können, sind Konturen, Formen, Farben und Bewegungen. Optomotorische Effekte können dabei bedeutsam sein. Solche kompensatorischen Reaktionen gegenüber Bildverschiebungen in der Umwelt haben besonders in schwarmähnlichen Gruppenstrukturen wichtige Funktionen, wie es Untersuchungen am Fischschwarm gezeigt haben. So stellen sich nach HORSTMANN (1959) Jungfische von *Mugil cephalus* gegenüber bewegten Objekten derart ein, daß sich deren Bild auf der Netzhaut von hinten nach vorn bewegt. Das Ausmaß dieser optomotorischen Reaktion wird von Größe, Geschwindigkeit und Lage des Objektes im Gesichtsfeld beeinflußt. Im Schwarm wirkt dieses Verhalten auch auf die Nachbarfische und führt zu einer imitierenden Bewegung (Schwarmreaktion), wobei die Wiederholbarkeit und Stärke von der Anzahl der auslösenden Fische abhängen. Gleichzeitig wird damit die Lichtintensität zu einem wichtigen Faktor. Da außer der Biolumineszenz (mit eigenen Leuchtorganen) die optische Kommunikation sich den im Umfeld gegebenen Lichtbedingungen anpassen muß, ist dieser Faktor gerade auch in der Sichtkontaktkommunikation sehr wesentlich. So konnte SHAW (1961) bei dem Schwarmfisch *Menidia* feststellen, daß es bei ungefähr 0,5 lx zur Schwarmauflösung kommt. DAMBACH (1962) konnte bei den Buntbarschen (*Tilapia*) ebenfalls optomotorische Reaktionen als wichtige Komponente des Schwarmverhaltens nachweisen.

Dagegen können Fische mit eigenen Leuchtorganen, wie *Gonichthys coccoi* auch nachts dichte Verbände aufrechterhalten (MARSHALL 1954). Die Sichtkontaktkommunikation ist in den hier vorgelegten Beispielen wesentlicher Funktionsträger von sozialen Aggregationen. IMMELMANN (1959) fand bei Zebrafinken (*Taeniopygia castanotis*) eine starke Wirkung visueller Signale. Dreiwöchige und fünfwöchige Jungvögel vergesellschaften sich im Versuch bei Attrappenauswahl jeweils mit der Attrappe, die in bezug auf die Schnabelfarbe ihrem Reifegrad entsprach, das jüngere saß bei der schwarzschnäbeligen, das ältere bei der rotschnäbeligen Attrappe.

Die Schnabelfarbe scheint bei dieser Vogelgruppe das entscheidende Signal für den allgemeinen Sichtkontakt zu liefern. Denn auch dann, wenn gemischte Artengruppen gebildet wurden, finden sich nur Arten mit gleicher Schnabelfarbe zusammen.

Spiel-Sichtsignale sind bislang kaum beschrieben oder genauer untersucht. Zweifellos stellen bestimmte Bewegungsabläufe, die typisch für das Spielverhalten sind, optisch wirksame Signale für den Partner dar, durch die er auch zum Spiel angeregt werden kann. Beim Rotfuchs gehören dahin die von TEMBROCK (1958) als „Spielaufforderung" bezeichneten Verhaltensweisen (Initialspiele): Mimischer Spielausdruck, Kopfhochwerfen, Kopfschleudern, Tänzeln, Anlaufen, Vornniedergehen, Aufforderungslauf, Spielscharren, Sprunglage, Hinwerfen, Auf-den-Rücken-werfen, Spielzerren, Pföteln, Spielkontaktlauf, Spieltragen. Ein Teil dieser Verhaltensformen kommt auch in anderen Funktionskreisen vor, doch sind dann die dem Spiel zugeordneten Bewegungen entweder durch Kombination mit dem mimischen Spielausdruck der Gesichtsmuskulatur, oder aber außerdem auch durch veränderte Raum-Zeit-Muster unterschieden. Insgesamt wurden aber 21 Bewegungsformen gefunden, die nur im Spiel auftreten.

GWINNER (1966) fand beim Kolkraben (*Corvus corax*) typische Gemeinschaftsspiele, wobei er eine „ansteckende Wirkung" des Spielverhaltens feststellen konnte; auch

→

Abb. 42. Folge der Bewegungselemente beim Balz- und Rivalitätsverhalten des Kolkraben (*Corvus corax*) (Schematisiert): An die Kette der „Imponier"-Verhaltensweisen (F = Federohrimponieren, D = Dickköpfiges Imponieren, V = Verbeugungszeremonie) schließt sich beim Rivalenimponieren beim überlegenen Tier die Angriffshaltung (A) an. Beim Balzimponieren folgt beim Männchen nach der Männchen-Kopulationshaltung (♂ K) die Weibchen-Kopulationshaltung (♀ K), beim Weibchen direkt die ♀ K (nach GWINNER 1964).

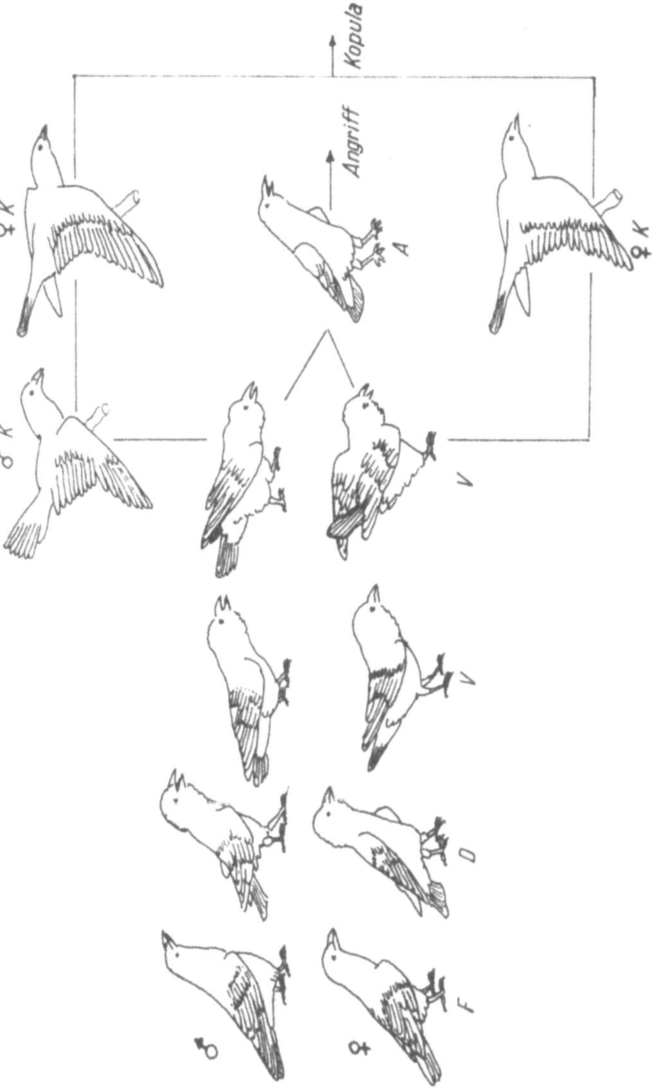

Abb. 42.

hier sind sicher optische Signale auslösend für das allelomimetische („stimmungsübertragende“) Verhalten.

Störungs-Sichtsignale (Warn-Sichtsignale) treten auf, wenn innerhalb des Nahfeldes ein in permanenter Kommunikation stehender Partner für den Sender verhaltensstörend wird (z. B. Spielverhalten gegenüber einem Individuum im Ruhestatus). Die Störungs-Sichtsignale verändern die gerade vorliegende Grundkoordination (z. B. Ohrenanlegen) oder Teilsyndrome (das sind wenigstens zwei Teilkoordinationen: z. B. Ohrenanlegen und Fellsträuben). Störungs-Sichtsignale sind demnach arbiträr, während die Defensiv-Sichtsignale ikonisch sind (sie bilden ihre Funktion ab, z. B. Zeigen des Gebisses und Anlegen der Lippen usw.).

Alarm-Sichtsignale sind bei den einzelnen Gruppen differenziert und haben vielfach (ikonisch) Bezug zu dem möglichen nachfolgenden Verhalten. Sie haben im Raum-Zeit-System meist Extremwerte gegenüber den anderen Bewegungsmustern, so daß ein sehr hoher Signalabstand besteht. So können sie beispielsweise durch abruptes Einstellen aller Bewegungen gekennzeichnet sein. Funktionell optimieren sie damit zugleich den potentiellen Informationsempfang. Sie können weiterhin durch extreme Raumwerte „auffallen“ wie Reckstellungen, die besonders bei langhalsigen Arten (viele Vögel und Säugetiere) starke visuelle Wirkung auf die Empfänger ausüben. Ferner können „mimisch übertriebene“ Intentionsbewegungen (z. B. zum Auffliegen) optische Alarmsignale sein. Durch Veränderung von Oberflächenstrukturen (partielles Aufstellen von Haaren unter Freigabe sichtwirksamer Felder) können ebenfalls Alarmsignale gegeben werden. Auffällige Springbewegungen am Ort oder mit Ortsveränderung haben bei manchen Säugetieren derartige Wirkungen (vgl. Eibl-Eibesfeldt 1957, Ewer 1966).

Agonistische Sichtsignale sind außerordentlich weit verbreitet und treten im Zusammenhang mit innerartlichen Begegnungen im Nahfeld auf, bei denen sich Angriffs- und Fluchtmotivationen überlagern. In diesem

Kontext wird auch von „Aggressions-Signalen" gesprochen. Auch Verhaltensweisen, die als „Drohgebärden" beschrieben wurden, gehören hierher. Im Kontext des eigentlichen (Rivalen-)Kampfes dominieren akustische und vor allem taktile Signale, doch sind dabei auch immer wieder optische Zeichen wirksam. Agonistische Sichtsignale treten vor allem dann auf, wenn zwischen zwei Partnern (noch) kein eindeutiges Rangverhältnis besteht. Sie können aber leicht übergehen in den Dominanz-Unterwerfungsstatus mit den entsprechenden Signalen, oder auch (bei einem Partner) in Defensivverhalten, das immer dann auftritt, wenn die Fluchtkomponente durch eine Beharrungstendenz unterdrückt ist oder räumlich verhindert wird. Für die Reptilien hat MERTENS (1946) folgende visible aposematische Reaktionen in diesem Zusammenhang unterschieden:

1. Färbung
   a) Grelle Dauerfärbung (bestimmter Körperteile, z. B. Schwanz), die dann auffällig sichtbar wird
   b) Physiologischer Farbwechsel
   c) Vorweisen auffälliger Farbflecke

2. Veränderungen der Form
   a) Zusammenrollen des Körpers
   b) Einnahme der Rückenlage
   c) Schrägstellen des Körpers
   d) Emporheben des Körpers oder seiner Teile
   e) Senken des Kopfes und Rückenkrümmen
   f) Aufblähen des Rumpfes oder Halses
   g) Abplatten des Körpers
   h) Aufrichten von Rückenkämmen
   i) Aufrichten verschiedener Kopfanhänge
   k) Aufsperren der Kiefer

3. Bewegung
   a) Heben und Senken des Körpers
   b) Schaukeln und Schlängeln

c) Springen
d) Rotieren
e) Stampfen und ähnliche Bewegungen
f) Nicken
g) Schwanzbewegungen
h) Vortäuschen des Kopfes
i) Symbolischer Stoß

Bei diesen Verhaltensweisen ist allerdings eine scharfe Abgrenzung zu Defensiv-Sichtsignalen nicht möglich, wie überhaupt das ganze Problem der „Aggression“ motivationstheoretisch noch viele offene Fragen aufweist.

Dominanz-Sichtsignale manifestieren einen Status zwischen Partnern im Nahfeld, ihr Komplimentärverhalten wird durch Unterwerfungs-Sichtsignale gekennzeichnet. Dieser Status kann einem agonistischen Verhalten folgen, kann aber auch vorangehen, wenn bestimmte Bedingungen (schon bestehender Rangstatus) ein Tier veranlaßt, auch einem fremden Individuum gegenüber diese Signale zu senden. Die Motivationslage ist nach Tembrock eine Überlagerung von Angriffs- und Abwehrtendenzen; das daraus resultierende Verhalten hat Heinroth „Imponiergehaben“ genannt. Es läßt sich nicht immer eindeutig vom Drohen abgrenzen, da auch Drohgebärden in diesem Funktionszusammenhang eingesetzt werden. Entscheidend ist daher der System-Bezug. Dominanz ist nur im Zusammenhang mit Unterlegenheit definiert. Dominanz-Sichtsignale (Abb. 43) zeigen vielfach Konturvergrößerung. Verlangsamung bis völlige Retardation der Bewegung, starke Koordinationsänderungen gegenüber Gebrauchsbewegungen und damit wiederum hohen Signalabstand.

Die Unterwerfungs-Sichtsignale sind gegenüber den eigentlichen Dominanz-Sichtsignalen durch starken Reizkontrast (Prinzip der Antithese) gekennzeichnet, worauf schon Darwin aufmerksam gemacht hat (vgl. Abb. 44). Dabei scheinen zwei Prinzipien vorrangig wirksam zu sein:

Abb. 43. Wapiti (*Cervus elaphus canadensis*), zwei Phasen des Drohens; dabei werden die Oberlippe angehoben und ein zischender Laut geäußert; durch diese Bewegung demonstrierten die stammesgeschichtlichen Vorfahren ihre stark entwickelten Eckzähne (die auch heute lebende primitive Hirschformen noch besitzen; Zeichnung nach Foto im Tierpark Berlin).

a) Minderung des Signalabstandes gegenüber der Umwelt
b) Signalfälschung: Angebot von Signalen, die zu einem anderen Status (System-Bezug) gehören und damit beim Empfänger andere Verhaltensweisen auslösen; dadurch üben sie hemmende Wirkung auf das Dominanzverhalten aus.

Die Minderung des Signalabstandes wird vielfach durch Konturänderungen, „verkleinernde" Haltungen sowie Einstellen von Bewegungen erreicht, wobei auch möglichst alle Signale abgedeckt werden, die als Defensiv- bzw. Aggressions-Sichtsignale zur Verfügung stehen. Für die Signalfälschung werden vor allem infantile Signale oder (bei Männchen) Weibchen-Signale eingesetzt. Wickler konnte zeigen, daß bei Primaten das Zuwenden des Hinterkörpers (mit oft auffälligen Farbsignalen) bei unterlegenen Männchen diesem zweiten Typ der Signalfälschung zuzurechnen ist („Innerartliche Mimikry").

Abb. 44. Beispiele für funktionellen Reizkontrast im Sinne der Antithese von DARWIN. Links jeweils Anzeige des Dominanzstatus, rechts des Subdominanzstatus: a) Neunstacheliger Stichling (*Pygosteus pungitius*), hier auch Farbkontrast, aggressive Männchen (links) sind dunkel; b) Zebrafink (*Poephila guttata*); c) Rotfuchs (*Vulpes vulpes*); d) Schneeziege (*Oreamnos americanus*) (nach MORRIS 1954, 1958, GEIST 1965, TEMBROCK 1957).

Unter den Sichtsignalen der Fortpflanzung, die im Nahfeld wirksam werden, sind vor allem die Balz-Sichtsignale zu nennen, mit denen sich die meisten Untersuchungen über das Fortpflanzungsverhalten befassen.

Abb. 45. Totenkopfäffchen (*Saimiri sciureus*), Genitalpräsentieren in einer offenen Position, der passive Partner wird blickfixiert. Diese Demonstrationsbewegung ist bei Primaten weit verbreitet (nach PLOOG 1967).

Leben die Partner nicht in Dauerfamilien oder größeren sozialen Strukturen, dann muß die aktuelle Kommunikation zunächst über die im Zusammenhang mit dem Distanzfeld zu besprechenden Ruf-Sichtsignale (Appell-Sichtsignale) hergestellt werden, ehe die Balz-Sichtsignale eingesetzt werden, die eine Feinabstimmung im Verhalten (räumlich oder zeitlich) zwischen den Partnern herstellen. Im allgemeinen gibt es im optischen Bereich keine eigentlichen Kopulationssignale (die also während der Samenübertragung wirksam werden).

Einen Sonderfall stellt der Buntbarsch *Haplochromis burtoni* dar, den WICKLER untersuchte. Bei diesem Maulbrüter nimmt das Weibchen nicht nur die Eier auf, sondern auch die Spermien, da die Eier in der Mundhöhle besamt werden. Das Männchen vollführt Bewegungen vor dem Weibchen, bei denen es Eifleck-Muster an der Analflosse demonstriert, während es gleichzeitig die Spermien ausstößt. Das Weibchen schnappt nach den

Abb. 46. Kanadagans (*Branta canadensis*): a) bis e) Haltungen mit „Halsschlingen" beim Männchen und zwar (a) Abwärtshaltung, (b) gestreckte Abwärtshaltung, (c) Tiefhaltung, (d) gestreckte Tiefhaltung, (e) Hochhaltung; f) gestreckte Aufrechthaltung, g) „Begrüßungsverhalten" in der Gruppenanordnung und (unten) die dazu gehörige Stellung (auf dem Land). Vor dem Angriff dominiert die Tiefhaltung; es lassen sich Korrelationen zwischen den Haltungen der Partner und dem Abstand zwischen ihnen nachweisen: auf größere Entfernungen dominieren Grußhaltung und Aufrechthaltung, bei geringen Abständen Abwärtshaltung und Tiefhaltung (nach KLOPMAN 1968).

Eiflecken (Signalfälschung), dadurch werden die Samen aufgenommen und die Gametenverschmelzung gewährleistet. Dieses Verhalten dient damit der Spermaübertragung. Auch bei vielen am Boden lebenden Gliederfüßern, bei denen keine Kopulation vollzogen wird (indirekte Samenübertragung), gibt es verschiedenartige Signalsysteme (z. B. Fadensekrete), die das Weibchen zu dem Samenbehälter (Spermatophore) leiten.

Der Funktion der Balz-Sichtsignale entsprechend, handelt es sich in den überwiegenden Fällen um ein „Sicht-Respondieren", also um einen Signalaustausch zwischen den Partnern im Sinne einer bidirektionalen Informationsübertragung. Daher überwiegen Bewegungen relativ kurzer Dauer und geringer Amplitude, da im Nahfeld die optischen Empfangsbedingungen ja optimal sind. Da dieses Verhaltenssystem nur sehr selten über einen Kanal gesteuert wird, ist der Anteil der visuellen Signale bei den einzelnen Arten sehr unterschiedlich. Darauf ist teilweise auch zurückzuführen, daß manche Tiergruppen „klassische Objekte" der vergleichenden Verhaltensforschung geworden sind (Vögel, manche Fische, Arthropoden), weil bei ihnen besonders das visuelle Signalsystem im Rahmen der Balz dominiert und daher zur Ausgestaltung komplexer und vielfach streng festgelegter Handlungsmuster geführt hat, die Kombinationen verschiedener Ausdrucksmittel einsetzen (Konturänderungen, Bewegungsmuster, Farbmuster über „Demonstrationsbewegungen").

Kommunikationssysteme mit Pflege-Sichtsignalen sind im allgemeinen „asymmetrisch", da sie grundsätzlich aus ungleichen Partnern bestehen, adulten und jungen Individuen, die sich auch morphologisch erheblich unterscheiden können. Folgende funktionelle Statusformen können hierbei unterschieden werden:

1. Elternstatus (adultes Tier in der Pflegephase)
2. Distanzerhaltung (meist als „Folgereaktion" bezeichnet)

3. Distanzverminderung.
   a) Nahrungsaufnahme,
   b) Komfortverhalten (Körperpflege),
   c) Ruhe und Schlaf.

Ruhe und Schlaf können auch im Status der Distanzerhaltung vorkommen, wenn pflegende Individuen und Junge in einer bestimmten Distanz bleiben. Viele Bedingungen können bei den einzelnen Arten im Zusammenhang mit diesen Statusformen das Kommunikationssystem beeinflussen. Nesthocker, die zunächst über keine Möglichkeit aktiver Distanzverminderung verfügen, müssen an die Eltern „appellieren"; hier wird oft über das Distanzfeld die aktuelle Kommunikation hergestellt, oder die Nahfeld-Sichtsignale werden erst eingesetzt, wenn eine Kommunikation durch Annäherung des Individuums im Elternstatus hergestellt ist.

Sichtsignale, die im Dienst der Nahrungsaufnahme bei Jungen auftreten (z. B. auffällige Farbmuster bei sperrenden Nesthockern in der Mundhöhle), oder durch die pflegenden Alttiere Futter anzeigen, gehören damit zugleich in den Funktionskreis stoffwechselbedingter Sichtsignale, die in dieser Übersicht (S. 215) nicht eigens aufgeführt wurden, weil außerhalb des Pflegeverhaltens solche Sicht-Signale kaum bekannt sind. Bettelbewegungen gehören hierher, sie können auch unter natürlichen Bedingungen auftreten, sind dann aber meist „infantile Verhaltensformen", die sekundär (ritualisiert) bei hoch sozialen Arten in den Erwachsenenstatus übernommen wurden oder — bei Zootieren — als Erwerbmotorik auftreten.

Typische Sichtsignale kommen aber (wiederum bei sozialen Arten) im Rahmen des Komfortverhaltens vor. So können bestimmte zuwendende Bewegungen „Fremdputzen" (allopreening) auslösen oder doch steuern. Rinder wenden in diesem Zusammenhang dem Partner bestimmte Körperteile (z. B. durch Kopfanheben) zu. Ob auch örtliches Hautzucken zu einem solchen Komfort-Signal werden kann, ist wohl noch nicht untersucht.

2. Übergangsfeld

Hierher gehören vornehmlich die Territorial-Sichtsignale. Ähnlich wie bei der akustischen Kommunikation gibt es auch hier fließende Übergänge zu Formen der Nahfeld-Kommunikation sowie der Distanzfeld-Kommunikation. Das hängt sicher auch damit zusammen, daß im allgemeinen die Motivationen, die dem Territorialverhalten zugrunde liegen, aus Überlagerungen mehrerer (affiner und diffuger) Statusformen zustande gekommen sind. Sie sind daher oft komplex. Generell lassen sich jedoch im Raum-Zeit-System zwei Typen unterscheiden:

a) zeitbestimmte Territorial-Sichtsignale (dynamisch),
b) raumbestimmte Territorial-Sichtsignale (statisch).

Bei der ersten Gruppe, zu der die überwiegende Mehrzahl aller bekannten Beispiele gehört, werden die Zeit-Parameter vom aktuellen Verhalten bestimmt, während beim zweiten Typ die Zeitparameter nicht eindeutig festgelegt sind, wohl aber die räumlichen. Hier werden Sicht-Marken abgesetzt oder hergestellt, wie etwa die „Signalpyramiden" mancher Landkrabben aus der Verwandtschaft der Winkerkrabben (Gattung *Ocypode*) oder Kotplätze, rindengeschälte Bäume, Scharrstellen und andere Änderungen im Territorium, die optisch auffällig sind. Für diese „statischen" Sichtsignale ist kennzeichnend, daß sie durch die Ortsfixierung gerade im Territorial-Verhalten sehr wirkungsvoll sein können, aber zunächst keinen unmittelbaren Kontakt zum Sender herstellen; in Anlehnung an LORENZ kann man hier von einem „eingefrorenen Verhalten" sprechen. Die zeitbestimmten Territorial-Sichtsignale sind unmittelbar verhaltensgebunden über motorische Muster, oft in Kombination mit auffälligen Strukturen oder Farben. Die eigentlichen Winkbewegungen der Winkerkrabben (z. B. *Uca*) liefern hier ein bekanntes Beispiel. Diese Territorial-Signale sind vielfach ambivalent, „Appellents" für den Fortpflanzungspartner, „Repellents" aber für den Rivalen. In diesen Eigenschaften wirken sie in das Distanzfeld. Aber sie können auch gleichzeitig im Nahfeld Signale der Anwesenheit des Territoriums-„Inhabers" sein. In diesem Sinne ist hier wieder das Übergangsfeld eingesetzt, das

Abb. 47. Agonistisches Verhalten beim Breitmaulnashorn (*Ceratotherium simum*); der Hornkontakt wird beendet durch eine Distanzvergrößerung eines Partners durch Rückwärtsgehen (dabei langsames Aufrichten der Ohren), dann beginnt die Beendigung der Frontalstellung durch Kopfabwenden, hier bei beiden Partnern in entgegengesetzte Richtungen und daher schneller Situations-beendend (nach Fotos im Tierpark Berlin).

im generellen Kommunikationsschema (S. 49) nicht enthalten ist, weil im konkreten Einzelfall ja auch bei den Territorial-Signalen eine Wirkung in das Distanzfeld oder/und Nahfeld vorliegt, das Übergangsfeld also kein eigenes Kommunikationsfeld darstellt.

3. Distanzfeld

Ausschließlich in das Distanzfeld hinein wirken die Ruf-Sichtsignale (Sicht-Appelle), die dazu dienen, aktuelle Kommunikation mit einem Empfänger herzustellen, der sich zum gegebenen Zeitpunkt nicht im Kommunikations-System befindet. Die Adressaten sind vornehmlich:

a) Sexualpartner,
b) Sozialpartner, und nur im Falle einer Signalfälschung auch
c) Beutetiere.

In allen Fällen sind die Sicht-Appelle funktionell affin; primär sind sie unidirektional, erst wenn die Kommunikation eingeleitet wurde, kann die weitere Distanzverminderung durch bidirektionale Nachrichtenübertragung gesteuert werden. Territorial-Sichtsignale gehören in dieses Kommunikations-System, wenn sie auf Sexual- oder Sozialpartner gerichtet, bzw. diese ihre Empfänger sind. Im Sexual-Kontext ist der Pfau ein typisches Beispiel dafür: das hochgefächerte Rückengefieder (sowie der kurze mit aufgerichtete Schwanz) signalisieren die Paarungsbereitschaft auch dann, wenn Weibchen noch nicht in unmittelbarer Nähe sind; erst, wenn deren Annäherung stattgefunden hat, kommen echte Balz-Elemente hinzu, die der Kopulation vorangehen. Dazu gehört ein rasselndes Schwanzvibrieren, verbunden mit orientierten Körpereinstellungen. Sicht-Appelle sind nicht geortet; sie werden daher, besonders bei Ausbleiben einer Rückmeldung aus dem Umfeld oft wechselnd orientiert, ausgenommen solche Fälle, in denen sie zugleich territorial an bestimmte Strukturen (ortsfest) gebunden sind.

Einen Sonderfall der Sicht-Appelle stellen die „Gruß-Signale“ dar: hier wird für den Beginn einer aktuellen Kommunikation, gleichviel, ob zufällig oder als Ergebnis von „Rufen“ zustandegekommen, das Signal des affinen Status gegeben. Oft handelt es sich dabei um „vorweggenommene Bewegungen“ (Tembrock), die dadurch gekennzeichnet sind, daß sie bereits ohne Partner-Kontakt so ablaufen wie mit diesem (dahin gehören z. B. das „Tänzeln“ mancher Säugetiere, mit dem auf Distanz schon das Aufstellen der Partner vorweggenommen wird, ebenso auch manche Handgesten bei Primaten).

12.4. Semantik

Die Ethologie hat sich seit Jahrzehnten bemüht, über Attrappenversuche Einsichten in die wirksamen Zeichenkombinationen zu gewinnen, die an der visuellen Kommunikation maßgeblich mitwirken. Auf diese Experimente gründen sich Vorstellungen der „Auslöser“, die über Schlüsselreize (auch Kennreize genannt) verhaltensauslösend wirken, wenn der Empfänger hierfür programmierte Empfangssysteme besitzt, die als „Angeborene Auslösemechanismen“ (AAM), oder — wenn über die genetische Basis nicht genug bekannt ist — auch nur als „Auslöse-Mechanismen“ (AM) bezeichnet werden. Nur bei Leuchtorganen kann der Sender unmittelbar Lichtsignale emittieren und auch deren Intensität beeinflussen. Hierbei ergeben sich Prinzipien, die analog zur akustischen Kommunikation wirksam werden. Wie verschieden die Codierungsprinzipien zwischen Arten einer Gattung sein

→

Abb. 48. Muster der Licht-Pulse während des Leuchtens bei Leuchtkäfern der Gattung *Photuris*. Die Arten 2 und 14, die entsprechende Muster haben, unterscheiden sich sehr stark im Körperbau und scheinen auch allopatrisch verbreitet zu sein (kein gemeinsames Vorkommen) (verändert nach Barber 1951 aus Alexander 1968).

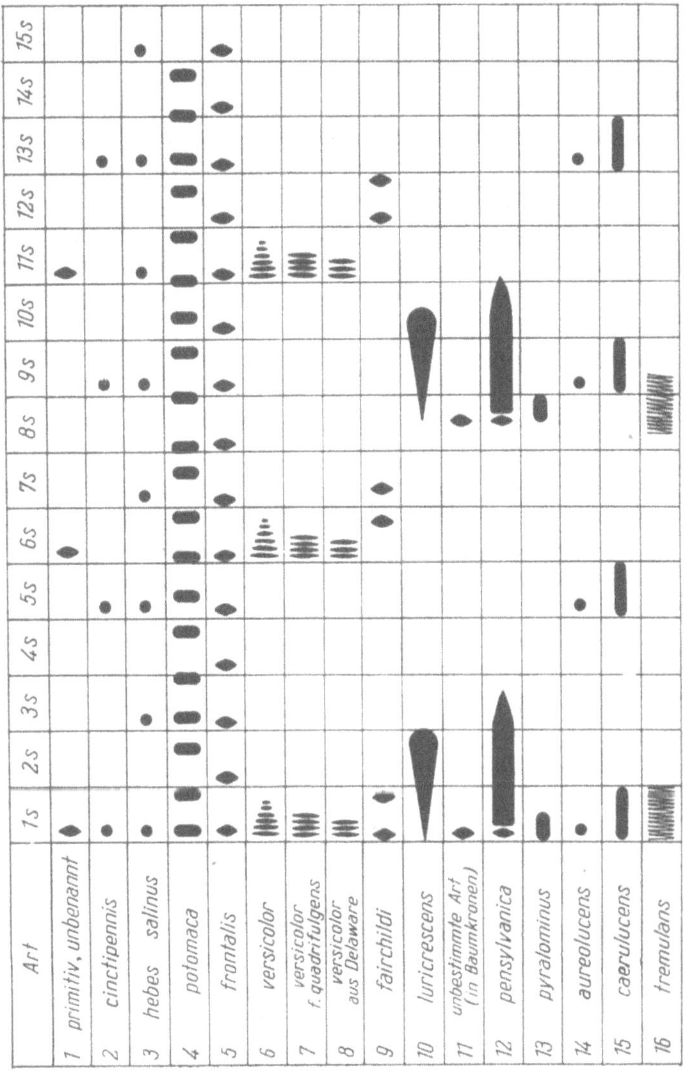
Art
1s
2s
3s
4s
5s
6s
7s
8s
9s
10s
11s
12s
13s
14s
15s
1 primitiv, unbenannt
2 cinctipennis
3 hebes salinus
4 potomaca
5 frontalis
6 versicolor
7 versicolor f. quadrifulgens
8 versicolor aus Delaware
9 fairchildi
10 luricrescens
11 unbestimmte Art (in Baumkronen)
12 pensylvanica
13 pyralominus
14 aureolucens
15 caerulucens
16 tremulans

Abb. 48.

können, zeigt die Abbildung 48. Besonders interessant ist dabei ein von LLOYD (1965) untersuchter Fall: Bei den Leuchtkäfern der Gattung *Photuris* jagen die Weibchen bestimmter Arten Männchen anderer Arten (Gattung *Photinus*) dadurch, daß sie ein Signalmuster senden, das dem der *Photinus*-Weibchen entspricht, wodurch Männchen angelockt werden. Diese Signalfälschung ist zugleich ein „natürlicher Attrappenversuch", der zeigt, wie hier die Codierung erfolgt (zeitliche Ordnung bestimmter Lichtsignale). Bei manchen Leuchtkäfer-Arten kann auch die räumliche Anordnung der Leuchtsignale am Körper die Artzugehörigkeit codieren.

Arten, die das natürliche Sonnenlicht für die visuelle Informationsübertragung ausnutzen, können mitunter spezielle Anpassungen zeigen, besonders wenn es Strukturfarben sind, deren Wirksamkeit durch den Einfallswinkel des Lichtes bezogen auf den Empfänger bestimmt wird. So haben manche Kolibris bestimmte Flugbahnen, bei denen jeweils die Flugachse zwischen Partner und Startpunkt einen Winkel von 90° zum aktuellen Sonnenstand einhält (HAMILTON 1965). Im allgemeinen sind räumliche Einstellmechanismen zwischen den Kommunikanten bei der visuellen Informationsübertragung sehr wesentlich, da der Empfangswinkel hier ungleich stärker als im chemischen oder elektrischen Kanal die Übertragung beeinflussen kann. Körperwendungen bedeuten daher andererseits oft bereits eine Änderung im empfangenen Zeichenmuster. Da ihnen auch vielfach Änderungen im Raumzeitsystem (und der Motivationslage) zugeordnet sind, ist die Verbindung der Codierung bestimmter Nachrichten unter Einbau von Richtbewegungen des Körpers, bezogen auf den Partner, sehr häufig.

Oft kann eine Anzahl von Signalen (oder Zeichen) an der Auslösung eines optisch orientierten Verhaltens beteiligt sein. So konnten TINBERGEN und Mitarbeiter bei der Pickreaktion junger Silbermöwen (*Larus argentatus*) folgende Kennreize ermitteln, die diese Reaktion beeinflußten:

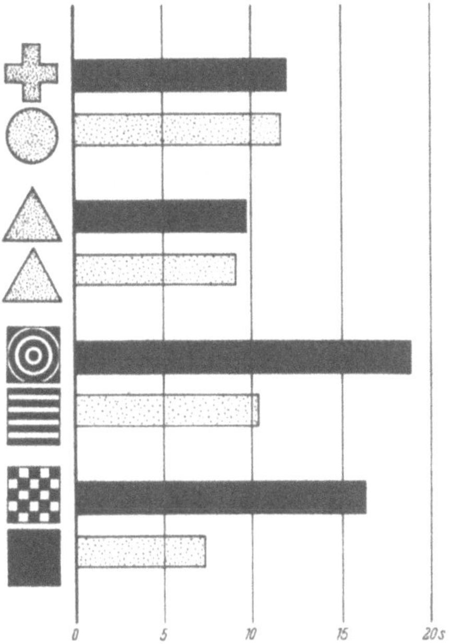

Abb. 49. Reaktionen menschlicher Kleinstkinder (etwa 15 Wochen alt) auf Musterpaare, wobei jeweils ein Paar geboten wird; die beiden Dreiecke sind gleich und dienen als Kontrolle. Die Muster sind rot (oder rot auf weißem Grund). Abgetragen wurde der Mittelwert der Dauer des Fixierens im Einminuten-Test. Im Alter von zwei Monaten ist ein Wandel eingetreten, vorher sind deutliche Unterschiede zu den hier dargestellten Ergebnissen nachweisbar (z. B. Schachbrett und Quadrat werden etwa gleich lange betrachtet). Gegenüber gleichaltrigen Schimpansen zeigen die menschlichen Kinder differenzierteres Verhalten bei Angebot von optischen Mustern (nach FANTZ 1961, 1965).

(1) Bewegung, (2) die längliche Form (dünn, nicht zu kurz), (3) Niedrigkeit, (4) Abwärtszeigen, (5) Nähe und (6) der Fleck, der rot sein kann und sich von der Grundfarbe des Schnabels abheben muß. Hier liegt eine Struktur vor (von verschiedenen Beziehungen der Teilglieder), die sich gewissermaßen aus „Morphemen“ zusammensetzt, wenn man Analoga aus der Linguistik heranziehen will.

Bei den Zwergzichliden *Apistogramma reitzigi* und *A. borelli* folgen die Jungen der Mutter auf Grund von

Bewegungs- und Farbsignalen, wobei die beiden Arten spezifisch auf „Brutkleider" der Weibchen abgestimmt sind: Bei *A. reitzigi* ist gelb für das Zuschwimmen auslösend, bei *A. borelli* ein Gelb-Schwarz-Kontrast. Lernvorgänge beeinflussen diese Reaktionen nicht (E. und P. Kuenzer 1962). Bei der Gattung *Nannacara* ist die Bewegung ein vorrangiger Auslöser des Folgeverhaltens der Jungfische: Einzelbewegungen müssen schnell ablaufen; optimal wirkt eine Bewegungsgeschwindigkeit von 70/s. Die Amplitude der Bewegungen kann erheblich schwanken, ohne den Erfolg (im Attrappenversuch) nennenswert zu beeinflussen. Bewegungsmuster können mit ihren Amplituden und Frequenzen auch bei Reptilien die Artcodierung vollziehen. Die Untersuchungen von Hunsaker (1962) an der Gattung *Sceloporus* zeigten, daß bei den im Erscheinungsbild ähnlichen Arten dieser Gattung Bewegungsmuster bei der Artidentifizierung vorrangig sind. Es handelt sich dabei um rhythmische Kopfbewegungen, die bei jeder Art nach einem anderen Muster der Amplituden und Verteilung in der Zeit ablaufen. Weibchen wählen den Fortpflanzungspartner ausschließlich nach diesem Signal.

Rhythmische Flügelbewegungen bei dem Kernbeißer *Pheucticus ludovicianus* lassen in bestimmter Zeitfolge farbige Unterflügeldeckfedern aufblitzen. Dunham (1966) hat bei dieser Art die spezielle Wirkung der Signale auf den Artgenossen beim agonistischen Verhalten geprüft. Für die Kombination der drei Verhaltensformen A (Schnabelöffnen), B (Kopfgefieder aufrichten) und C (ein bestimmter kurzer harter Laut) ergaben sich folgende Werte für die Reaktionen beim Empfänger:

	Reaktionen des Rezipienten in %		
Elemente	Angriff	Flucht	Verbleiben
A + B	15	44	41
A	9	69	22
A + C	5	66	29

Der Signalwert von A wird demnach durch B verändert.

13. Komplexe Kommunikations-Systeme

Die methodisch erforderliche Analyse der Leistungen der einzelnen Kanäle darf nicht darüber hinwegtäuschen, daß die Lebewesen fast ausnahmslos komplexe Kommunikations-Systeme aufbauen, an denen mehrere Kanäle beteiligt sind. Dabei genügt es auch nicht, die „Hierarchie“ zu bestimmen (also die Rangfolge der einzelnen Kanäle), vielmehr können unter verschiedenen Bedingungen komplizierte Integrationen auftreten, die wir bisher nur sehr unzulänglich überschauen. Wesentlich sind dabei jedoch die natürlichen Bedingungen, unter denen die Evolution diese Systeme „herausgezüchtet“ hat. So reagieren beispielsweise Tierarten, die in einem Gelände mit freier Sicht leben (Steppe usw.) auf akustische Signale allein oft ganz anders als Arten in sichtbehindertem Lebensraum. Ein Wildesel, dem in Gefangenschaft eine akustische Attrappe (Eselrufreihe) vorgespielt wurde, antwortete nur dann mit Rufen, wenn er gleichzeitig den Sender sehen konnte. In den letzten Jahren haben verschiedene Untersuchungen (mit unterschiedlichen Fragestellungen) gerade in Hinblick auf die Kombination optischer und akustischer Reize interessante Befunde erbracht.

So wird das Lernen von Sequenzen visueller Zweifachwahlen bei Tauben mit Hilfe auditiver Rückmeldungen verbessert (Zeier 1967). Dabei wird vermutet, daß die akustischen Rückmeldungen jene der Propriorezeptoren („innere Handlungskontrolle“) verstärken. In seinen Versuchen an Hühnern fand Felgenhauer (1965) eine Intensitäts-Abhängigkeit des akustischen Einflusses auf visuelle Lernprozesse. Ein periodisch gebotener Reinton von 4000 Hz wirkt bei geringer Schallstärke fördernd auf den Lernprozeß, bei hoher dagegen hemmend. Kleinebrecht (1968) beobachtete darüber hinaus besseres visuelles Lernvermögen bei periodischen akustischen Reizen als bei nicht-periodischen.

Neurophysiologisch sind Beziehungen zwischen der Hörbahn und der Sehbahn nachgewiesen. So ist im verlängerten Mark (Medulla oblongata) der Nucleus olivaris superior nicht nur ein Teil der Hörbahn (tertiäre Relaisstation), sondern hat anscheinend zwei Grundfunktionen. Diese werden von IRVING und HARRISON (1967) mit dem Farb- sowie dem Hell-Dunkel-Sehen verglichen. Dabei werden Korrelationen zwischen dem VI. Hirnnerven (N. oculomotorius), der Augengröße sowie dem N. olivaris superior medialis nachgewiesen. Danach könnte diese Station der Hörbahn kombiniert mit visuellen Informationen vor allem der Steuerung der optischen Funktionen dienen, indem die Schallreize verwendet werden, Kopf- und Augenbewegungen optimal zur Reizquelle einzustellen. Demgemäß würde die zweite Grundfunktion des Hörens (Schall-Ortung zur akustischen Informationsverarbeitung) über die andere Schaltstation der Olive (den Nucleus olivaris superior lateralis) laufen.

Akustische Reize scheinen auch auf den „Lichtrückenreflex“ bei Fischen einzuwirken, wenn man entsprechend der Versuchsanordnung nach v. HOLST den Fisch von der Seite her beleuchtet, so daß er als Resultante zwischen Licht- und Schwerkraftwirkung eine Schräglage einnimmt. Bei Vorversuchen an Scalaren (*Pterophyllum*) zeigte ein Fisch, der unter den Versuchsbedingungen eine Schräglage von 14,6° aufwies, bei 220 Hz eine Steigerung auf 23,9°. Demnach hatte hier das Tonangebot hemmend auf die Rückmeldungen aus dem Schwerkraftrezeptor (Sacculus, Utriculus) gewirkt, wodurch die Wirkung des Seitenlichtes erhöht und damit eine verstärkte Schräglage hervorgerufen wurde (TEMBROCK, WAGENKNECHT 1966). Diese Versuche müßten allerdings noch weitergeführt werden.

Die Fähigkeit, optische Informationen auf solche der Schwerkraft zu übertragen, verwenden auch die Honigbienen, wenn sie im Stock anderen Trachtbienen Richtung und Entfernung der Tracht weisen (Abb. 50), sie wobei zudem noch durch Duftstoffe weitere spezielle Eigenschaften des Futters vermitteln können. Dabei ist, besonders bei langen Flugwegen, weniger der äußerlich anhaftende Duft wirksam als vielmehr jener mit dem Nektar aufgenommene Blütenduft, der damit in der Honigblase gespeichert wird.

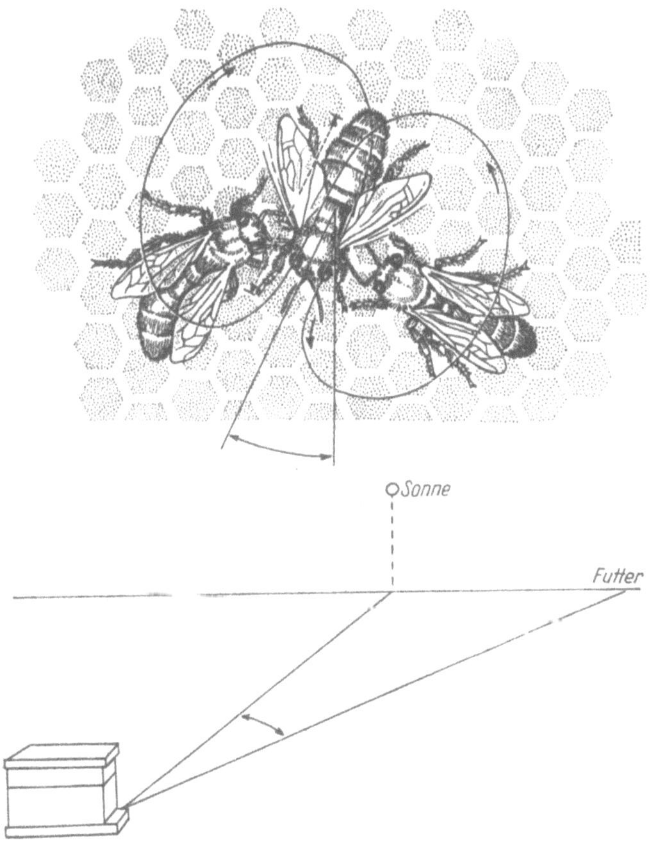

Abb. 50. Informationsübertragung bei der Honigbiene (*Apis mellifera*) durch den „Schwänzeltanz", wobei der von der Senkrechten abweichende Winkel auf der vertikalen Wabe den anderen Trachtbienen die Richtung zur Tracht weist (entsprechende Winkelabweichung zum Sonnenstand). (Einzelheiten im Text; nach v. FRISCH aus WENNER 1964.)

Die Verteilung der Nahrung bei sozialen Insekten ist überhaupt ein sehr komplexes Kommunikations-System, das durch den dabei erforderlichen Kontakt einen sehr intensiven Informationsfluß in kürzester Zeit gestattet (Abb. 51). Dadurch sind zugleich jene Regulationsvorgänge möglich, die Insekten-„Staaten" als „Superorganismen" erscheinen lassen. Chemische Botenstoffe sind hierbei vorrangig. Die Integration im Alarmstatus einer Termiten-Sozietät zeigt die Abbildung 52.

Mit diesen Darlegungen ist zugleich ein zweiter Aspekt der komplexen Kommunikation vordergründig geworden:

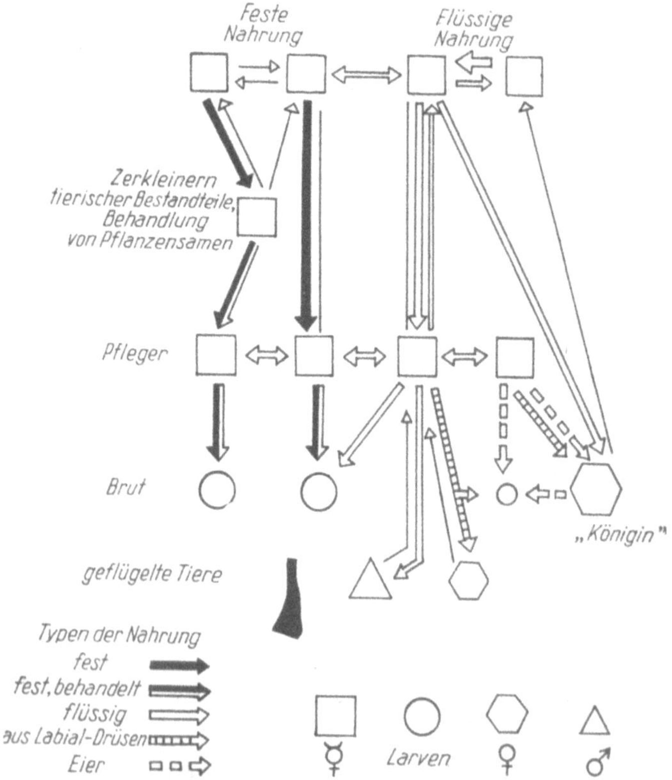

Abb. 51. **Futterverteilung in einer Ameisensozietät (nach Sudd 1967).**

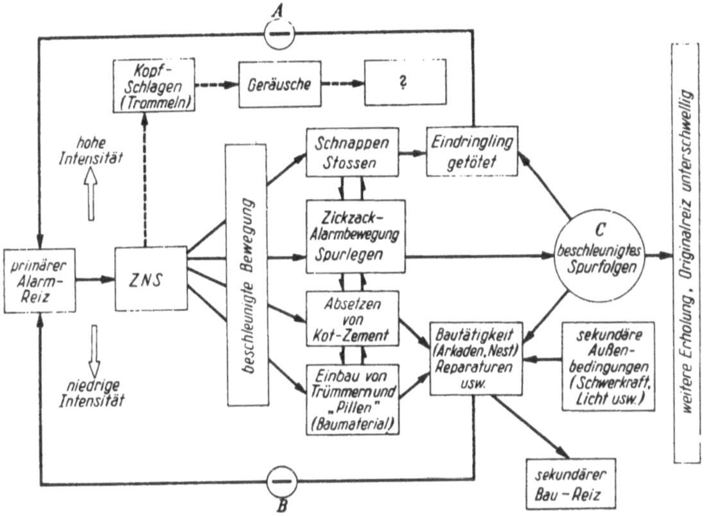

Abb. 52. Diagramm zur Darstellung einiger Reaktionen bei Termiten auf Alarm, das zwei Rückkoppelungs-Mechanismen zeigt, die an der Homoiostase beteiligt sind. Mögliche Beziehung des Kopf-Schlagens durch gestrichelte Linien angedeutet. *A* und *B* sind negative Rückkopplungswege. *C* repräsentiert eine zweite Termite (nach STUART 1967).

die Bildung von überindividuellen Kommunikations-Systemen, „Vergesellschaftungen" (s. S. 53), in denen mehrkanalige Informationsübertragung Gefüge-Systeme aus zahlreichen Individuen schafft. Solche Parallel-Systeme können in geringer Zeit mehrere Nachrichten übermitteln, während Serien-Systeme (im Nacheinander über einen Kanal) mehr Zeit benötigen. Die Delphine haben in dieser Hinsicht in den letzten Jahren großes Interesse gefunden (Abb. 53). Dabei wird das zwischentierliche Verhalten zusätzlich durch den Individualstatus mitbestimmt, der zwei Grundaspekte hat:

a) Primärstatus (Art, Geschlecht, Alter, Individuum),
b) Sekundärstatus.

Der Sekundärstatus ist von der „Struktur" des Systems bestimmt, also konkret dem sozialen Gefüge, und nur auf

Abb. 53.

Abb. 53. Delphine: Schulformationen: a) Navigationsteilung, b) Nahrungsaufnahme, c) kreisförmige Anordnung in kleinen Gruppen, d) Paradebildung; a, b, d *Delphinus delphis*, c = *Tursiops truncatus* (schematisch); e) Fluchtverhalten einer Schule von *Tursiops truncatus* bei Verfolgung mit Motorboot (schematisch); f) Hilfeleistung (= „epimeletic behaviour") bei *Delphinus delphis* (nach PILLERI und KNUCKEY 1968).

dieses bezogen definierbar. Bekannte Beispiele sind hierfür der Alpha-Status des Ranghöchsten oder umgekehrt der Omega-Status des Rangtiefsten. Der Primärstatus kann in verschiedener Form in den Sekundärstatus mit eingehen. Ein Schimpansenweibchen steigt während des Oestrus im Rang einer sozialen Hierarchie.

Die Statusform im sozialen System bestimmt damit auch die raum-zeitliche Ordnung der Individuen untereinander und liefert ein komplexes Wirkungsgefüge. Dabei kann der Individualstatus die bei der Distanzregulation (als einer Voraussetzung der raum-zeitlichen Ordnung) eingesetzten Verhaltensmuster sowie auch ihre räumlichen und zeitlichen Parameter entscheidend beeinflussen (vgl. auch S. 47). Dafür liefert die Abbildung 54 ein Beispiel. Sie ist Filmszenen entnommen, die nacheinander aufgenommen wurden und die Begegnung eines Fuchsrüden mit zwei verschiedenen Partnern zeigen,

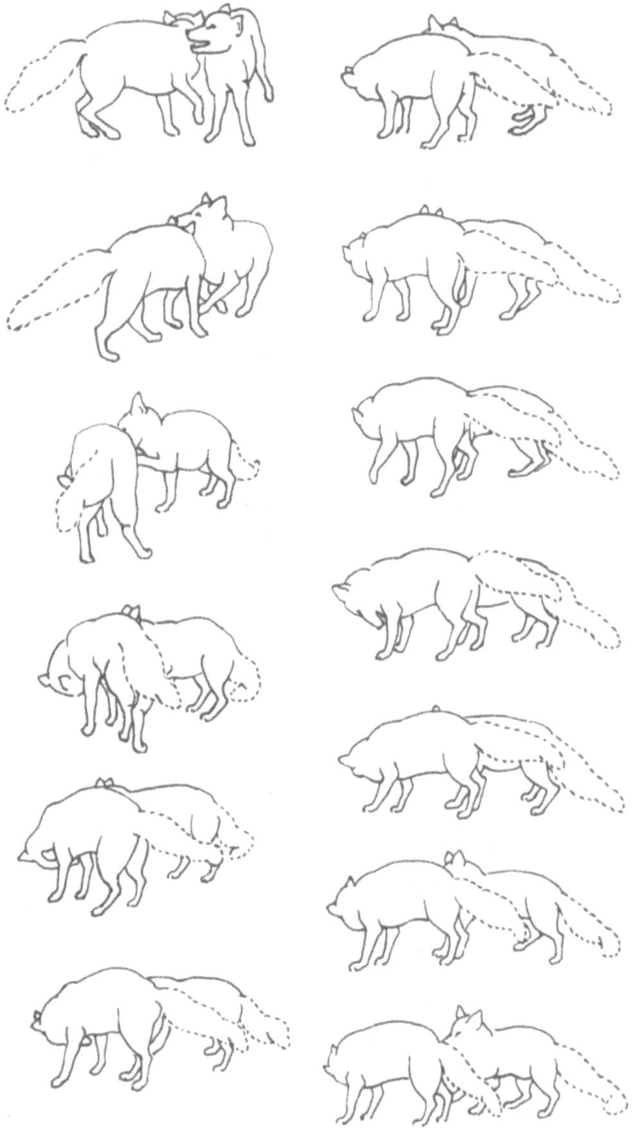

Abb. 54 a.

bb. 54 b.

Abb. 54. a) Agonistisches Verhalten beim Rotfuchs (*Vulpes vulpes*), Einleitung zum Kampf bei zwei Rüden, vom linken durch Querstellen und Kopfabwenden zunächst noch gehemmt, der rechte Rüde geht langsam rückwärts (zu Beginn Antiparallelstellung 1 mit Gegenstemmen, Intentionen zum Halsbiß); b) einer dieser Rüden (bei (a) links, jetzt rechts) nach dem Kampf im Paarkontakt mit einer Fähe (Frontalsitzen, Pfotenheben, Aufstellen). (Einzelheiten im Text S. 45 und Abb. 13.)

einem anderen Rüden (seinem Bruder) sowie (danach) einer Fähe (seiner Schwester). Die kurzen Ausschnitte machen bereits den unterschiedlichen Kontext deutlich, der sich auch in der prinzipiell verschiedenen räumlichen Einstellung der beiden Partner ausdrückt.

Da bei den Wirbeltieren mit der Evolution auch die Fähigkeit zur individuellen Anpassungsfähigkeit zugenommen hat (besonders bei Säugetieren), gewinnen in strukturierten Populationen tradierte Informationen zunehmend an Bedeutung. Individueller (auch fakultativer) Erfahrungseinbau erhöht die potentielle Differenz zwischen Individuen gleichen Alters und gleichen Geschlechtes. Es entstehen dadurch Gradienten innerhalb eines solchen Gefüges, die eine Dynamik im permanenten Informationsfluß schaffen. Die nicht anonyme geschlossene Gesellschaft (s. S. 53) ist ein Beispiel für ein derartiges System. Der Aufbau solcher Systeme und die Einfügung des Individuums in sie setzt Informationseingänge in bestimmten sensiblen Perioden voraus, wobei besonders auch die Kontakt- und Nahfeld-Kommunikation entscheidend sind. Rhesus-Affen, die in den ersten zwölf Monaten ihres Lebens total isoliert wurden, zeigten später irreparable Störungen im Sozialverhalten, wobei distanzvergrößernde Verhaltensweisen gegenüber Artgenossen dominieren (Harlow und Mitarbeiter 1965).

Crook (1961) hat auf Grund seiner Untersuchungen an Vögeln zwei Grundaspekte für die soziale Integration, hier vor allem über visuelle und akustische Signale gesteuert, aufgezeigt:

a) Sozial-Tendenz (Folge-Reaktion) → Gruppen-Integration,
b) Sozial-Bahnung (Tendenz zur Übernahme des Verhaltens benachbarter Individuen) → Gruppen-Synchronisation.

Ein besonderes Problem komplexer Kommunikationsmechanismen stellen die zwischenartlichen (interspezifischen Wege) der Informationsübertragung dar, die bereits im Zusammenhang mit den einzelnen Kanälen in früheren Abschnitten kurz besprochen wurden. Ähnlich wie in innerartlichen Kommunikations-Systemen ist auch hier der generelle Status entscheidend:

a) Distanzerhaltung (z. B. manche Symbiosen),
b) unilaterale Distanzverminderung (Raubtier-Beute, Parasiten, Phoresie usw.),
c) bilaterale Distanzverminderung (manche Symbiosen, speziell Allianzen, Throphobiose und Symphilie s. S. 55),
d) unilaterale Distanzvergrößerung (Beute-Raubtier, Empfänger von Abwehrsignalen, auch bei Signalfälschung [Mimikry]),
e) bilaterale Distanzvergrößerung (bidirektionale Abwehr-Signale).

Signalfälschungen kommen wohl in allen Kanälen vor und treten auch in den verschiedensten (meist zwischenartlichen) Funktionszusammenhängen auf. So wurde bei der Eidechse *Teratoniscus przewalskii* ein Zirplaut gehört (Stridulation mit Hornplatten des Schwanzes), der angeblich Heuschrecken und andere Insekten anlocken soll. Die Stridulation bestimmter Käfer aus der Gruppe der sogenannten „Totengräber“ (*Necrophorus investigator*) geschieht — auf dem Rücken liegend — mit scheinbaren Stechbewegungen des Hinterleibes und dem Ausscheiden von Sekreten, wie es auch bedrohte Sammlerinnen von Hummeln (*Bombus*) tun, deren Signale hier „nachgeahmt“ werden. WICKLER (1968) hat eine eindrucksvolle Übersicht über die unter dem Begriff Mimikry zusammengefaßten Erscheinungen der Signalfälschung gegeben.

Die sogenannten Ameisen- und Termitengäste liefern bestimmte Signale (meist visuelle, chemische, taktile), die solchen entsprechen, die das Zusammenleben innerhalb dieser Sozietäten regeln. Auch Parasiten können sich auf diese Weise ansiedeln, wie etwa bestimmte Käfer (*Atemeles*), die Attraktivsubstanzen absondern (wie Ameisenlarven), die Füttern und Pflegehandlungen auslösen.

Dabei ernähren sich die Käfer selbst von Ameisenlarven. Manche Fliegen (*Termitoxenia*) können durch eine ähnliche, hier auch visuelle Signalfälschung bei Termiten leben: sie sondern nicht nur Attraktivsubstanzen ab, sondern haben auch einen stark aufgeblähten Hinterleib („Physogastrie"), wie er für die Vollweibchen der Termiten (von denen einige im Abstand von 2 Sekunden ein Ei legen können) kennzeichnend ist. Bestimmte Milben (*Antennophorus*) sitzen auf dem Kopf (und Fühlern) von Ameisen und liefern taktile Signale an die Mundwerkzeuge, so daß die Ameisen Futter auswürgen, wie sie es bei entsprechenden Reizen gegenüber Nestangehörigen tun.

Die moderne Kommunikationsforschung hat bei diesen hier nur angedeuteten mannigfachen Formen der Signalübertragung noch ein reiches Forschungsfeld, dessen Ertrag eine Fülle allgemein-interessanter Befunde bringen wird, die auch auf den Menschen und seine Kommunikations-Systeme übertragbar sind.

14. Allgemeine Betrachtungen und Modelle

Im Verlauf der vorliegenden Darstellung wurden bereits verschiedene Modellansätze gebracht, um komplexe Zusammenhänge, von denen viele Einzelheiten und Daten noch unbekannt, gewisse Beziehungen aber bestimmbar sind, darzustellen. Dieses Prinzip beruht in unserer Handhabung zwar auf der „Metasprache" (vgl. Abb. 7), aber es vollzieht sich analog vermutlich auch in lebenden Systemen, die ein Informationsangebot aus der Umwelt verarbeiten und speichern, und damit also auch in dem besonderen Fall der Kommunikation. Es werden innere Modelle aufgebaut, deren Parameter von den Eigenschaften der Sachverhalte bestimmt werden, die sie „abbilden". Wenn die Außenwelt starr ist, tritt das „lernfähige" System durch Abspeichern in Kommunikation mit ihr, wenn sie zeitabhängig ist, durch Suchen der Invarianten und wenn sie reagierend ist, durch Suchen der Reaktionsgesetzlichkeiten (STEINBUCH).

v. FOERSTER (1963, 1967) hat Modelle für neuronale Netzwerke entworfen, die imstande sind, die logische Struktur der Umgebung abzubilden. Die Ableitung elektrischer Potentiale zeigt, daß ein einzelnes Neuron einen erheblichen Zuwachs an Information auf ein relativ schmales Band umsetzen kann. Im Fall der Abbildung 55a betragen der Reizanstieg 2:4:16, die Frequenz der Impulsfolge 1:2:4. „Serienschaltungen“ von Neuronen können Signalverstärker werden. Die Abbildung 55b zeigt verschiedene Möglichkeiten von Schaltverbindungen zwischen Neuronen. Ein Netz, das aus nur drei Neuronen besteht, die gemäß dem stark vereinfachten Modell nach der Abbildung 55c „geschaltet“ sind, könnte bereits alle „logischen Funktionen“ der Art: „A und B“, „A oder B“, „wenn A, dann B“, „A gleich B“ usw. verarbeiten, wenn die beiden afferenten Axone (eines hemmend, das andere erregend) A und B entsprechen. Ein einziges Neuron dieser Art kann die Aussagen „ja“ („richtig“ = Erregung) und „nein“ („falsch“ = Hemmung) vollziehen.

FEHMI und BULLOCK (1967) haben versucht, in einem digitalen Computer-Modell die Leistungen eines noch recht ursprünglichen neuronalen Netzwerkes, das der Hohltiere (Coelenterata, speziell bei Polypen), zu simulieren. Solche Nervennetze können tatsächlich verschiedene Zeitmuster (aus 7 Reizen in gleicher Gesamtheit zusammengesetzt) unterscheiden. Dabei werden zeitlich getrennte Signale in eine bestimmte räumliche Verteilung umgesetzt. Die Umsetzung des zeitlichen Musters in ein räumliches Muster erweist sich damit als ein Elementarvorgang der Informationsverarbeitung. Der Umfang der Unterscheidbarkeit zeitlicher Muster wird durch die Grenzwerte (maximale Antwort und keine Antwort mehr) bestimmt. Dabei werden die maximalen Antworten durch Muster hervorgerufen, die kein Intervall enthalten, das lang genug wäre, um an einer Schwelle eine Übertragung zu verhindern. Umgekehrt rufen jene Muster eine minimale Antwort hervor, die kein Intervall enthalten, das so kurz ist, daß noch eine Übertragung möglich wäre. Dieses Nervennetz-Modell zeigt bei der Erregungsausbreitung im System bereits Unterschiede zwischen bestimmten Mustern und ihren Spiegelbildern. Ein solches Nervennetz arbeitet unabhängig vom Konvergenzpunkt, es ist also unwesentlich, an welchem Ort die sensorische Information eintrifft. Dieses Modell entspricht nicht nur weitgehend den Leistungen des „diffusen Nervensystems" der Coelenteraten, es deutet vielmehr auch an, auf welcher Grundlage der große Evolutionsweg zu den höheren Nervensystemen ruht, und unter welchen Voraussetzungen deren Leistungen zustande gekommen sind.

Mit den Arbeitsprinzipien der Nervennetze bei der Übersetzung zeitlicher in räumliche Muster ist zunächst nur die informationsverarbeitende Strecke im Kommunikationssystem umschrieben. Die sendeseitige Leistung erfordert den gegensinnigen Prozeß: Hier müssen räumliche Muster wieder in zeitliche (oder raumzeitliche) umgesetzt werden. Auch sie werden maßgeblich von der „Umwelt" bestimmt, in die hinein sie wirksam werden. Dabei

→

Abb. 55. a) Skizze eines Neurons mit seinen wichtigen Differenzierungen. Der Axon kann entweder am Zellkörper eines anderen Neurons eine Synapse bilden; er wirkt dann im allgemeinen erregend auf das zweite Neuron, oder der Axon endet in den dendritischen Verzweigungen, dann wirkt er im allgemeinen hemmend. Das ist in (c) schematisch dargestellt; (b) zeigt elektrische Antworten eines Neurons auf drei Reizgrößen, die im Verhältnis 2:4:16 stehen. Die entsprechenden Frequenzen (der Impulsfolge) sind 1:2:4; dadurch kann eine große Informationsmenge in ein relativ schmales Band übertragen werden. Das universelle Verfahren besteht in der Übersetzung äußerer Information in frequenzmodulierte Pulse; d) Kanalkapazität eines Neurons. Axone enden mit erregenden oder hemmenden Synapsen. Die im Axon fortgeleiteten Pulse (Spikes) haben eine Dauer von etwa 0,5 ms und eine generell gleichbleibende Amplitude („Alles-oder-Nichts"). Der monostabile Impulsgenerator liefert einen Impuls, wenn seine Eingangsspannung einen bestimmten Wert (synaptischer Schwellenwert) überschreitet. Der statistische Impulsgenerator liefert eine statistische Impulsfolge, deren mittlere Rate dem Eingangssignal proportional ist (a—c nach Foerster 1963, d nach Marko 1967).

können sich im Wechselspiel mit dieser Umwelt schrittweise echte Kommunikationssysteme aufbauen, wenn die Umwelt im aktuellen Falle ein eigengesetzlich reagierendes individuelles System darstellt. In der Abbildung 56 wird versucht, einige der Schritte und Möglichkeiten anzudeuten.

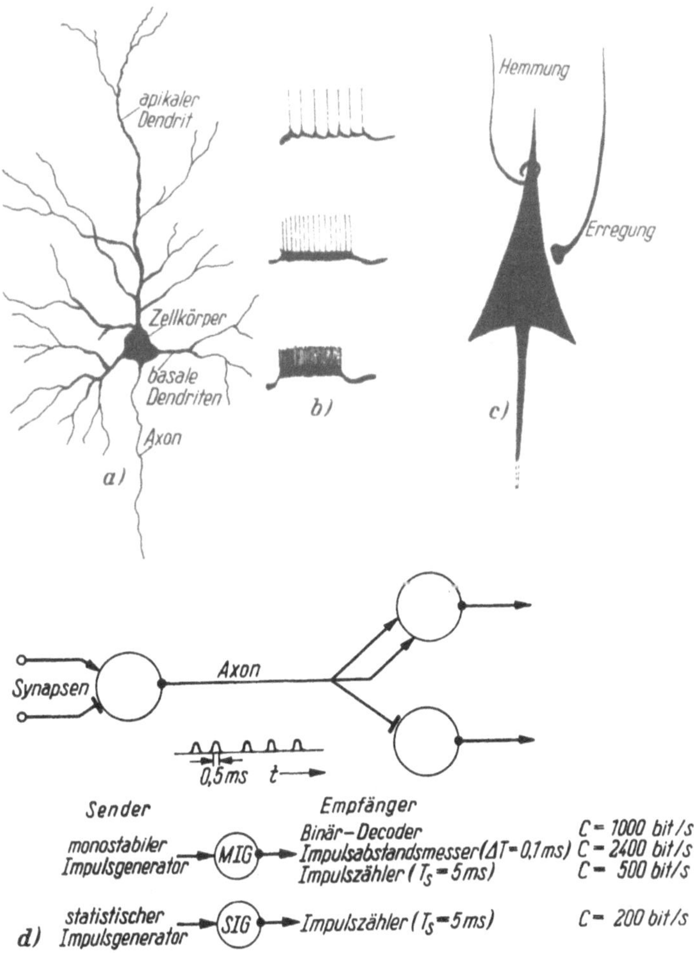

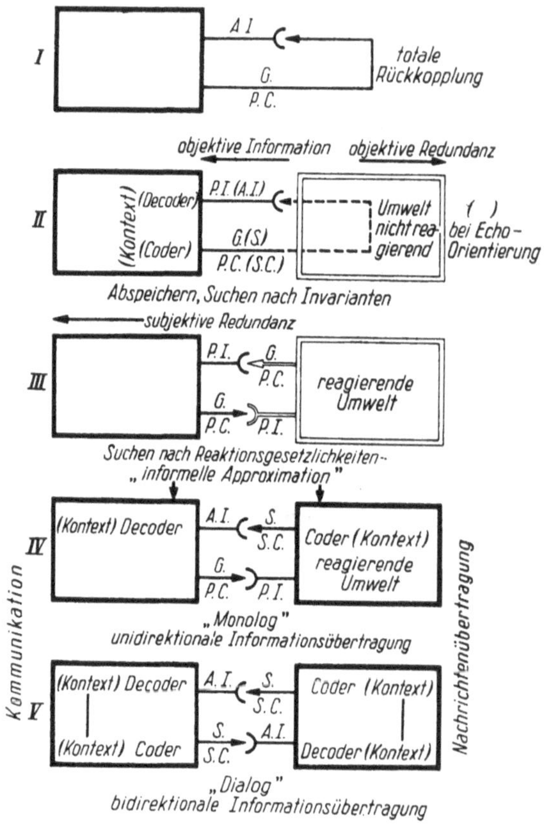

Abb. 56. Entwurf von Modellen zur Darstellung möglicher Stufen der Entwicklung echter organismischer Kommunikation. *I* = totale Rückkoppelung, die Eigenmotorik wird über Propriorezeptoren oder Kontaktrezeptoren vollständig kontrolliert. Ein Spezialfall ist das Körperpflegeverhalten (am eigenen Körper, soweit nicht durch Fremdreize = Umwelt ausgelöst). *II* = Verhalten gegenüber unbelebter Umwelt (bzw. nicht reagierender), z. B. beim Anpassen der Fortbewegung (Gebrauchshandlung) an das Substrat. Nur bei der Echo-Orientierung, z. B. über akustische Signale (Sonar), liegt ein Signalsystem vor, wobei Sender und Empfänger zusammenfallen. *III* = Die Umwelt ist reagierend, doch besteht kein gemeinsamer Kontext; die potentielle Information wird durch Suchen nach Reaktionsgesetzlichkeiten „ausgebeutet" (z. B. Raubtier-Beute) (Pfeile nach rechts bedeuten Zunahme, nach links Abnahme der bezeichneten Zusammenhänge). *IV* = Kommunikationssystem mit „informatieller Approximation", Übertragung nur in einer Richtung. *V* = Kommunikationssystem mit bidirektionaler Informationsübertragung (vgl. S. 30 und Abb. 8).

Werden die im Speicher räumlich vorgegebenen Muster in zeitliche umgesetzt, können verschiedene Mechanismen wirksam werden. TODT (1968) hat unregelmäßige Verhaltensabläufe am speziellen Beispiel des Vogelgesanges (Amsel, *Turdus merula*) untersucht (s. auch S. 42). Er analysierte dabei die Strophenfolgen und klassifiziert die Einzelstrophen nach ihren Anfangselementen. Dabei wird der Erwartungswert der Strophe einer bestimmten Klasse von zwei Komponenten beeinflußt: Von der periodisch wechselnden „Durchsetzungsintensität" (Perioden-Komponente) und von dem „Zwischensymboleinfluß" (Vorstrophen-Komponente), wobei sich die Einflüsse der beiden Komponenten überlagern (Abb. 57a). Daraus hat TODT ein Schaltbild zur Steuerung der Strophenklassen entworfen (Abb. 57b).

Das Problem der bidirektionalen Informationsübertragung wurde im Wechselgesang von Grillen (*Acheta domestica*) von HEILIGENBERG (1968) untersucht. Der Partner des Tieres ist im Versuch ein elektronischer Zirpgenerator, dessen Output als „Reiz" bezeichnet wird. Wenn dem Heimchen im Abstand von 10 s Reize geboten werden, ergeben sich für den Fall, daß Reiz- und Eigenlaut nicht zusammenfallen, zwei Einflüsse:

1. für etwa 200 ms (ab Reizbeginn) treten fast niemals Zirplaute auf,
2. in der dann anschließenden Sekunde liegt die Zirprate im Mittel um etwa 0,3 Hz über dem Niveau vor dem Reiz und kehrt dann exponentiell mit einer Halbwertszeit von etwa 2,5 s auf das frühere Niveau zurück.

Beide Einflüsse wurden in einem Analogrechner-Modell dargestellt (Abb. 58). Solange kein Reiz einwirkt, sind die Hemmfunktion $i(t)$ und die Erregungsfunktion $e(t)$ gleich null. Daher ist die Eingangsgröße z in das Integralglied mit dem Ausgang $g(t)$ konstant gleich c. Erreicht jedoch $g(t)$ den Wert $f = h$, wird also x positiv, dann springt die Größe y von null auf eins und bewirkt dreierlei:

a) Der Wert $g(t)$ wird sofort auf null zurückgesetzt und beginnt erneut proportional zu c zu wachsen,
b) es wird ein Zirplaut ausgestoßen,
c) der Reizeingang in das System wird für 135 ms (Dauer des ausgestoßenen Zirplautes) unterbrochen, so daß ein mit dem Zirplaut zusammenfallender Reiz ohne Erfolg bleibt.

→

Abb. 57. Modell-Entwurf zur Steuerung des Gesanges der Amsel (*Turdus merula*). a) Der Erwartungswert der Strophe einer bestimmten Klasse wird von zwei Komponenten beeinflußt: Von der periodisch wechselnden „Durchsetzungsintensität" (Perioden-Komponente) und dem Zwischensymboleinfluß (Vorstrophen-Komponente). Die Einflüsse beider Komponenten überlagern sich.
b) Schaltbild zur Steuerung der Strophenklassen („*A*", „*B*", ...). Eine „allgemeine Gesangsbereitschaft" beeinflußt die spezifischen Bereitschaften (*SpB*(*A*), (*SpBB*), ...) von Strophen der Klassen „*A*", „*B*", ... Das Vorhandensein einer Bereitschaft mit einem Potential > 0 gilt als notwendige Voraussetzung einer Aktivierung der motorischen Repräsentationsinstanzen (*MRI*(*A*), *MRI* (*B*) ...). Die *MR*-Instanzen enthalten die spezifischen Programme der einzelnen Strophenklassen. Die Aktivierung der motorischen Repräsentationsinstanz (z. B. *MRI* (*A*),) führt erstens zu Kommandos an das Stellglied (Stimmapparat) und weiter zur Lautäußerung einer Strophe (z. B. der Klasse A, (rechts unten)). Es führt zugleich zweitens zu einer Reduzierung der zugeordneten spezifischen Bereitschaft und damit zur Verringerung der Wahrscheinlichkeit einer erneuten Aktivierung durch *SpB*. Dieser negativen Rückwirkung auf ein erneutes Auftreten stehen jedoch indirekt drei positive Rückwirkungsmechanismen gegenüber; es sind dies: die Perioden-Komponente (Quadrat-Kreis-Symbol), die „allgemeine Gesangsbereitschaft". Eine Extremwertbestimmung läßt in Verbindung mit einer entsprechenden Schaltung stets nur die Aktivierung derjenigen *MR*-Instanz zu, für die der Verrechnungsbetrag (Produkt) aus den Eingängen von seiten der *SpB* sowie der summativen Überlagerungen der Perioden- und der Vorstrophen-Komponente am größten ist.
Ein Rezeptor (links unten) schickt Meldungen an die Vorstrophen-Komponente (führt zu spezifischer Erregungserhöhung) und an die „allgemeine Gesangsbereitschaft" (führt zu unspezifischer Erregungserhöhung). Es scheint nicht ausgeschlossen, daß die Vorstrophen-Komponente auch unmittelbar und nicht nur über die „Außenwelt" von Aktivierungen der *MR*-Instanzen unterrichtet wird.
Die Perioden-Komponente dürfte von der *SpB* beeinflußt werden können (z. B. Verschiebung der Phasenlage).
Das Schaltschema zeigt nur die für das Verständnis der angesprochenen Steuerungsmechanismen unbedingt erforderlichen Beziehungen (nach Todt 1968).

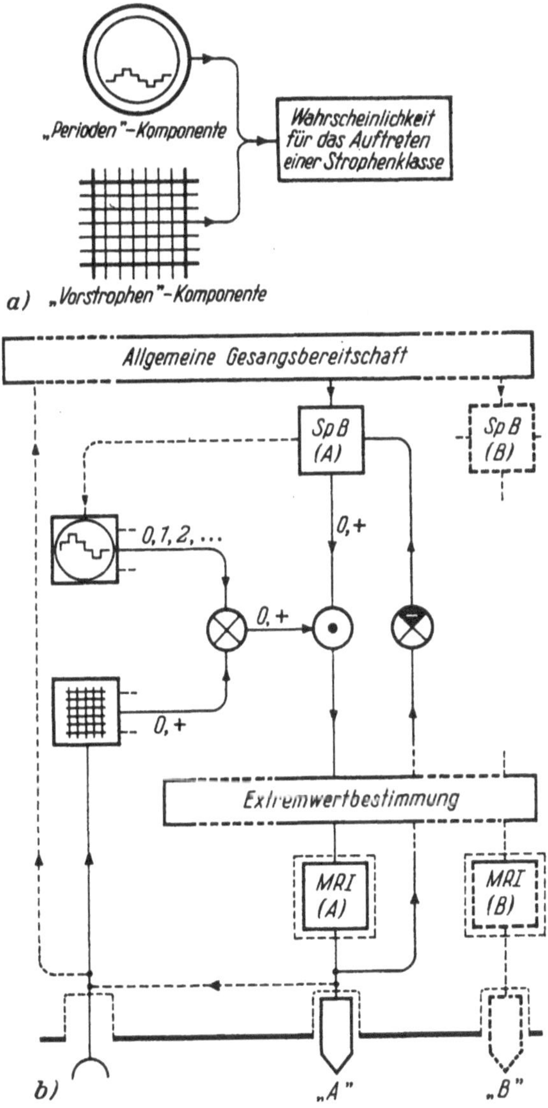
„Perioden"-Komponente
Wahrscheinlichkeit für das Auftreten einer Strophenklasse
a) „Vorstrophen"-Komponente
Allgemeine Gesangsbereitschaft
Sp B (A)
Sp B (B)
0,1,2,...
0,+
0,+
0,+
Extremwertbestimmung
MRI (A)
MRI (B)
b)
„A"
„B"

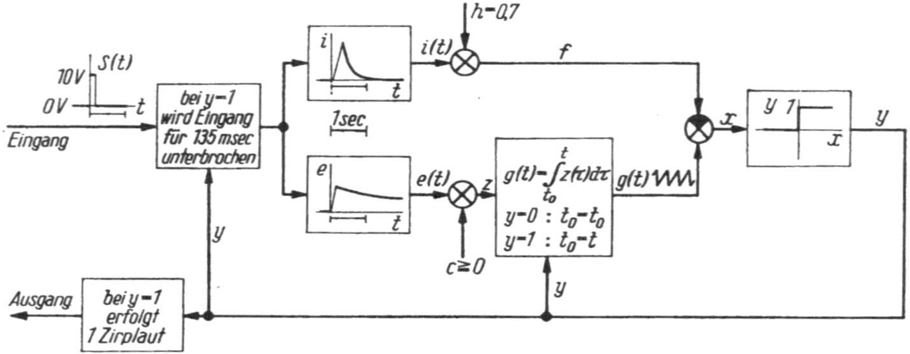

Abb. 58. Ein Analogrechnermodell zum Zirpen des Heimchens (*Acheta domesticus*) und dessen Beeinflussung durch Zirplaute eines Nachbarn (Eingang). Die Eingangsfunktion $s(t)$ erzeugt eine Hemmfunktion $i(t) = \int_{-\infty}^{t} (5 \cdot s(t) - 6 \cdot i(\tau))\, d\tau$, und eine Erregungsfunktion $e(t) = \int_{-\infty}^{t} (s(\tau) - 0{,}315 - e(t))\, d\tau$. Bei längerem Ausbleiben eines Reizes sind $i(t)$ und $e(t)$ beide gleich null und somit $z = c + e(t) = c$ und $f = h + i(t) = h$. In dem Moment, wenn $x = g(t) - f$ positiv wird, springt y von null auf eins. (Einzelheiten im Text) (nach HEILIGENBERG 1968).

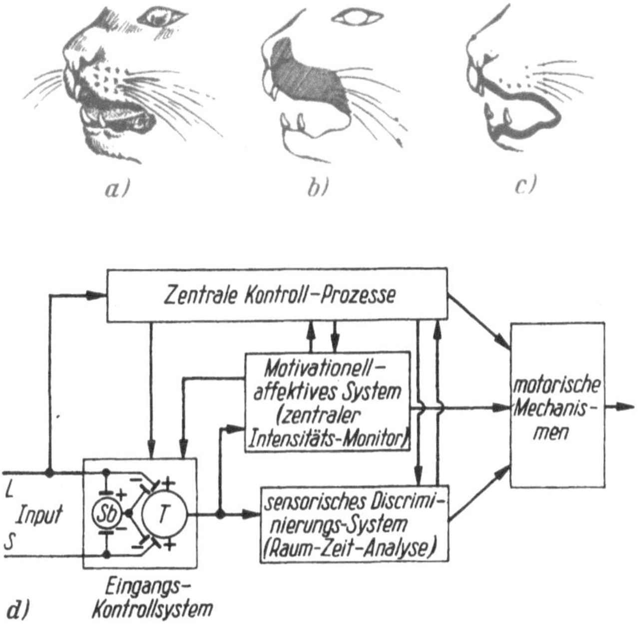

Abb. 59. a) Vordere Kopfregion der Hauskatze. b) Der schraffierte Oberlippen-Bereich der Katze zeigt die Region, von welcher aus durch elektrische Reizung eine Kopfwendung ausgelöst werden kann wie bei einem taktilen Reiz der Lippen. c) Der dunkel gezeichnete Bereich führt bei Reizung zum Maul-Öffnen. d) Darstellung der Theorie für das Eingangs-Kontroll-System und die drei Kategorien beteiligter Systeme des Gehirns bei Anwesenheit von Schmerzreizen. *L* soll stark kalibrierte Fasern, *S* Fasern geringen Durchmessers darstellen. Die Fasern verlaufen zur Substantia gelatinosa (*SG*) (Rückenmark-„Hinterhorn") und den ersten Übertragungszellen (*T*). Der hemmende Effekt, den *SG* auf die afferenten Faserenden ausübt, wird verstärkt durch die Aktivität der *L*-Fasern, abgeschwächt durch jene der *S*-Fasern. Der zentrale Kontroll-Trigger (Verbindung zwischen *L*-Fasern und „zentralen Kontroll-Prozessen") wirkt zurück auf das Eingangs-Kontroll-System. Die *T*-Zellen übertragen die Erregung auf die Eingangszellen des Aktions-Systems (Intensitäts-Monitor und sensorisches Discriminierungs-System) (+ = Erregung, − = Hemmung). Die Pfeile deuten die Integration der drei zentralen Systeme und ihre Wirkung auf die motorischen Mechanismen an (nach FLYNN 1968 und MELZACK 1968).

Ein letztes Beispiel ist in einer Untersuchung von Melzack (1968) über Hirnmechanismen und „Emotion“ entnommen (Abb. 59). Es bezieht sich auf taktile (speziell „nociceptive“) Reizeingänge (Schmerzreize) und interpretiert Befunde funktioneller Prinzipien auf der Ebene der Gehirnmechanismen. Schmerzreize können komplexe Verhaltensfolgen auslösen, wie Orientierung, Lautgebung, autonome Antworten, Meideverhalten (Aversion, Distanzvergrößerung), Aggression (Distanzverminderung) und anderes. Das Modell ist mit dieser vielseitigen Motorik auch genereller auf taktilen Informationseingang anwendbar, besonders soweit der Reizeingang den Charakter von Störgrößen für das System aufweist. Schmerzreize können besonders im Zusammenhang mit intraspezifischem agonistischem Verhalten (im Kampf) auftreten, und schon die Verhaltensbeobachtung zeigt, daß beispielsweise Bisse beim „Empfänger“ sichtbare Verhaltensänderungen hervorrufen können, die phänomenologisch mit Erregung (Emotion) umschrieben werden. Hierfür kann das Modell einige wichtige Einsichten liefern, auch wenn es sicher noch hypothetische Annahmen einschließt.

Die Entwicklung von Informations-Flußdiagrammen und Funktions-Modellen gestattet, gewisse System-Eigenschaften darzustellen und kann dadurch zu entscheidenden Fragestellungen in der Forschung führen, deren Antworten, aus den Objekten der Natur gewonnen, zugleich die erforderliche „Rückorientierung“ gewährleisten, über die das Modell ständig kontrolliert und damit auch optimiert werden kann. Modelle, Algorithmen, Graphen, Struktur- und Funktionsdiagramme haben einen hohen heuristischen Wert in der Erforschung der Informationsübertragung und werden in Zukunft entscheidende Voraussetzungen für die Einsicht in die Kommunikations-Systeme liefern.

15. Literaturverzeichnis

ALTMANN, S. A. (Ed.): Social communication among primates. — Chicago: University of Chicago Press 1967. XIV, 392 S.

ARMSTRONG, E. A.: A study of bird song. — London: Oxford University Press 1963. XIV, 335 S.

BARRY, G. (Ed.): Communication and language. — Garden City, N. Y.: Doubleday & Comp. 1965. 367 S.

BUSNEL, R.-G. (Ed.): Acoustic behaviour of animals. — Amsterdam: Elsevier 1963. XX, 933 S.

BUSNEL, R.-G. (Ed.): Les systèmes sonars animaux. T. 1—2. — Jouy-en-Josas 1967. 1233 S.

DARWIN, C.: Der Ausdruck der Gemüthsbewegungen bei dem Menschen und den Thieren. — Stuttgart: Schweizerbart 1874. VIII, 384 S.

EIBL-EIBESFELDT, I.: Grundriß der vergleichenden Verhaltensforschung. — München: Piper 1967. 527 S. (3. Auf. 1972)

FLECHTNER, H.-J.: Grundbegriffe der Kybernetik. 3. Aufl. — Stuttgart: Wissenschaftliche Verlagsgesellschaft 1969.

FRASER, A. F.: Reproductive behaviour in ungulates. — London: Academic Press 1968. 202 S.

FRINGS, H. u. M. FRINGS: Animal communication. — New York: Blaisdell 1964. 204 S.

FRISCH, K. v.: Tanzsprache und Orientierung der Bienen. — Berlin: Springer 1965. 578 S.

GLASS, D. C. (Ed.): Neurophysiology and emotion. — New York: Rockefeller University Press 1967. XI, 234 S.

GROSSMAN, S. P.: A textbook of physiological psychology. — New York: Wiley 1967. XIX, 932 S.

HASKELL, P. T.: Insect sounds. — London: Witherby 1961. VIII, 189 S.

HEDIGER, H. (Ed.): Die Straßen der Tiere. — Braunschweig: Vieweg 1967. 313 S.

HERTER, K.: Der Temperatursinn der Säugetiere. — Leipzig: Geest & Portig 1952. 171 S.

HINDE, R. A.: Animal behaviour. — New York: McGraw-Hill 1966. 534 S.

JACOBSON, M.: Insect sex attractants. — New York: Interscience Publ. 1965. XI, 154 S.

KAINZ, F.: Die „Sprache" der Tiere. — Stuttgart: Enke 1961. VIII, 322 S.

KLAUS, G. (Ed.): Wörterbuch der Kybernetik. — Berlin: Dietz 1967. XI, 898 S.

KONORSKI, J.: Integrative activity of the brain. — Chicago: University of Chicago Press 1967. XII, 531 S.

LANYON, W. E. u. W. N. TAVOLGA (Ed.): Animal sounds and communication. — Washington 1960. XIII, 443 S.

LENNEBERG, E. H.: Biological foundations of language. — New York: Wiley 1967. XVI, 489 S.

MCGAUGH, J. L. (Ed.): Psychobiology. — San Francisco: Freeman 1967. 382 S.

MARLER, P., u. W. J. HAMILTON: Mechanisms of animal behavior. — New York: Wiley 1967. XI, 771 S.

MESSICK, D. M. (Ed.): Mathematical thinking in behavioral sciences. — San Francisco: Freeman 1968. 231 S.

MEYER-EPPLER, W.: Grundlagen und Anwendungen der Informations-Theorie. — Berlin 1959.

MORRIS, C. W.: Signs, language and behavior. — New York 1946.

MORRIS, C. W.: Signs, language and behavior. 2. ed. — New York: Braziller 1955.

PAULSEN, K.: Das Prinzip der Stimmbildung in der Wirbeltierreihe und beim Menschen. — Frankfurt/M.: Akademische Verlagsgesellschaft 1967. 143 S.

PORZIG E. (Ed.): Das Verhalten landwirtschaftlicher Nutztiere. — Berlin: Landwirtschaftsverl. 1969. 430 S.

SEBEOK, T. A. (Ed.): Animal communication. — Bloomington: Indiana University Press 1968. XVIII, 686 S.

STEINBUCH, K.: Automat und Mensch. — Berlin: Springer 1963. X, 392 S.

SUDD, J. H.: An introduction to the behaviour of ants. — London: Arnold 1967. VIII, 200 S.

TEMBROCK, G.: Tierstimmen. — Wittenberg: Ziemsen 1959. 285 S.

TEMBROCK, G.: Grundriß der Verhaltenswissenschaften. — Jena: Fischer 1968. 207 S. (Stuttgart: 2. Aufl. 1973. ca. 272 S.)

THORPE, W. H.: Bird song. — Cambridge: University Press 1961. XI, 142 S.

TSCHANZ, B.: Trottellummen. — Berlin: Parey 1968. 103 S.
TUXEN, S. L.: Insektenstimmen. — Berlin: Springer 1967. 156 S.
WICKLER, W.: Mimikry. — München: Kindler 1968. 255 S.
WIERSMA, C. A. G. (Ed.): Invertebrate nervous systems. — Chicago: University of Chicago Press 1967. IX, 370 S.
WYNNE-EDWARDS, V. C.: Animal dispersion in relation to social behaviour. — Edinburgh: Oliver & Boyd 1962. XI, 653 S.
ZAJONC, R. R.: Animal social psychology. — New York: Wiley 1969. X, 325 S.

Ergänzende Lehrbücher

GEILER, H.: Ökologie der Land- und Süßwassertiere. – Braunschweig: Vieweg 1971. 190 S. (WTB 64)

KLOPFER, P. H.: Ökologie und Verhalten. – Stuttgart: G. Fischer 1968. 98 S.

LORENZ, K.: Über tierisches und menschliches Verhalten. –
Bd. 1: München: Piper 1972. 411 S.
Bd. 2: München: Piper 1973. 397 S.

MILNE / MILNE: Die Sinneswelt der Tiere und Menschen. – Berlin: Parey 1968 (2. Aufl.). 315 S.

SACHSSE, H.: Einführung in die Kybernetik. – Reinbek bei Hamburg: Rowohlt 1974. 288 S. (rororo vieweg)

16. Personenregister

17. Sachregister

rororo vieweg ist

eine neue mathematische und naturwissenschaftliche Taschenbuchreihe, die in Zusammenarbeit mit dem Vieweg Verlag vom Rowohlt Taschenbuch Verlag veröffentlicht wird.

rororo vieweg wendet sich an

den Studenten der mathematischen, naturwissenschaftlichen und technischen Fächer. Ihm – und auch dem Schüler der Sekundarstufe II – soll durch diese Reihe die Vorbereitung auf Vorlesungen und Prüfungen erleichtert und gleichzeitig ein Einblick in die Nachbarfächer geboten werden. rororo vieweg wendet sich aber auch an den Mathematiker, Naturwissenschaftler und Ingenieur in der Praxis und an die Lehrer dieser Fächer.

833/1

833/2a

Zum Nachschlagen und Informieren

rororo lexikon

Dudenlexikon Taschenbuchausgabe
Aktualisierte Ausgabe in 6 Bänden. Herausgegeben und bearbeitet von der Lexikonredaktion des Bibliographischen Instituts. Rund 75 000 Stichwörter, 2310 Seiten, 4000 Fotos und Zeichnungen im Text, über 1300 bunte Bilder und Karten. [6171–6176]

rororo Pflanzenlexikon

In 5 Bänden. Systematische Enzyklopädie des gesamten Pflanzenreichs. Mit 1600 Fotos und Zeichnungen, davon 230 farbige auf Kunstdrucktafeln, und einem Gesamtregister von 14 000 Stichwortbelegen. [6100–6112]

rororo Tierlexikon

In 5 Bänden. Von Hans-Wilhelm Smolik. Ausführliche Beschreibung von über 3600 Tierarten, über 1400 Seiten mit 1500 ein- und mehrfarbigen Bildern im Text und auf 112 Kunstdrucktafeln. [6059–6071]

Lexikon der medizinischen Fachsprache

In 2 Bänden. Herausgegeben von Dr. Dagobert Tutsch, Redaktionsmitglied des REALLEXIKONS DER MEDIZIN – Urban & Schwarzenberg. 15 000 Namen, Begriffe und Methoden aus allen Bereichen der Medizin präzise und allgemeinverständlich erklärt. Mit 188 Abbildungen. [6126 u. 6129]

rororo Lexikon der Naturheilkunde

Von Dr. E. Meyer-Camberg. Über 2000 Stichwörter, mit 300 Zeichnungen im Text, 79 einfarbigen und 20 mehrfarbigen Tafelabb. [6045]

D. G. Mackean

Einführung in die Biologie. Band I und II. Mit 471 Abb. [6118 u. 6122]

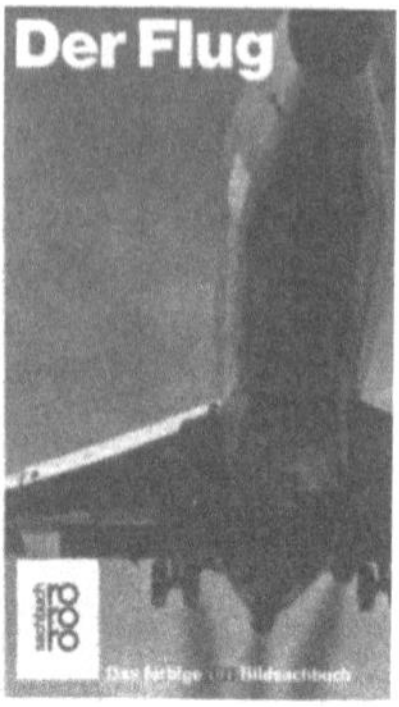

Die farbigen LIFE Bildsachbücher

Brillante Bilder – leicht verständlicher Text – fesselnde Darstellung
Diese neuartigen Taschenbücher erklären anschaulich Geschichte, Anwendungsbereiche und modernste Ergebnisse aus Wissenschaft und Technik. Jeder Band mit über 150 Bildern, davon 100 farbig, mit Register und Literaturhinweisen.

Mathematik [1]
Einführung: Prof. Dr. Ernst Witt, Direktor des Mathematischen Seminars der Universität Hamburg

Energie [2]
Einführung: Prof. Dr.-Ing. Eduard Pestel, Technische Hochschule Hannover

Schiffe [3]
Einführung: Prof. Dr.-Ing. Dr.-Ing. e. h. Georg Weinblum, Institut für Schiffbau der Universität Hamburg

Der Körper [4]
Einführung: Prof. Dr. Hans Reichel, Direktor des Physiologischen Instituts der Universität Hamburg

Die Materie [5]
Einführung: Prof. Dr. Pascual Jordan, Direktor des Instituts für Theoretische Physik der Universität Hamburg

Licht und Sehen [6]
Einführung: Prof. Dr. Adolf Bleichert, Physiologisches Institut der Universität Hamburg

Die lebende Zelle [7]
Einführung: Prof. René Dubos, The Rockefeller Institute, New York

Die Maschinen [8]
Einleitung Henry Ford II

Mikroben, Gene, Vitamine [9]
Einleitung: Prof. Dr. Dr. Hans Harmsen, Direktor des Hygienischen Instituts der Freien und Hansestadt Hamburg

Das Wetter [10]
Einleitung: Prof. Dr. Rudolf Schulze, Deutscher Wetterdienst, Meteorologisches Observatorium Hamburg, Präsident der Deutschen Gesellschaft für Lichtforschung

Die Planeten [11]
Einführung: Prof. Dr. Hans Haffner, Vorstand des Astronomischen Instituts und der Sternwarte der Universität Würzburg

Der Flug [12]
Einführung: Prof. Dr.-Ing. Heinrich Hertel, Technische Universität Berlin

Wachstum [13]
Einführung: Prof. Dr. Dr. h. c. Widukind Lenz, Direktor des Instituts für Humangenetik der Universität Münster

Wasser [14]
Einführung: Prof. Dr. Hans Joachim Martini †, Präsident der Bundesanstalt für Bodenforschung und des Niedersächsischen Landesamtes für Bodenforschung, Präsident der Association Internationale des Hydrogéologues

Schall und Gehör [15]
Einführung: Prof. Dr. Dipl.-Ing. Gerold Ungeheuer, Institut für Phonetik und Kommunikationsforschung der Universität Bonn

Die Zeit [16]
Einführung: Prof. Dr. Heinz Raether, Direktor des Instituts für angewandte Physik der Universität Hamburg

Mensch und Weltraum [17]
Einführung: Prof. a. D. Dr. h. c. Dr.-Ing. e. h. Hermann Oberth

Grundstoffe, Kunststoffe, Hochpolymere [18]
Einführung: Dr. Giulio Natta, Professor für technische Chemie, Polytechnisches Institut Mailand. Nobelpreisträger für Chemie 1963

Medikamente und Drogen [19]
Einführung: Prof. Dr. Günther Malorny, Direktor des pharmakologischen Instituts der Universität Hamburg

Autos und Eisenbahnen [20]
Einführung: Senator Helmuth Kern, Präses der Behörde für Wirtschaft und Verkehr der Freien und Hansestadt Hamburg

MIX
Papier | Fördert gute Waldnutzung
FSC® C083411

Zeitfracht Medien GmbH
Ferdinand-Jühlke-Straße 7
99095 Erfurt, Deutschland
produktsicherheit@kolibri360.de